Beck-Wirtschaftsberater

Das Vorstellungsgespräch

dtv

Beck-Wirtschaftsberater

Das
Vorstellungs-
gespräch

Die besten Strategien,
die schlagkräftigsten Argumente:
So überzeugen Sie Ihren
neuen Arbeitgeber

Von Silke Hell

Deutscher Taschenbuch Verlag

Im Internet:
dtv.de
beck.de

Originalausgabe

Deutscher Taschenbuch Verlag GmbH & Co. KG,
Friedrichstraße 1a, 80801 München
© 2010. Redaktionelle Verantwortung: Verlag C.H. Beck oHG
Druck und Bindung: Druckerei C.H. Beck, Nördlingen
(Adresse der Druckerei: Wilhelmstraße 9, 80801 München)
Satz: Fa. ottomedien, Darmstadt
Umschlaggestaltung: Agentur 42, Bodenheim¶
ISBN 978-3-423-50920-6 (dtv)
ISBN 978-3-406-58254-7 (C. H. Beck)

9 783406 582547

Vorwort

Mit dem Studienabschluss in der Tasche haben Sie sich bei Ihrem Wunscharbeitgeber beworben und nun sind Sie eingeladen worden zu einem Vorstellungsgespräch. Darauf können Sie stolz sein, denn dies ist in Ihrem Bewerbungsprozess schon ein großer Erfolg. Damit gehören Sie zu den durchschnittlich 14 % der Bewerber, die auf Ihre Bewerbung eine Einladung zu einem persönlichen Gespräch erhalten. Sie haben es geschafft, Ihren potenziellen Arbeitgeber davon zu überzeugen, Sie in die engere Wahl zu nehmen. Die erste Hürde der schriftlichen Bewerbung ist also erfolgreich gemeistert. Jetzt geht es darum, Ihre Gesprächspartner von Ihren Qualifikationen, Ihrer persönlichen Eignung und Ihrer Motivation zu überzeugen. Wie aber beweist man seinem Wunscharbeitgeber, dass man die perfekte Kandidatin oder der einzig richtige Kandidat für die Stelle ist?

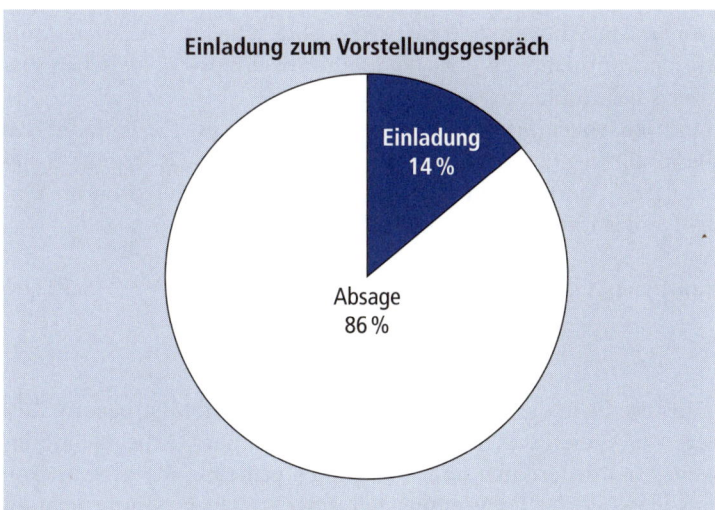

Abb. 1: Prozentsatz der eingeladenen Bewerber pro Ausschreibung (Staufenbiel-Studie 2008: Angaben von 104 Unternehmen mit insgesamt 230.000 Bewerbungen im Jahr)

Dies kann man gezielt vorbereiten, denn schließlich sind die Fragen der Personalverantwortlichen nichts anderes als Vorlagen, um die eigene Kompetenz, Motivation und Eignung für die gewünschte Position darzustellen. Wer sein Qualifikationsprofil und seine Motivation glaubhaft und strategisch geschickt darstellen kann, hat sogar die Möglichkeit, das Gespräch in seinem Sinne zu steuern. Dazu muss man sich jedoch nicht nur über seine Stärken und Schwächen im Klaren sein und seine Ziele begründen können, sondern auch Marketing in eigener Sache betreiben.

Dieses Buch möchte Sie dabei unterstützen, sich optimal auf ein Vorstellungsgespräch vorzubereiten und Ihre eigene Überzeugungsstrategie zu entwickeln. Sie lernen die verschiedenen Interviewmethoden und ihre Hintergründe kennen und erfahren, wie Sie optimal darauf reagieren können. Wir erarbeiten, worauf es bei der Selbstpräsentation ankommt und mit welchen Kommunikations- und Überzeugungstechniken Sie die größte Wirkung erzielen. Und natürlich beschäftigen wir uns ausführlich mit den häufigsten und wichtigsten Fragen im Vorstellungsgespräch und den dazu gehörigen besten Antwortstrategien. Nebenbei erhalten Sie interessante Insiderinformationen über die Methoden der psychologischen Eignungsdiagnostik.

Denn bedenken Sie: Das Vorstellungsgespräch ist Ihr Portal in den Berufseinstieg. Sie kommen nicht daran vorbei – aber wenn Sie es erfolgreich durchschritten haben, ist damit vielleicht schon Ihr Eintritt in das Unternehmen geschafft.

Konstanz, August 2010   *Silke Hell*

Hinweis: Ist in diesem Buch von Arbeitnehmern, Mitarbeitern, Kollegen u. Ä. die Rede, sind selbstverständlich auch Arbeitnehmerinnen, Mitarbeiterinnen und Kolleginnen gemeint. Wir gehen davon aus, dass Sie die Verwendung nur einer Geschlechtsform nicht als Benachteiligung empfinden, sondern dass Sie zugunsten einer besseren Lesbarkeit diese Formulierung akzeptieren.

Inhaltsübersicht

Inhaltsverzeichnis

1. Kapitel

Worauf kommt es an?

Worum geht es im Vorstellungsgespräch? Worauf achten die Personalverantwortlichen und was sind die Hintergründe der verschiedenen Fragestellungen, die Ihnen begegnen werden?

Eigentlich ist es ganz einfach – die einzigen Fragen, die Ihren künftigen Arbeitgeber umtreiben, sind Folgende:

Haben Sie die Kompetenzen, die für die jeweilige Position nötig sind?

Passen Sie in das Unternehmen und das Arbeitsteam?

Und ganz wichtig: Sind Sie wirklich ernsthaft und motiviert an der angebotenen Tätigkeit interessiert?

Dies sind grundsätzliche Fragen, die aber für Ihre Arbeitgeber nicht so einfach beantwortbar sind. Schließlich legen viele Bewerber während des Gesprächs ja nicht unbedingt immer ihre wahren Beweggründe offen. Vielleicht ist diese Stelle ja nur eine Notlösung? Vielleicht sind die genannten Kompetenzen ja nicht wirklich vorhanden? Vielleicht ist der eingereichte Lebenslauf ja eher ein Beleg der Fantasie und Fabulierkunst als die Dokumentation tatsächlicher Qualifikationen des Bewerbers. Aus diesem Grund versuchen Personalverantwortliche mithilfe verschiedener Fragetechniken das tatsächliche Potenzial und die wirkliche Eignung der Bewerber zu ergründen. Die unterschiedlichen Fragetechniken und deren Hintergründe werden Sie in den nächsten Kapiteln kennen lernen.

Sehen wir uns zuerst aber die Themengebiete, auf die es Ihrem Arbeitgeber ankommt, genauer an:

Ihre Motivation

- Sind Sie wirklich an der angebotenen Tätigkeit interessiert?
- Bringen Sie Engagement und Enthusiasmus für die angestrebte Position mit?
- Sind Sie leistungsmotiviert (lernfähig und arbeitswillig)?
- Werden Sie sich mit der Firma und Ihrer Aufgabe in hohem Maße identifizieren?

Ihre (fachliche) Kompetenz

- Kann Ihnen die Bewältigung des Jobs zugetraut werden?
- Besitzen Sie dem Job entsprechende fachliche Qualifikationen (z. B. Branchenkenntnisse, Berufserfahrung)?

Ihre Persönlichkeit und überfachliche Kompetenz

- Passen Sie in das Unternehmen?
- Wirken Sie vertrauenswürdig und sympathisch?
- Sind Sie anpassungs- und teamfähig?
- Welche persönlichen Eigenschaften (wie z. B. Kontaktfähigkeit, Kommunikationsfähigkeit, Zuverlässigkeit, Flexibilität, Problembewusstsein, Problemlösefähigkeiten, Kreativität) besitzen Sie?

Aber nicht nur Sie als Bewerber werden beurteilt. Ebenso steht Ihr Arbeitgeber auf dem Prüfstand. Sie sind schließlich kein Bittsteller, der um Anstellung bettelt. Sie bieten Ihre Expertise und Ihre Arbeitskraft an. Dafür können Sie zum Beispiel eine interessante Tätigkeit, eine angemessene Vergütung, ein angenehmes Arbeitsklima und Entwicklungsmöglichkeiten erwarten. Und so gehen Sie – genau wie Ihr Gesprächspartner – mit zahlreichen Fragen und Erwartungen in das Gespräch.

Stehen Sie dazu, eigene Ansprüche zu haben! Ihr Einstellungsinterview ist ein Gespräch auf Augenhöhe. Und eines ist sicher, nicht nur Sie sondern auch Ihr potenzieller Arbeitgeber hat größtes Interesse daran, einen guten Eindruck zu hinterlassen. Sie können sich daher auf ein vielleicht herausforderndes und anstrengendes Gespräch

Worauf kommt es an?

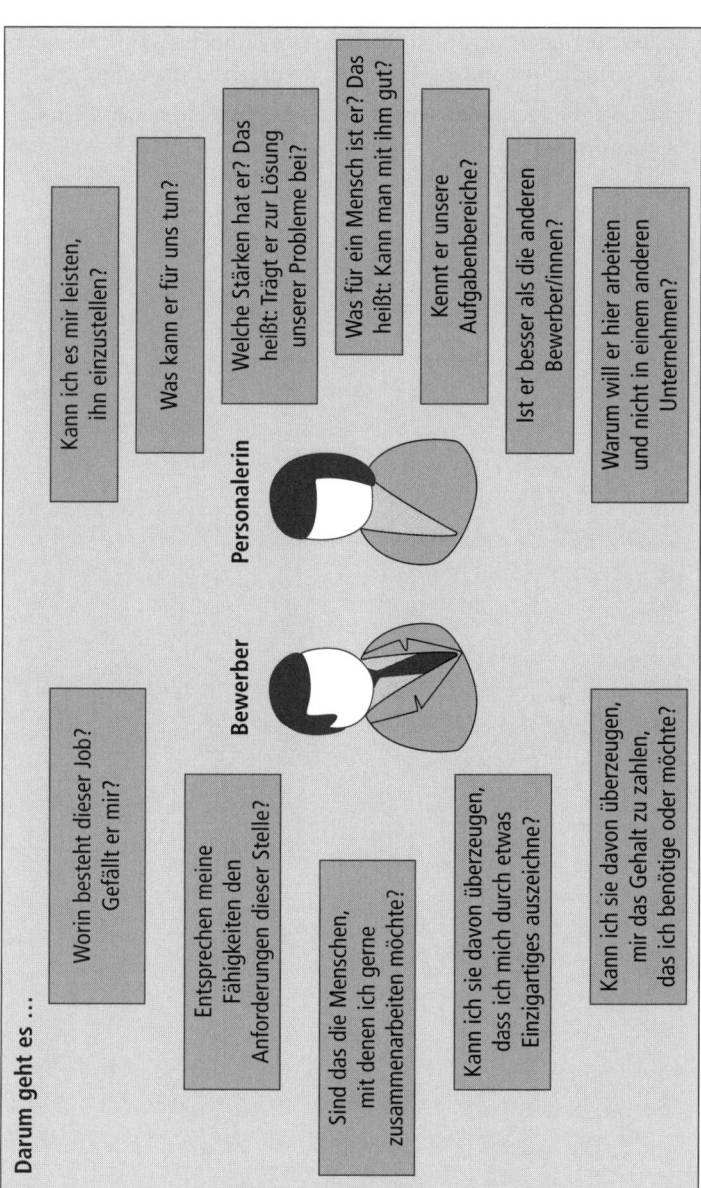

Abb. 2: Ausgangssituation im Bewerbungsprozess

einstellen. Dennoch wird sich Ihr Interviewer höchstwahrscheinlich um ein freundliches und angenehmes Gesprächsklima bemühen.

Nehmen Sie die Herausforderung an und freuen Sie sich auf ein bedeutsames Gespräch!

2. Kapitel

Ihre Qualifikationen und Kompetenzen

Wir haben darüber gesprochen, was Ihren potenziellen Arbeitgeber an Ihnen interessiert, nämlich Ihre Motivation, Ihre Persönlichkeit und Ihre Kompetenzen, die den Anforderungen der Arbeitsstelle entsprechen sollen. Bei einer Leiterin eines chemischen Labors wären dies zum Beispiel vor allem die jeweiligen einschlägigen Fachkompetenzen, Forschungsinteresse, analytisches Denkvermögen, Gewissenhaftigkeit und Führungskompetenz. Bei einem Vertriebsmitarbeiter würde, neben den betreffenden Fachkenntnissen, vor allem die Freude am Umgang mit Menschen, ein gutes Kommunikationsvermögen und dabei vor allem Verhandlungs- und Verkaufsgeschick im Fokus der Aufmerksamkeit stehen.

Was sind nun aber die Qualifikationen oder Kompetenzen, nach denen Sie beurteilt werden? Bevor wir auf diese Frage eingehen, sprechen wir erst einmal allgemein über Kompetenzen.

Gemäß dem in der Wirtschaft beliebten sogenannten Kompetenzmodell gibt es vier Kernkompetenzen, die zusammen genommen, eine allgemeine Berufs- und **Handlungskompetenz** ergeben.

1. Sozialkompetenz: Kenntnisse, Fertigkeiten, Fähigkeiten und Einstellungen, die es ermöglichen, in sozialen Situationen sinnvoll und angemessen zu handeln.

Hierzu gehören zum Beispiel Kommunikations- und Kooperationsfähigkeit aber auch Konfliktfähigkeit und Einfühlungsvermögen.

2. Methodenkompetenz: Kenntnisse, Fertigkeiten, Fähigkeiten und Einstellungen, die es ermöglichen, durch Planung und sinnvolle Lösungsstrategien, Aufgaben und Probleme zu bewältigen.

Dies sind zum Beispiel Problemlösefähigkeit, systematisches/analytisches Denken und Handeln, Kreativität und Organisationstalent.

3. Selbstkompetenz: Fähigkeiten und Einstellungen, in denen sich die individuelle Haltung zu Leistung und Arbeit ausdrückt. Damit sind zunächst die klassischen ‚Arbeitstugenden' gemeint, darüber hinaus aber auch allgemeine Persönlichkeitseigenschaften wie Gewissenhaftigkeit, Leistungsbereitschaft, Ausdauer und Motivation.

4. Fachkompetenz: Fachbezogene Kenntnisse, Fertigkeiten und Fähigkeiten, sowie überfachliche Kompetenzen wie zum Beispiel die Kenntnis wissenschaftlicher Methoden.

Kompetenzen im Überblick

Fach- und Sachkompetenz
- Spezielles Fachwissen
- Breites Grundlagenwissen
- Kenntnis wissenschaftlicher Methoden
- Auch: fachübergreifendes Denken

Sozialkompetenz
- Kommunikationsfähigkeit (inklusive Ausdruck und Präsentation, Verhandlungsgeschick)
- Team- oder Kooperationsfähigkeit
- Durchsetzungsvermögen
- Führungskompetenz
- Konfliktfähigkeit
- Fähigkeit, die Sichtweisen und Interessen anderer zu berücksichtigen und zu verstehen (z. B. Interkulturelle Kompetenz)

Methodenkompetenz
- Organisationsfähigkeit
- Systematisches/Analytisches Denken und Handeln
- Kreativität und Problemlösefähigkeit
- Kritisches Denken
- Selbstständiges Arbeiten
- Zeitmanagement

Selbstkompetenz
- Fähigkeit zur Selbstkontrolle und Selbstmotivation
- Gewissenhaftigkeit
- Ausdauer/ Belastbarkeit
- Entscheidungsfreude/ Zielstrebigkeit
- Initiative/ Engagement

Diese Kompetenzen bilden die Grundlage, anhand derer die Anforderungsdimensionen, nach denen Sie im Vorstellungsgespräch beurteilt werden, erstellt werden.

I. Die Fachkompetenzen

Am klarsten geben Ihre Zeugnisse Auskunft über Ihre Fachkompetenz. Wenn Sie beispielsweise Jura studiert und sich dabei auf Strafrecht spezialisiert haben, haben Sie das Fachwissen erworben, das Sie für eine Tätigkeit in einer entsprechend ausgerichteten Rechtsanwaltskanzlei benötigen. Dieses Spezialwissen und die dazu gehörigen Fertigkeiten bilden die Grundlage für Ihre Berufstätigkeit. Aus diesem Grund legen Unternehmen Wert auf die richtige Ausbildung, die passenden Studienschwerpunkte, gute Noten und praktische Erfahrungen in Ihrem Arbeitsgebiet. Vor allem danach werden Sie ausgewählt, um das Personalauswahlverfahren zu durchlaufen.

Regelmäßige Befragungen deutscher Wirtschaftsunternehmen geben Hinweise, auf welche (studien-)fachbezogenen Einstellungskriterien bei Bewerbern mit akademischem Hintergrund primär geachtet werden.

Neben der Art des Abschlusses und den Studienschwerpunkten interessieren sich Personalverantwortliche vor allem für den Studienverlauf und die Studiennote. Dabei bewerten 90 % der Unternehmen die thematische Ausrichtung des Studiums als sehr wichtig – noch vor der Wichtigkeit des Studienergebnisses, welches immerhin 85 % der Unternehmen als sehr wichtig erachten.

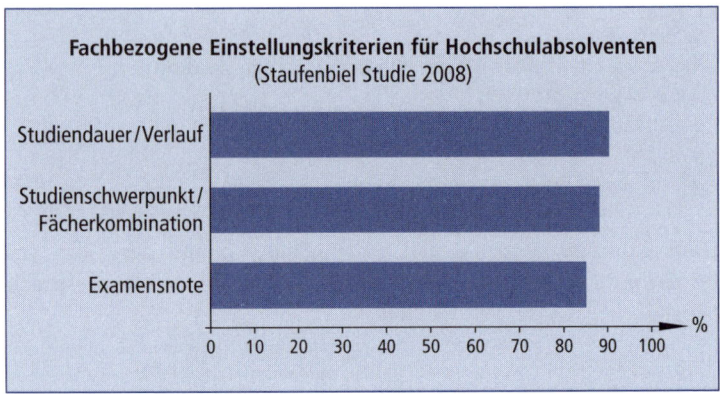

Abb. 3: Fachbezogene Einstellungskriterien für Hochschulabsolventen (Staufenbiel-Studie Job-Trend 2008, Befragung von 467 Unternehmen)

Zu den Fachkenntnissen werden auch die ebenso wichtigen fachnahen Zusatzqualifikationen gezählt, die Sie in der Regel neben Ihrem Fachstudium erworben haben.

II. Fachnahe Zusatzqualifikationen

Als Zusatzqualifikationen bezeichnet man sogenannte fachnahe Kenntnisse und vor allem Erfahrungen, die Sie sich durch Ihr eigenes Engagement angeeignet haben.

Unternehmen suchen keine Akademiker aus dem Elfenbeinturm. Ganz im Gegenteil: Wer bereits während seines Studiums gezeigt hat, dass er in der Praxis bestehen kann, ist verständlicherweise gern gesehen. Zudem ist jemand, der über den Tellerrand geschaut hat, andere (Arbeits-)Kulturen erlebt hat und gezeigt hat, dass er sich engagiert, bei Personalchefs sehr viel beliebter als ein Stubenhocker.

Unternehmen erwarten von akademischen Bewerbern, dass sie mindestens ein einschlägiges Praktikum absolviert haben.

Erzählen Sie also mit merklicher Begeisterung von Ihren praktischen, ehrenamtlichen und internationalen Erfahrungen. Ein aussagekräftiger Bericht etwa über Ihr Praktikum im Ausland, bei dem Sie vielleicht in einem internationalen Team ein Projekt mitverantwortlich betreut haben, ist ein hervorragender Beleg Ihrer Fähigkeiten. Und eines ist klar, Ihre außeruniversitären Erfahrungen machen den Hauptteil Ihrer Selbstpräsentation aus, denn Ihr Studium haben Sie schnell beschrieben. Absolventen einer bestimmten Fachrichtung gibt es viele – aber durch Ihre selbst gewählten Praktika, Auslandserfahrungen oder Ihr soziales Engagement zeigen Sie Ihre Persönlichkeit. Und diese unterscheidet Sie von anderen Bewerbern.

Abb. 4: Gewünschte Zusatzqualifikationen für Hochschulabsolventen (Staufenbiel-Studie Job-Trend 2008, Befragung von 467 Unternehmen)

Welche Bedeutung haben nun aber die überfachlichen Kompetenzen?

III. Die überfachlichen Kompetenzen

Ohne Fachwissen kann man im Berufsleben nicht viel ausrichten, das weiß inzwischen jeder. Dennoch ist die fachliche Qualifikation eine zwar notwendige aber bei weitem nicht hinreichende Bedingung für eine gute Arbeitsleistung im Beruf. Ebenso wichtig, und manche behaupten sogar noch wichtiger, sind die überfachlichen Kompetenzen, die auch ,Soft Skills' oder Schlüsselqualifikationen genannt werden. Dies sind die Kompetenzen, die hier als Sozial-, Selbst- und Methodenkompetenzen aufgeführt werden.

Was kann man sich unter diesen überfachlichen Kompetenzen oder Schlüsselqualifikationen vorstellen?

Grob gesagt sind dies Fähigkeiten, Fertigkeiten und Einstellungen, die man sich nicht nur in der schulischen und akademischen Ausbildung, sondern vor allem in der allgemeinen Lebenspraxis aneignet. Sie bestehen aus allgemeinen kognitiven (auf die Erkenntnis, das Denken bezogene) Funktionen, genetisch verankerten Fähigkeiten als auch leicht erlernbaren Kenntnissen, die fachübergreifend, allgemein, vielseitig einsetzbar und bis zu einem gewissen Grade erlern- oder förderbar sind.

Dazu kommen affektive (gefühls- und stimmungsbetonte) Dispositionen, d. h. Einstellungen, Haltungen, Bereitschaften, die man früher als sogenannte Arbeitstugenden bezeichnete.

Schlüsselqualifikationen ermöglichen und verbessern die Fähigkeiten

- Neues zu lernen
- Sich auf neue Situationen einzustellen
- Das eigene Handeln zu steuern
- Sich selbst zu organisieren
- Sich auf andere Menschen einzustellen
- Einfluss auf andere Menschen zu nehmen
- Erfolgreich im Team zu arbeiten

- Kenntnisse und Strategien zu haben, auch komplizierte Probleme zu lösen

- sowie alle anderen außerfachlichen Ziele, die es möglich machen, sich erfolgreich und motiviert im Berufsleben zu behaupten.

Warum sind diese vermeintlich selbstverständlichen Fähigkeiten und Eigenschaften so entscheidend?

Seit die Arbeitswelt in den letzten Jahrzehnten immer komplexer geworden ist, sind auch die Anforderungen an die Arbeitenden gestiegen. Insbesondere die Kunst, mit Menschen umzugehen und komplexe, vernetzte Aufgabenbereiche zu überblicken, ist mehr denn je gefragt.

Mehr als die Hälfte der Qualifikationserwartungen der Unternehmen an ihre Mitarbeiter liegen im außerfachlichen Bereich und gerade dort klagen Arbeitgeber oft über mangelnde Qualifikationen bei Studierenden und Absolventen.

Eine Unternehmensbefragung des Instituts der deutschen Wirtschaft ergab beispielsweise, dass mehr als die Hälfte der befragten Personalverantwortlichen bei Absolventen der Fachrichtung Betriebswirtschaft die Fähigkeit vermissen, in übergeordneten Zusammenhängen zu denken. Universitäts- und Fachhochschulabsolventen beschäftigen sich laut Einschätzung zu sehr mit Detailproblemen und seien häufig nicht in der Lage, eigenständige Problemlösungen zu entwickeln. Ebensolche Defizite bestünden im Bereich sozialer und kommunikativer Fähigkeiten, der Integration in die Arbeitsorganisation sowie im Führungsverhalten.

Schulungsprogramme in den Unternehmen zeigen oft nur geringe Erfolge, da aufgrund des Alters der Teilnehmer deren Verhaltensweisen schon so verfestigt sind, dass sie kaum mehr geändert werden können.

Aus diesem Grund wird im Vorstellungsgespräch vor allem auf die überfachlichen Kompetenzen und Persönlichkeitsmerkmale geachtet.

Eine Studie des Personalberatungsunternehmens Staufenbiel macht deutlich: Für Unternehmen zählt bei einem Bewerber nicht nur das Fachliche, obwohl diese Kriterien für eine Einladung zum Interview

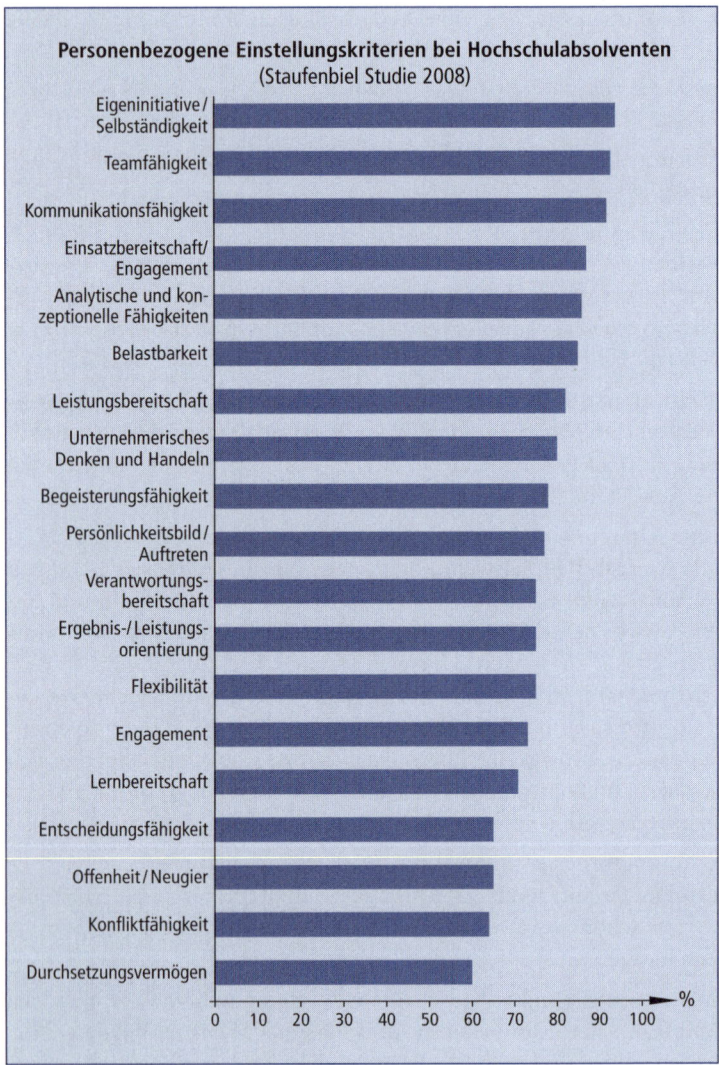

Abb. 5: Personenbezogene Einstellungskriterien für Hochschulabsolventen (Staufenbiel-Studie Job-Trend 2008, Befragung von 467 Unternehmen)

oft ausschlaggebend sein können. Personalverantwortliche wollen dann vor allem von der Persönlichkeit und damit den überfachlichen Kompetenzen eines Bewerbers überzeugt sein. Als wichtigste Merkmale gaben die befragten Unternehmen Eigeninitiative und Selbstständigkeit, Teamfähigkeit, Kommunikationsfähigkeit, Engagement und analytische Fähigkeiten an.

(Dies sind Durchschnittswerte, im Einzelfall variieren die Anforderungen natürlich je nach Tätigkeit).

Im Vorstellungsgespräch kann vor allem das Kommunikations- und Präsentationsvermögen sowie der Umgang mit Menschen sehr gut beobachtet werden. Die weiteren Qualifikationen werden zusätzlich erfragt.

3. Kapitel

Interviewformen

Generell wird unterschieden zwischen unstrukturierten (offenen) und strukturierten (standardisierten) Interviews. Dazwischen liegen die teilstandardisierten Interviews.

Ein **unstrukturiertes Vorstellungsgespräch** folgt keinem festgelegten Fragenkatalog. Der Interviewer gibt auf der Basis der Informationen, die er im Laufe des Gesprächs von dem Bewerber erhält, eine allgemeine und subjektive Bewertung ab. Meist entscheidet er bereits im Laufe des Gesprächs, ob der Kandidat für die jeweilige Stelle geeignet ist. Wie bereits im Exkurs **Die Aussagekraft von Vorstellungsgesprächen** S. 41 gezeigt, haben Interviews dieser Art keine gute Validität, d. h. sie taugen nur sehr bedingt dazu, die Eignung eines Bewerbers für die betreffende Stelle vorherzusagen.

Die üblichen unstrukturierten Eignungsinterviews sind extrem fehleranfällig: Oft spricht der Interviewer mehr als der Bewerber und erfährt daher weniger. Eigene Ambitionen des Interviewers, Attraktivität, subjektive Ähnlichkeit, Geschlecht, ethnische Zugehörigkeit oder andere Merkmale des Bewerbers können das Urteil verzerren. Der Interviewer bildet häufig ein Stereotyp des idealen Bewerbers, generalisiert ungerechtfertigt Eindrücke oder konzentriert sich einseitig auf die Informationen, die das eigene Bild bestätigen. Auf Seite 26 befassen wir uns näher mit Urteilsfehlern und Verzerrungen.

Dazu kommt noch, wie viele Studien belegen, dass Interviewer negative Informationen oft stärker beachten als Positive. Dies könnte in der Einstellung begründet sein, dass es gefährlicher ist, negative Informationen über einen Kandidaten unbeachtet zu lassen und einen schlechten Kandidaten auszuwählen, als einen guten zu übersehen. Je unerfahrener ein Interviewer ist, desto eher neigt er dazu, die Entscheidung bereits zu einem sehr frühen Zeitpunkt des Gesprächs zu treffen.

Interessanterweise beurteilen gerade unerfahrene Interviewer dies ganz anders. Viele Interviewer halten sich selbst für sehr gute Diagnostiker und sind davon überzeugt, durch spontan gestellte Fragen die richtigen Kandidaten herauszufinden. Wenn Sie sich das Kapitel **Vorurteile und Beurteilungsfehler** auf Seite 26 ansehen, wird schnell klar warum. Oft wird nach Sympathie, dem ersten Eindruck oder aufgrund einer vorherrschenden Eigenschaft des Bewerbers entschieden, ohne ein differenziertes Eignungsprofil zu erstellen. Trotzdem hat diese Interviewform aber auch Vorteile. Für den Interviewer den, dass er individueller auf die jeweilige vor ihm sitzende Person eingehen kann. Sie als Bewerber können in unstrukturierte Interviews leichter steuernd einwirken und den Fragesteller von unangenehmen Themen weg- und zu gewünschten Themen hinlenken. Mehr dazu im Kapitel **Strategien, um das Gespräch zu steuern** auf Seite 266.

Strukturierte und teilstandardisierte Interviews werden häufig von großen Unternehmen mit einer hohen Zahl an Bewerbern bevorzugt. Grundlage sind Anforderungsanalysen der jeweiligen Tätigkeiten und daraus abgeleitete Kriterien für die Bewerberwahl. In den Interviews werden allen Bewerbern auf eine bestimmte Stelle die gleichen vorgegebenen, tätigkeitsbezogenen Fragen gestellt. Teilweise werden die Antworten der Bewerber vorgegebenen Antwortkategorien zugeordnet. Dies erleichtert es dem Interviewer, die relevanten Fähigkeiten der Kandidaten zu evaluieren und zu vergleichen. Die Bewertung erfolgt erst nach Abschluss des Interviews.

Gängige Spezialformen standardisierter Interviews in der Personalauswahl sind das Verhaltensbeschreibungsinterview oder kurz Verhaltensinterview, in denen die Bewerber über vergangene Situationen und ihr jeweiliges Verhalten berichten, das situative Interview, in dem die Bewerber in hypothetischen Situationen ihr wahrscheinliches Verhalten beschreiben müssen sowie das Multimodale Einstellungsinterview, welches diese beiden Prinzipien kombiniert und weiterentwickelt.

In Realität sind die meisten Vorstellungsgespräche, denen Sie begegnen werden Mischformen, dennoch lohnt es sich, sie getrennt voneinander anzusehen, um Ihre Antwortstrategien daran anzupassen.

I. Das Verhaltensinterview

Verhaltensinterviews beruhen auf der Annahme, dass die Leistung einer Person in der Vergangenheit (in vorherigen Funktionen) eine Vorhersage ihrer zukünftigen Leistung erlaubt. Es wird ermittelt, welche Anforderungen an den Bewerber gestellt werden und davon abgeleitet werden entsprechende Fragen formuliert. Dabei geht es jedoch weniger um bestimmte Eigenschaften der Person, sondern um gewünschte erfolgsbringende oder erfolgskritische Verhaltensweisen. Ein einfaches Beispiel einer erfolgskritischen Verhaltensweise eines Verkäufers ist das geschickte und einfühlsame Fragen nach den Bedürfnissen des Kunden.

Die Antworten des Bewerbers werden dann mit den zuvor festgelegten ‚optimalen Verhaltensweisen eines Wunschkandidaten' verglichen.

Verhaltensfragen werden auf Seite 61 näher beschrieben, daher hier nur noch einmal eine Zusammenfassung:

Verhaltensverankerte Fragen erkennen Sie in der Regel an Formen wie diesen:

Fragen

- *Haben Sie schon einmal...?*
- *Nennen Sie ein Beispiel, wie Sie... haben.*
- *Schildern Sie eine Situation, in der Sie....*
- *Wie sind Sie in der Vergangenheit mit einer Situation umgegangen, in der...?*

Nach diesen Eingangsfragen wird so lange nachgefragt bis klar wird, wie die Situation, Ihr genaues Verhalten und das Ergebnis ausgesehen haben.

Am kompetentesten wirken Sie, wenn Sie gleich zu Anfang eine vollständige und aussagekräftige Schilderung dieser Sachverhalte geben.

Machen Sie sich bewusst, was man von Ihnen hören möchte:

- **Situation:** Unter welchen Bedingungen haben Sie etwas getan?
- **Verhalten:** Was haben Sie getan?
- **Ergebnis:** Was kam dabei heraus?

Eine gute Vorbereitung hilft Ihnen, die richtigen Beispiele aus Ihrem Leben herauszugreifen und diese so gekonnt in Szene zu setzen, dass Ihr Interviewer Ihre Kompetenzen erkennt. Machen Sie sich vorab klar: ‚Worauf kommt es den Einstellern an? Welche Fähigkeiten werden von Ihnen erwartet? Wann haben Sie diese Fähigkeiten schon einmal erfolgreich eingesetzt?'

II. Das Multimodale Einstellungsinterview (MMI)

Das multimodale Einstellungsinterview ist hierzulande das neueste und modernste Einstellungsverfahren und wird in vielen, vor allem größeren, Unternehmen gerne angewandt. Daher lohnt es sich, es näher anzusehen. Es ist ein teilstrukturiertes Einstellungsinterview, in dem die drei zentralen Ansätze moderner Eignungsdiagnostik (Eigenschaftsansatz, Verhaltensansatz und biografischer Ansatz) berücksichtigt werden. Für Sie heißt das einfach nur, dass in diesem Interview verschiedene Arten von Fragetypen vorkommen, auf die Sie sich mithilfe dieses Buches gut vorbereiten können.

Die Vorhersagekraft dieser Interviewform ist vergleichsweise gut. (Mehr zur Aussagekraft von Vorstellungsgesprächen finden Sie auf Seite 41.)

Der Ablauf eines multimodalen Einstellungsinterviews sieht in der Regel folgendermaßen aus:

(1) Beginn: kurze informelle Unterhaltung in offener Atmosphäre, der Ablauf des Gesprächs wird erläutert

(2) Selbstvorstellung des Bewerbers (Selbstpräsentation)

(3) Freies Gespräch angeknüpft an die Selbstvorstellung und die Bewerbungsunterlagen

(4) Fragen nach Berufsinteressen, Berufs- und Organisationswahl

(5) Biografiebezogene Fragen

(6) Realistische Tätigkeitsinformation des Bewerbers durch den Interviewer

(7) Situative Fragen

(8) Fragen des Bewerbers und Gesprächsabschluss

Die Bewertung der Antworten des Bewerbers erfolgt teilweise anhand vorher festgelegter Antwortskalen.

Fragen zum Thema Motivation/Unternehmenskenntnisse im MMI

Wie in jedem anderen Einstellungsinterview ist die Fragen nach Ihrer Bewerbungsmotivation unverzichtbarer Bestandteil des Multimodalen Einstellungsinterview. Teilweise werden Ihre Antworten mit Hilfe vorher festgelegter Antwortskalen bewertet.

BEISPIEL: *Welche Quellen haben Sie genutzt, um sich über unser Unternehmen zu informieren? Haben Sie auch mit anderen Personen Informationen ausgetauscht? Welche Erfahrungen haben Sie dabei gemacht?*
Die fünfstufig verhaltensverankerte Antwortskala von (1) suboptimal bis (5) sehr gut:
(1) *Hat sich nicht informiert; oder: schlechte Informationsquellen, kein Zugang zu guten Quellen.*
(2) *…*
(3) *Hat sich informiert, nutzte dabei vorwiegend zugesandte und öffentlich zugängliche Informationsquellen.*
(4) *…*
(5) *Hat sich aus schriftlichen Quellen fundiert informiert, zusätzlich aber auch persönliche Quellen genutzt. Hat z. B. das Unternehmen aufgesucht und sich von Unternehmensangehörigen informieren lassen.*

Biografische Fragen im MMI

Biografische Fragen entsprechen im Großen und Ganzen den vorab und auf Seite 61 beschriebenen Verhaltensfragen.

Sie werden gebeten, eine berufsrelevante Begebenheit aus Ihrer Biografie so zu schildern, dass Ihr konkretes damaliges Verhalten beurteilt werden kann, um daraus Rückschlüsse auf Ihr zukünftiges Verhalten zu ziehen.

> **BEISPIEL:** *Welche Erfahrungen haben Sie mit der Arbeit im Team gemacht? Können Sie uns ein konkretes Beispiel nennen?*
> Die fünfstufig verhaltensverankerte Antwortskala von (1) suboptimal bis (5) sehr gut:
> (1) *Arbeitet nicht so gerne im Team; berichtet von negativen Erfahrungen, scheut sich vor Meinungsverschiedenheiten, beteiligt sich nicht selbst an Problemlösungen*
> (2) *...*
> (3) *Arbeitet gerne im Team, hat positive Erfahrungen, beteiligt sich an Problemlösungen*
> (4) *...*
> (5) *Bevorzugt klar Teamarbeit, übernimmt gerne aktive Rolle im Team, wirkt als Vermittler oder aktiver Problemlöser.*

Situative Fragen im MMI

Situative Fragen bestehen aus einer knappen Schilderung einer erfolgskritischen Arbeitssituation und der Frage, wie sich die Bewerberin in dieser Situation verhalten würde. Die Bewerberin wird aufgefordert, konkret und anschaulich ihr mögliches Vorgehen zu schildern. Diesem Fragetyp liegt die Idee zugrunde, dass geschildertes Verhalten eine Vorhersage von tatsächlichem zukünftigen Verhalten ermöglicht.

Auch bei situativen Fragen wird die Antwort der Bewerberin mit (meist) fünf, vorab festgelegten Antwortbeispielen verglichen, um eine Bewertung vornehmen zu können.

BEISPIEL: *Sie haben für unser Unternehmen einen Workshop organisiert. Es ist eine viertel Stunde vor Beginn. Die Referentin steht vor Ihrer Bürotür und möchte noch Unterlagen ausgedruckt habe. Die Teilnehmer/innen warten schon im Seminarraum, Sie möchten die Veranstaltung pünktlich mit Ihrer Begrüßung beginnen. Jetzt komme ich (die jeweils Fragende) zu Ihnen und bitte Sie darum, einen Blick auf den fertigen Entwurf eines für Ihre Abteilung wichtigen Informationsflyers zu werfen. Der Flyer muss in einer Stunde in die Druckerei und wir müssen ihn frei geben. Wie reagieren Sie?*

Die fünfstufig verhaltensverankerte Antwortskala (von 1 (suboptimal) bis 5 (sehr gut):

(1) *Ich verweise auf das Seminar und lehne Mitarbeit am Flyer ab.*

(2) ...

(3) *Ich bitte die Referentin, selbst die Begrüßung zu übernehmen, und kümmere mich um Ausdruck und Korrekturlesen des Flyers.*

(4) ...

(5) *Ich bitte eine Kollegin/einen Kollegen um den Ausdruck der Seminarunterlagen, bitte um 30 Minuten Geduld, und gebe den Flyer nach der Begrüßung der Seminarteilnehmer/innen frei.*

4. Kapitel

Die Entscheidungsfindung

I. Mögliche Fehlentscheidungen im Auswahlprozess

Beim Personalauswahlprozess können die Auswählenden zwei Arten von Fehlentscheidungen treffen: Es können ungeeignete Bewerber eingestellt werden oder es können geeignete Kandidaten abgelehnt werden. Die Einstellung ungeeigneter Bewerber ist dabei weitaus schwerwiegender als die Ablehnung geeigneter Kandidaten. Dass liegt daran, dass eingestellte ungeeignete Bewerber im Unternehmen mangelnde Leistung zeigen und damit Schaden anrichten, aber bei der gegebenen deutschen Rechtslage kaum wieder entlassen werden können. Sehr viel ungefährlicher, wenn auch ärgerlich, ist es, einen guten Bewerber, bei dem man sich jedoch nicht ganz sicher ist, ziehen zu lassen. Schwierig wird es für die Interviewer natürlich dann, wenn es nur wenige geeignete Bewerber für eine Stelle gibt, die Auswähler jedoch bei keinem wirklich sicher sind. Schließlich müssen sie die Entscheidung verantworten.

Dabei stellt sich die Frage: Wie erleben denn die Interviewer das Gespräch?

II. Der Interviewer

Jetzt möchte ich Sie einmal auf die andere Seite mitnehmen – die Seite Ihres Gegenübers, des Interviewers (oder der Interviewer, wenn mehrere Personen an dem Gespräch beteiligt sind).

Wie empfindet der Interviewer (ich bleibe der Einfachheit halber hier bei einer Person) das Gespräch mit Ihnen – wie bildet er seine Meinung?

Zuerst muss man sich bewusst machen, dass ein Personalverantwortlicher, der die Entscheidung über eine Personaleinstellung zu treffen hat, unter großem Druck steht. Gerade bei Akademikerstellen geht es um sehr viel Geld und eine Fehlentscheidung führt oft zu großen finanziellen Verlusten und weiteren Geschäftsschäden. Daher nimmt der Interviewer seine Sache normalerweise sehr ernst und wird nicht leichtfertig wählen und ablehnen.

Wie erwähnt, kann ein Interview, auch wenn es sehr gut konstruiert und von geschulten und bemühten Personen geführt wird, niemals eine völlig objektive Bewertung Ihrer Qualifikationen ergeben. Es ist und bleibt ein subjektives Instrument – auch wenn es durch Anpassung an die Anforderungen des Arbeitsplatzes, Standardisierung, so dass alle Bewerber mit den gleichen Themen konfrontiert werden, und anderen Methoden so gut wie möglich objektiviert wurde.

Letztendlich hat der Interviewer die nicht leichte Aufgabe, aus einer Fülle von Kandidaten, die ihrerseits ihr Bestes tun, um sich positiv darzustellen und ihre Schwachstellen zu verschweigen, einen geeigneten Kandidaten auszuwählen.

Dies ist eine große Verantwortung und wird zumindest den Entscheider, der unmittelbar mit dem neuen Mitarbeiter zusammenarbeiten wird, etwas nervös machen. Im Endeffekt hat dieser Personalverantwortliche mehr zu verlieren als Sie. Schlimmstenfalls bewerben Sie sich woanders – schade, aber erträglich.

Für den Personalverantwortlichen wäre die Zusammenarbeit mit einem ungeeigneten, unzufriedenen, unfähigen oder unsympathischen Mitarbeiter – schlimmstenfalls jahrelang – eindeutig schlimmer!

In Anbetracht dessen ist es verständlich, wenn Ihre Interviewer auf Nummer sicher gehen wollen. Auch ungeschickte, unangenehme oder sogar unangemessene Fragen und ein gewisses Grundmisstrauen seitens der Personaler werden dadurch vielleicht verständlicher. Nehmen Sie es nicht persönlich, denn es ist nicht gegen Sie persönlich gerichtet. Vielmehr zeugt ein unangenehmes Gespräch oft von der Unsicherheit des Fragestellers.

Andererseits habe ich es schon oft erlebt, dass ein Arbeitgeber regelrecht euphorisch wird, wenn er das Gefühl hat, den perfekten Kandidaten vor sich sitzen zu haben. Wenn Sie also merken, dass Ihr Interviewpartner so richtig in Fahrt kommt, viel erzählt und sich zu freuen scheint, dann lassen Sie sich davon anstecken. Ein gutes Gespräch macht durchaus Spaß, selbst wenn es sich um eine Bewertungssituation wie ein Vorstellungsgespräch handelt.

> **Von Gott geschickt – ein abruptes Ende eines Vorstellungsgesprächs**
>
> Selbst eine einzige negative Information am Ende kann den ganzen positiven Gesprächseindruck zerstören, wie folgende Episode zeigt:
>
> Der amerikanische Psychologe Dipboye beschreibt ein Einstellungsverfahren, bei der ein Wissenschaftler für einen Forschungsbereich gesucht wurde. Ein Kandidat zeigte sich seinen Konkurrenten eindeutig überlegen. Dieser Eindruck festigte sich in den darauffolgenden Tagen während zahlreicher Interviews und schnell war man sich einig, dass er für die Position am Besten geeignet sei und man ihn einstellen wolle.
>
> Als nach Ablauf des letzten Gesprächs der Bewerber schon auf das Taxi wartete, wurde er abschließend gefragt, warum er seine derzeitige Beschäftigung wechseln wolle. Seine Antwort war, dass ihm in einer Vision Gott erschienen sei, der ihm aufgetragen hätte, sich zu bewerben. Mit diesen Worten stieg er in das Taxi und fuhr davon.....
>
> .... Man hat von seiner Einstellung Abstand genommen. (Dipboye, 1992)

III. Vorurteile und Beurteilungsfehler

Menschen neigen, ohne dass ihnen dies bewusst ist, dazu, verzerrte und subjektive Pauschalurteile zu fällen und sind anfällig für eine ganze Reihe sogenannter Urteilstendenzen und Beurteilerfehler. Ein und dieselbe Verhaltensweise eines Bewerbers kann je nach Interviewer zu ganz unterschiedlichen Eindrücken und Entscheidungen führen. In der Psychologie untersucht man derartige Phänomene unter dem Stichwort Personenwahrnehmung.

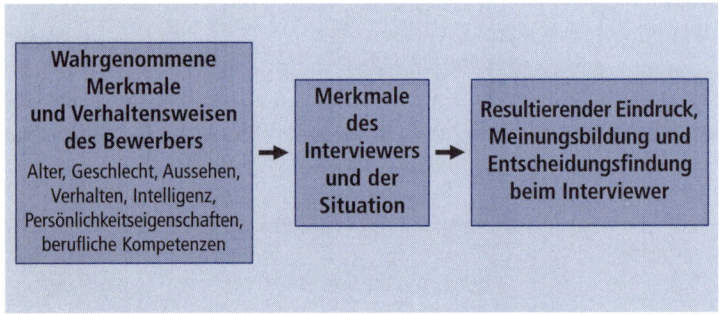

Abb. 6: Personenwahrnehmung im Vorstellungsgespräch nach Secord & Bachmann, 1964

Wahrgenommene Merkmale und Verhaltensweisen des Bewerbers: sind alle Informationen über den Bewerber, die der Fragesteller glaubt zu besitzen. Diese sind natürlich subjektiv, und ein falsch wahrgenommener oder interpretierter Sachverhalt fließt daher ebenso in die Bewertung ein, wie korrekte Beobachtungen.

Genauso entscheidend für Sie ist die Tatsache, dass eine nicht **wahrgenommene Eigenschaft** – selbst wenn sie vorhanden ist – nicht in die Entscheidungsfindung des Beurteilers einfließen kann. So werden gerade zurückhaltende und schüchterne Menschen oft unterschätzt, da man ihre Kompetenzen nicht sehen kann. Nicht was Sie sind gibt letztendlich den Ausschlag, sondern das, was der Beurteiler daraus macht. Je besser und erfahrener der Interviewer ist, desto näher liegt er an der Wirklichkeit.

Merkmale des Interviewers und der Situation: Aber auch die Persönlichkeit des Interviewers und die Besonderheiten der Situation spielen bei der Beurteilung eines Bewerbers eine Rolle.

So hat jeder Mensch eigene Vorstellungen davon, was er überhaupt als wünschenswert erachtet und jedes von Menschen getroffen Urteil ist subjektiv. Jeder von uns hat eigene Werte und Überzeugungen und niemand ist völlig vorurteilsfrei. So halten viele Menschen zum Beispiel Brillenträger für besonders intelligent, dagegen aber Dialekt sprechende Menschen für eher einfach gestrickt. Von Urteilsverzerrungen dieser Art sind natürlich auch Personaler nicht ausgenommen. Zwar sollten alle Interviewer sensibilisiert für typische Interviewerfehler und Urteilstendenzen sein, was ihre Urteilsfähigkeit deutlich erhöht, dennoch ist nicht jeder Personalverantwortliche Experte für die Personalauswahl. Gerade unerfahrene Interviewer neigen dazu, ,aus dem Bauch heraus' zu entscheiden und unterliegen damit sehr schnell den im Folgenden beschriebenen Fehlern. Aber auch der erfahrenste und gewissenhafteste Eignungsdiagnostiker ist nicht völlig davor gefeit.

Natürlich spielt auch die Befindlichkeit des Interviewers eine Rolle. Vielleicht ist er müde, abgelenkt oder aus anderen Gründen unaufmerksam und dadurch im Grunde nicht urteilsfähig? Oder hat er vielleicht schon jemanden im Auge und übersieht dabei vielleicht einen besseren Kandidaten?

Auch spielt es, wenn mehrere Bewerber sich hintereinander vorstellen, durchaus eine Rolle, wann sie an der Reihe sind und wer vor und nach Ihnen gehört wird.

Resultierender Eindruck, Meinungsbildung und Entscheidungsfindung beim Interviewer: All diese Urteilsverzerrungen führen dazu, dass ein und derselbe Bewerber von verschiedenen Beobachtern oder in unterschiedlichen Situationen völlig unterschiedlich wahrgenommen und bewertet werden kann. Zahlreiche Untersuchungen zeigen, dass die Übereinstimmung von Interviewern über die Eignung von Bewerbern oft erschreckend gering ausfällt. Umso mehr ist dies der Fall bei unerfahrenen Interviewern und unstrukturierten Interviews.

Zusätzlich kann es natürlich auch vorkommen, dass sich die Beurteiler nicht über die Anforderungen an den künftigen Stelleninhaber einig sind und damit überhaupt keine gemeinsame Entscheidungsgrundlage haben. Oder diffuse Ängste und Befürchtungen könnten eine Rolle spielen: Ein zu selbstbewusster Bewerber könnte schwierig zu führen sein, ein sehr kompetenter wird vielleicht bei einer Beförderung zur Konkurrenz wechseln?

Was bedeutet dies alles nun für Sie als Bewerber? Zweierlei: Zum Einen ist dieses Bewerbungsgespräch kein Tribunal, in dem Ihre Wertigkeit als kompetenter Mensch festgesetzt wird, denn es ist und bleibt trotz aller Bemühungen um Objektivität zutiefst subjektiv. Zum Zweiten können Sie sich einige dieser Phänomene gezielt zunutze machen, wenn Sie sich darüber bewusst werden und entsprechend handeln.

Aus diesem Grund werden wir uns mit den beschriebenen Urteilsverzerrungen beschäftigen und Ihnen zusätzlich einige nützliche Hinweise an die Hand geben.

Allgemein gilt: **Informieren Sie sich!**

Bemühen Sie sich, möglichst viele Informationen über die Interviewer und deren Interessen und Erwartungen zu erhalten. Dann können Sie viel besser einschätzen, wer auf welche Informationen wie reagieren könnte. Wie auf Seite 71 ff. beschrieben: werden Sie sich klar über das Unternehmen oder die Organisation, mitsamt den dazugehörigen Daten und Fakten, aber auch mit weicheren Faktoren wie die Unternehmenskultur und die Unternehmenswerte (bissige Unternehmensberatung, glamouröse Werbeagentur, trockenes Versicherungsunternehmen oder soziale Einrichtung?).

Und nun formulieren Sie dementsprechend und betonen Sie dazu passende Informationen über sich. Menschen schätzen jene, die sie als sich selbst ähnlich wahrnehmen, bei wem sie also Gemeinsamkeiten in Werten, Erfahrungen, Weltanschauungen etc. erkennen. Dies schafft Sympathie und Sympathie erhöht die Akzeptanz. Studien haben ergeben, dass bei gleicher fachlicher Eignung Bewerber, die ähnliche Ansichten und Werte bezüglich Dingen wie Politik, Familie, Religion – ja selbst Science Fiction – hatten wie ihre Beurteiler, höhere Einstellungschancen und höhere Einstellungsgehälter erreichten, als Kandidaten mit abweichenden Vorstellungen. Dies heißt nun wirklich nicht, dass Sie die Religion Ihres Interviewers annehmen müssen, aber wenn Sie Gemeinsamkeiten erkennen, warum sollten Sie dies nicht erwähnen?

Belegen statt behaupten: Zudem glauben Menschen vor allem ihren eigenen Schlussfolgerungen. Bei schwer erfassbaren Anforderungskriterien, wie zum Beispiel Leistungsbereitschaft, Teamfähigkeit oder Zielstrebigkeit, ist es sinnvoll, nicht nur plump zu behaupten, man sei hervorragend in diesen Kompetenzen, dies wirkt eher arrogant als überzeugend. Besser ist es hingegen Beispiele, Hinweise und Beurteilungen von anderen zu erwähnen, damit die Personalverantwortlichen die gewünschten Schlussfolgerungen ziehen. Viel besser als „Ich bin äußerst führungskompetent" ist die sachliche Beschreibung einer Situation, in der Sie eine schwierige Führungsaufgabe bravourös gemeistert haben. Im Kapitel Fragetypen auf Seite 43 beschäftigen wir uns näher mit gelungenen Verhaltensbeschreibungen.

Kommen wir nun zu den beschriebenen Urteilsverzerrungen und Ihren Möglichkeiten, diese zu Ihrem Vorteil zu nutzen.

1. Fehler in den wahrgenommenen Merkmalen und Verhaltensweisen des Bewerbers

Halo-Effekt

Viele Beurteiler orientieren sich an einer hervorstechenden Eigenschaft eines Bewerbers. Diese ‚überstrahlt' andere Eigenschaften.

Wenn ein Kandidat beispielsweise zu Beginn des Gesprächs sehr lebhaft und kontaktfreudig agiert, schreibt man ihm schnell ohne weitere Überprüfung weitere, dazu passende Verhaltensweisen oder Eigenschaften wie Team- und Kommunikationsfähigkeit oder Engagement zu.

Dies können Sie nutzen, indem Sie versuchen, gleich zu Beginn mit positiven Eigenschaften wahrgenommen zu werden, etwa indem Sie besonders freundlich und engagiert auf die Interviewer zugehen.

Haben die Interviewer Sie einmal in diesem Licht gesehen, schreibt man Ihnen aufgrund eines allgemeinen guten Eindruckes schnell weitere gute Eigenschaften zu. Sie haben sozusagen einen Bonus gewonnen, den Sie so schnell nicht mehr verlieren.

Positions-Effekt – Erster und letzter Eindruck

Über die starke Bedeutung des ersten Eindrucks haben wir schon gesprochen. Es gibt tatsächlich Personaler, die stolz behaupten, sie könnten schon nach fünf Minuten sagen, ob eine Person für die ausgeschriebene Stelle geeignet sei. Dies spricht nicht gerade für die diagnostischen Qualitäten der genannten Personaler, zeigt aber, welches Gewicht die ersten Informationen haben können, die man von Ihnen bekommt. Nicht zu unterschätzen ist jedoch auch der letzte Eindruck. Der erste und der letzter Eindruck, den ein Interviewer von Ihnen erhält, prägt die gesamte Beurteilung in stärkerem Maß als das, was dazwischen liegt. Dies ist besonders in einem längeren Gespräch relevant. Achten Sie daher darauf, dass Sie sich nicht nur zu Beginn des Gesprächs um einen guten Eindruck bemühen und besonderes Engagement erkennen lassen, sondern dass Sie auch für einen gelungenen letzten Eindruck sorgen. Bei Ihrer Selbstpräsentation (wir gehen auf Seite 91 näher darauf ein) beginnen Sie mit den Highlights in Ihrem Kompetenzprofil und enden mit Ihrer hohen Motivation. Auch ist es eine gute Idee, zum Abschluss des Gesprächs zu erwähnen, wie angenehm und interessant Sie den Kontakt empfunden haben. Damit erwecken Sie zum Schluss noch einmal einen guten Eindruck.

Interessanterweise unterscheiden sich strukturierte und unstrukturierte Interviews darin, ob der erste oder der letzte Eindruck ein größeres Gewicht für die Entscheidungsfindung hat:

Eine Studie[2] hat herausgefunden, dass bei unstrukturierten Interviews vor allem der erste Eindruck stark wirkt. Bei strukturierten Gesprächen mit Zwischenbewertungen hingegen dominiert der letzte Eindruck das Gesamtbild des Bewerbers.

Experiment zur Erforschung des Primacy-Effektes (des Effekts des ersten Eindrucks)

Um die ‚Macht des ersten Eindrucks' zu testen, gab der Psychologe S. E. Asch zwei Gruppen von Versuchsteilnehmern folgende Beschreibung einer fiktiven Person:

Gruppe A bekam die Information, die Person sei: Intelligent, fleißig, impulsiv, kritisch, hartnäckig, neidisch.

Gruppe B bekam die Information, die Person sei: Neidisch, hartnäckig, kritisch, impulsiv, fleißig, intelligent.

Die Versuchsteilnehmer hatten keine Probleme, sich mithilfe dieser Eigenschaftsworte eine fiktive Person vorzustellen und diese zu beschreiben. Die Darbietung der Adjektive war jedoch bedeutsam:

Obwohl die beschreibenden Adjektive sich nur in ihrer Reihenfolge unterscheiden, wurde die fiktive Person der Gruppe A signifikant (deutlich) positiver beschrieben, als die der Gruppe B. Auch andere Versuche zeigten immer wieder: war der erste vorgegebene Begriff positiv, dann erschien die ganze fiktive Person in positivem Licht, war er negativ geschah das Gegenteil. Dies zeigt den starken Effekt des ersten Eindrucks, der – da es sich um eine kurze, leicht zu merkende Information handelt, den des letzten Eindrucks sogar noch überwiegt.

Attributionsfehler

Bei der Wahrnehmung von Personen muss beurteilt werden, ob ein bestimmtes Verhalten eher Ausdruck einer feststehenden Eigenschaft dieser Person ist oder von der Situation bestimmt wird. So kann ein Interviewer zum Beispiel einen Patzer im Vorstellungsgespräch der Unfähigkeit des Bewerbers zuschreiben oder aber der Stress auslösenden Situation. Die meisten Menschen neigen allerdings dazu, das Verhalten anderer eher durch persönliche Eigenschaften als durch die äußeren Umstände zu erklären.

2. Fehler durch Merkmale der Situation

Reihenfolgeeffekt

Werden mehrere Bewerber hintereinander befragt, ergeben sich leicht Reihenfolgeeffekte. Viele (wenn auch nicht alle) psychologische Studien haben gezeigt, dass zum Beispiel ein Prüfungskandidat oft noch besser beurteilt wird, wenn er einem schlechteren folgt. Dasselbe gilt auch umgekehrt. Dieser Effekt wirkt sich besonders bei mittelmäßigen Bewerbern aus, die sehr unterschiedlich zu ihren besonders guten oder schlechten Vorgängern gesehen werden.

Zudem scheint es förderlich zu sein, erst recht spät in der Bewerberreihe dran zu kommen. In mündlichen Prüfungen beispielsweise erhalten zuletzt geprüfte Schüler oft bessere Noten als die Schüler, die zu Beginn der Prüfungen beurteilt wurden. Im Sport bewerten Kampfrichter im Schnitt jene Athleten gnädiger, die spät im Verlauf der Wettbewerbe ihre Küren präsentieren. Psychologen erklären diesen Effekt der Reihenfolge durch den oben beschriebenen Effekt des Ersten und letzten Eindrucks. Da Menschen sich nicht präzise erinnern können, bleiben vor allem die ersten und die letzten Eindrücke hängen, während alles dazwischen verschwimmt. Menschen bevorzugen meist, was sie meinen, gut zu kennen. Also wählen sie eher Kandidaten, die ihnen noch besonders präsent sind. Zudem kommt es manchmal vor, dass die Personalentscheider sich zunächst mit positiven Bewertungen zurückhalten, in der Annahme, dass spätere Kandidaten noch besser sein könnten.

Ob Ihre Konkurrenten vor Ihnen gut oder schlecht sind, können Sie nicht beeinflussen. Vielleicht haben Sie aber die Möglichkeit, darauf Einfluss zu nehmen, wann Sie dran sind. Falls man Sie fragt, bitten Sie doch einfach um einen möglichst späten Termin.

3. Fehler durch Merkmale des Interviewers

Sympathie/Antipathie-Effekt

Einen äußerst starken, zutiefst menschlichen und kaum vermeidbaren Einfluss auf die Interviewerwahrnehmung haben Sympathie oder

Antipathie. Sympathische Menschen werden unwillkürlich positiver beurteilt als weniger sympathische. Gehen Sie daher von Anfang an offen und freundlich auf die Interviewer zu, suchen Sie immer wieder Blickkontakt und nutzen Sie die Pausen, um ins Gespräch zu kommen und so die Sympathie der Interviewer zu gewinnen.

> Ein Dozent, der nach der Beurteilung von zwei mit einem Videogerät aufgezeichneten mündlichen Prüfungen erfuhr, dass in beiden Prüfungen derselbe Prüfer aufgenommen worden war, sagte darauf hin in etwa: „Ich hätte nie geglaubt, dass sich die Sympathie, die der Prüfer für den einen Kandidaten offenbar empfand, so deutlich ausdrückt; das ging ja bis in die Färbung der Stimme hinein!" (Roloff, 2002)

Ähnlichkeitsfehler

Menschen bevorzugen meistens andere Menschen, die sie als ähnlich wahrnehmen, und schreiben ihnen (eigene) positive Eigenschaften zu. Empfinden wir eine andere Person als uns ähnlich, finden wir diese auf Anhieb sympathisch. Diese Ähnlichkeit kann in den Einstellungen, gemeinsamen Interessen, einem ähnlichen Weltbild, ähnlichen Kommunikationsmustern oder einem ähnlichen Auftreten bestehen und äußert sich in dem Gefühl, auf der gleichen Wellenlänge zu sein.

Auch daher ist es empfehlenswert, den Kleidungsstil des Unternehmens zu treffen. Ebenso wenig schadet es, sich ein wenig dem Habitus und dem Sprachstil der Interviewer anzupassen.

> Dies belegt zum Beispiel eine Untersuchung aus den 70er Jahren. In dieser Zeit hatte sich der Kleidungsstil junger Menschen in zwei gegensätzliche Richtungen ausbildet: konservativ/spießig oder leger. Es konnte eindeutig festgestellt werden, dass die befragten Jugendlichen in über 50 % der Fälle eher bereit waren, 10 Pfennig für ein Telefonat jemandem zu leihen, der ähnlich gekleidet war wie sie selbst.

Kontrast-Fehler

Es ist ein interessantes Phänomen, dass Menschen dazu neigen, anderen Menschen eigene unerwünschte und unterdrückte Eigenschaften zuzuschreiben. Wer zum Beispiel selbst mit der Neigung kämpft, unangenehme Dinge aufzuschieben, reagiert vielleicht besonders empfindlich und heftig auf ein ähnliches Verhalten anderer Personen. Ein Interviewer ,erkennt' sozusagen im Bewerber eigene unerwünschte Eigenschaften.

Erwartungs-Effekt (self-fulfilling prophecy)

Wenn ein Interviewer eine bestimmte Erwartung an eine Person hat, sucht er unbewusst aber selektiv nach der Bestätigung des vorgefassten Urteils. Gleichzeitig beeinflusst das Verhalten des Interviewers das Verhalten des Bewerbers in der erwarteten Weise. Hält ein Interviewer beispielsweise einen bestimmten Kandidaten für ungeeignet, fallen ihm eher Äußerungen oder Verhaltensweisen auf, die diesen Eindruck stützen. Gleichzeitig behandelt er ihn vielleicht kritischer und weniger ermunternd als andere Bewerber und nimmt ihm damit den Mut, sich aktiv und positiv darzustellen. Die Folge davon ist, dass sich der Vortrag oder die Selbstdarstellung des von vorne herein negativ eingeschätzten Kandidaten unabhängig von seiner wirklichen Eignung tatsächlich verschlechtern. Studien belegen, dass (vermeintlich) gering qualifizierte Bewerber oft weniger Fragen über positive Punkte in ihrem Leben gestellt bekommen als (vermeintlich) hoch qualifizierte.

Natürlich gilt dies auch im umgekehrten Fall. Schätzt ein Interviewer einen Kandidaten schon im Vorfeld positiv ein, wird er ihn bewusst oder unbewusst ermutigen und bestärken und damit eine bessere Interviewleistung ermöglichen. Hält ein Interviewer Sie für einen aussichtsreichen Kandidaten, ist die Wahrscheinlichkeit hoch, dass er Ihnen Gelegenheit gibt, Ihre Stärken herauszustellen statt allzu kritisch Ihre Schwachpunkte zu hinterfragen. Gleichzeitig ist er empfänglicher für alle Informationen, die seinen guten Eindruck bestärken.

Achten sie also auf perfekte Bewerbungsunterlagen und, wenn möglich, auf eine sehr gut vorbereitete vorherige telefonische Kontaktaufnahme, um schon vor dem Gespräch eine positive Erwartung zu erzeugen. Bestärken sie diese dann durch Ihr Auftreten und Ihre sorgfältig ausgewählte Kleidung.

Beeinflussung durch Gruppenprozesse

Insbesondere unsichere und unerfahrene Interviewer haben die Neigung, sich unreflektiert bei der eigenen Urteilsbildung von den Urteilen der anderen Interviewer leiten zu lassen. Dies gilt besonders dann, wenn diese in einer hierarchisch höheren Position sind. Vielleicht gelingt es Ihnen, einzuschätzen, welcher oder welche der Anwesenden am meisten Einfluss auf die Interviewerrunde hat. Vielleicht haben Sie nach dem Interview die Gelegenheit, mit dieser Person ins Gespräch zu kommen und nachträglich einen guten Eindruck zu hinterlassen.

Implizite Persönlichkeitstheorien

Jeder Mensch hat eine unbewusste Meinung darüber, welche Persönlichkeitsmerkmale gemeinsam auftreten und welche sich ausschließen. Beispielsweise halten manche Menschen temperamentvolle Personen gleichzeitig für besonders kreativ oder sie trauen jemandem mit unkonventionellem Kleidungsstil keine Führungsaufgaben zu.

Natürlich können Sie die impliziten Persönlichkeitstheorien Ihrer Interviewer nicht kennen. Dennoch stimmen diese oft mit gängigen Vorurteilen überein. Vermeiden Sie daher, durch allzu auffällige oder ungepflegte Kleidung und Aufmachung, ungewöhnliches Auftreten oder Besonderheiten in Ihrer Sprache wie beispielsweise einen starken Dialekt Vorurteile auszulösen.

4. Die wichtigsten Assoziationen/Vorurteile

Menschen denken bei der Beurteilung komplexer Informationen in vereinfachenden Kategorien. Kaum etwas ist komplexer als die menschliche Persönlichkeit, daher gibt es fast niemanden, der keinerlei Vorurteile hätte. Vorurteile sind nichts anderes als ungerechtfertigt vereinfachende Pauschalurteile, die im täglichen Leben nicht mehr hinterfragt werden. Vorurteile sind verführerisch, denn sie vereinfachen die Welt und reduzieren damit Unsicherheit. Dadurch entstehen festgelegte Wahrnehmungsmuster, die einerseits das Handeln erleichtern, anderseits aber Eigenschaften von Personen und Gruppen festschreiben, ohne diese zu überprüfen. Zudem sind mit diesen Zuschreibungen in der Regel Wertungen verbunden. Oft sind diese Vorurteile den Urteilern nicht bewusst, aber dennoch nicht weniger wirksam.

- **Brillenträger:** Empirische Studien belegen, dass Menschen mit Brille als intelligenter, zuverlässiger und fleißiger eingeschätzt werden als ‚Nicht-Brillenträger‘ und damit besser bewertet werden.

- **Zu viel Make up:** Belegt ist auch, dass Frauen ohne deutlich sichtbares Make up für ernsthafter und gewissenhafter gehalten werden als stark geschminkte Frauen. In höheren Positionen gilt aber: Frauen mit dezentem Make up werden als kompetenter und einflussreicher wahrgenommen als gänzlich ungeschminkte Kolleginnen.

- **Verbalisierungsvermögen:** Gutes Verbalisierungsvermögen führt in Prüfungssituationen zu besseren Bewertungen. Dies erstaunt nicht, da man in Prüfungen und eben auch in Bewerbungsgesprächen von verbalisierten Äußerungen auf die dahinter liegenden Kompetenzen schließt.

- **Sprechtempo:** Zu schnelles – aber auch zu langsames Sprechtempo des Bewerbers führt zu schlechteren Einschätzungen. Ideal ist ein mittleres, dem Gesprächsinhalt angemessenes Sprechtempo.

- **Wahrgenommene Ängstlichkeit:** Tatsächlich oder scheinbar weniger ängstliche Bewerber schneiden in der Beurteilereinschätzung meist besser ab als ängstliche Bewerber.

- **Ungepflegtes Äußeres:** Fettiges Haar, ungepflegte Kleidung und nachlässiges Äußeres werden (in der Regel zu recht) als mangelnde Gewissenhaftigkeit und fehlende Motivation interpretiert.

- **Lange Haare:** Lange Haare wirken bei Männern eher unseriös, selbst wenn es sich um prachtvolle Mähnen handelt. Bei Frauen wirken lange offene Haare oft attraktiv und weiblich. Doch Vorsicht: Berufliche Kompetenzen verbindet man damit nicht. Daher sollten Frauen (ebenso wie Männer) generell zwar auf ein gepflegtes und damit attraktives Äußeres achten, aber allzu geschlechtsspezifische Reize wie eine offene wallende Mähne vermeiden.

- **Übergewicht:** Dicke Menschen gelten bei vielen Menschen als freundlich, lustig und eher bequem. Ehrgeiz, hohe Leistungsmotivation und Durchsetzungskraft wird ihnen jedoch seltener zugesprochen. Viele Menschen vermuten bei ihnen zudem Gesundheitsprobleme.

Attraktivität allgemein

Gerecht ist es nicht – und moralisch vertretbar schon gar nicht – aber Menschen reagieren seit Urzeiten (im höheren Tierreich ist es nicht anders) stark auf körperliche Attraktivität – und zwar in allen und nicht nur den privaten Bereichen des Lebens. Auch im Berufsleben werden attraktive Menschen positiv verzerrt wahrgenommen und als sympathischer, intelligenter und erfolgreicher beurteilt. Ein schlanker, muskulöser Körper und ein dynamisches Auftreten verheißen Leistungsfähigkeit, Tatkraft und Energie. Nun hat aber physische Schönheit mit dem beruflichem Potenzial nicht oder nur sehr bedingt zu tun, viel dagegen mit Vererbung und Lebensstil, dennoch zeigen zahlreiche Studien, dass körperlich attraktive Menschen in beruflichen Bewerbungsverfahren Vorteile haben.

Dass dies so ist, zeigt eine Studie zum Einfluss der Attraktivität von Bewerbungsfotos auf die Personalentscheidung: Zwei Lebensläufe mit exakt gleichem Inhalt wurden mit unterschiedlichen Fotos versehen, einem attraktiven und einem weniger anziehenden Bild. Nun sollten die Testwähler, von denen je eine Hälfte eine der beiden Lebenslaufversionen zu Gesicht bekam, ihren Kandidaten bewerten. Welches Ergebnis würden Sie erwarten?

Sie haben vermutlich richtig geraten. Die Bewertung der Bewerberkompetenz fiel eindeutig zugunsten des attraktiven Kandidaten aus. Es ist ein Teufels- bzw. Engelskreis: Attraktive Menschen werden bevorzugt. Dies führt wiederum dazu, dass diese meist selbstbewusster und kontaktfreudiger werden, was sie wiederum noch anziehender macht.

Aber auch zu große Schönheit kann zu einem Problem werden.

Stark überdurchschnittlich schönen Menschen traut man wiederum nicht genügend ‚Biss' für die Karriere zu, in der Annahme, sie hätten es in ihrem Leben immer zu leicht gehabt. Häufig gelten große Schönheiten als flach und oberflächlich. Mit Kompetenz verbindet man strahlende Schönheit eher nicht.

Fazit

Ob jemand als sehr gut aussehend empfunden wird, hängt nur zu 30 Prozent von dessen objektiver Schönheit ab, sagt der Wuppertaler Psychologieprofessor Manfred Hassebrauck: Rund 20 Prozent machen die individuellen Ansprüche des Beurteilenden aus und immerhin 50 Prozent dessen persönliche Vorlieben. Mag der Beurteiler also beispielsweise grundsätzlich keine Bärte, dann hat es ein Bartträger schwer. Glücklicherweise sind die Geschmäcker so verschieden, wie die Urteiler selbst.

Zudem spielt der Eindruck des „gepflegt seins" eine große Rolle in der Wahrnehmung der Attraktivität einer Person. Ungepflegte Menschen wirken hässlich, gepflegte nur selten.

Viel bedeutsamer als körperliche Attraktivität sind jedoch Sympathie und Ausstrahlung bei der Beurteilung von Menschen. Achten Sie daher auf offene, zugewandte und positive Umgangsformen, kombinieren Sie diese mit einem gepflegten Äußeren und man wird Sie nicht nur mögen, sondern auch attraktiv finden.

Geschlechtsstereotype

Geschlechtsstereotypen schreiben Personen auf Grund ihres Geschlechts bestimmte Eigenschaften und Verhaltensweisen zu. Diese Zuschreibungen werden sehr früh im Sozialisationsprozess erworben, da die soziale Umwelt, wie Untersuchungen zeigen, auf Jungen und Mädchen sehr unterschiedlich reagiert. Sie beeinflussen daher unsere Wahrnehmung meist unbewusst und von frühester Kindheit an und sind folglich in Lernprozessen nur schwer zu verändern.

So kam zum Beispiel eine Studie zu der Bewertung von wissenschaftlichen Aufsätzen unabhängig vom Geschlecht des Betrachtenden zu einem deutlichen Ergebnis: Vorgeblich von Männer stammende Arbeiten wurden als intelligenter und überzeugender eingeschätzt.

Männer gelten als durchsetzungs- und führungsstark, analytisch und rational, Frauen eher als sozial kompetent, freundlich und ausgleichend. Der Mann als Chef und die Frau als seine rechte Hand – kommt Ihnen das bekannt vor?

In den letzten Jahren zeigt sich aber zumindest ein Wandel im Umgang mit Geschlechtsstereotypen. Wurden sie früher offen ausgesprochen, gilt dies heute nicht mehr als politisch korrekt. Unterschiedliche Leistungszuschreibungen nur am Geschlecht festzumachen, wird heute in vielen Bereichen nicht mehr als akzeptabel angesehen. Frauen werden bei offenen Befragungen oft sogar positiver im Hinblick auf ihre Führungsqualitäten eingeschätzt.

Dennoch ist es sicher sinnvoll, typische Geschlechtsstereotypen zu kennen:

- **Hohe Stimme:** Wer eine hohe Stimme hat, klingt aufgeregt, nervös – und vor allem inkompetent. Dabei wird Frauen eine hohe Stimme noch eher verziehen als Männern.

- **Breite Schultern bei Männern:** Männer mit breiten Schultern hält man für durchsetzungsfähig.

- **Große Menschen:** Ähnliches gilt für hoch gewachsene Menschen (meist Männer), denen man Durchsetzungskraft und Führungsqualitäten zuschreibt.

Mehr über Geschlechtsstereotypen und unterschiedliche Verhaltensweisen und Bewertung von Frauen und Männern finden Sie auf den Seiten 259 ff. und 283 ff.

Weitere Einflussfaktoren: Sogenannte ‚Magische Items'

Auch erfahrene Interviewer sind nicht vor Vorurteilen oder Pauschalbeurteilungen gefeit. Zwar werden die wenigsten Personalexperten schwarzen Katzen, Spiegelscherben oder ungünstigen Horoskopen einschlägige Bedeutung beimessen. Trotzdem berichten Viele von ‚untrüglichen Zeichen' im Verhalten oder Auftreten eines Bewerbers, die ihre Meinung maßgeblich beeinflussen. Für viele ist es der schlaffe Händedruck oder die Art, wie jemand zur Tür hereinkommt. Andere lassen sich von weißen Socken oder anderen ‚Stilsünden' abschrecken. Es wir berichtet über einen Personalchef, der stets vom

Fenster aus beobachtet, auf welche Weise seine Bewerber aus dem Auto steigen. ‚Glauben Sie mir, das sagt alles über einen Menschen!'. Ein anderer Personalverantwortlicher verwendet verschiedene Vorwände, um die Schuhsohlen seiner Bewerber zu inspizieren. Seiner Meinung nach kann man ordentliche Menschen daran erkennen, dass sie den Steg zwischen Sohle und Absatz gründlich reinigen. (Schuler, 2002)

Die Bewerber eines weiteren ausgewiesenen Personalexperten tun gut daran, bei einem gemeinsamen Essen tunlichst mit der Serviette den Mund abzuwischen, bevor sie zum Glas greifen, da sie anderenfalls ein schnelles Ende des Bewerbungsverfahrens erleben müssen.

Nun kann man sich über den Zusammenhang zwischen geputzten Schuhsohlen und künftigem Berufserfolg streiten (eine, wenn auch sehr geringe, Korrelation ist nicht auszuschließen, da starke Ordnungsliebe und Gewissenhaftigkeit für die Karriere meist förderlich sind), aber sicherlich sagen solche Beurteilungskriterien mehr über den Beurteiler als über den Beurteilten aus. Dennoch schadet es nicht, sich bewusst zu machen, dass Interviewer auch nur Menschen sind, und damit ebenso empfänglich sind für typische oder auch ungewöhnlichere Urteilsfehler.

Fazit...

... zum Umgang mit möglichen Urteilsverzerrungen Ihrer Interviewer

- Achten Sie auf einen guten ersten Eindruck!
- Bemühen Sie sich, Ihren Interviewer sympathisch zu finden. Das gelingt nicht immer, aber ein guter Wille und ehrliches Bemühen bewirken viel. Wenn Ihr Gegenüber Ihre Sympathie spürt, führt dies meist dazu, dass er Sie ebenfalls schätzt.
- Versuchen Sie, möglichst positiv, optimistisch und von sich selbst überzeugt aufzutreten. Versetzen Sie sich in eine Art „Aufbruchsstimmung" indem Sie sich selbst dazu anfeuern.
- Bleiben Sie dennoch wachsam und nehmen Sie sich Zeit für durchdachte Antworten
- Bereiten Sie sich gut vor, dies verleiht Sicherheit. Und Sicherheit wirkt überzeugend.

IV. Exkurs: Die Aussagekraft von Einstellungsgesprächen

Die Hauptaufgabe eines Vorstellungsgesprächs ist es, vorherzusagen, ob der interviewte Bewerber auf der in Frage stehenden Position erfolgreich sein wird. Dies nennt man die prädiktive oder Vorhersage-Validität (Gültigkeit) des Verfahrens. Ein Personalauswahlverfahren mit hoher prädiktiven Validität ist also in der Lage, Aussagen über die zukünftige Leistung der Bewerber zu machen, so dass aus einer Gruppe von Kandidaten die geeignetsten Stellenanwärter herausgefunden werden können.

Wie gut ist nun aber die Vorhersagekraft eines Vorstellungsgesprächs? Mit dieser Frage beschäftigen sich unzählige Studien, die allesamt zu dem Ergebnis kommen: Es kommt darauf an. Es gibt unstrukturierte Vorstellungsgespräche, die sozusagen aus dem Bauch heraus geführt werden. Bei diesen verwundert es nicht, dass die Vorhersagekraft oder Prädiktive Validiät für künftigen Berufserfolg meist sehr niedrig liegt. Strukturierte Einstellungsinterviews mit einem vorgegebenen Fragekatalog und vorab festgelegten Antwortkategorien wie zum Beispiel das Multimodale Einstellungsinterview (siehe Seite 18) erreichen eine höhere Prädiktive Validität. Damit kann ein solches Vorstellungsgespräch prinzipiell als prognostisch valide bezeichnet werden. Die bekannteste Studie (von Schmidt und Hunter, 1998) bescheinigt dem strukturierten Vorstellungsgespräch eine prädiktive Validität von .5. Dies bedeutet, es gibt einen linearen Zusammenhang zwischen dem Ergebnis eines Vorstellungsgesprächs und dem künftigen Berufserfolg von .5, wobei ein Wert von 0 darauf hinweisen würde, dass kein Zusammenhang besteht und ein Wert von 1 einen perfekten Zusammenhang anzeigen würde.

(Zwei Beispiele zum Vergleich: Der Zusammenhang zwischen Mammographie-Ergebnissen und einer anschließenden Diagnose von Brustkrebs innerhalb von zwei Jahren beträgt .27. Untersucht man den Zusammenhang zwischen Körpergröße und Gewicht kommt man auf eine prädiktive Validität von .44).

Dabei ist ganz klar zu sagen: kein einziges eignungsdiagnostisches Instrument erreicht in dieser Studie eine höhere Vorhersagevalidität als .54 (Arbeitsproben).

Damit ist ein strukturiertes Einstellungsinterview eines der besten Personalauswahlverfahren das es gibt – kann aber dennoch bei weitem nicht sicher vorhersagen, ob ein Kandidat tatsächlich geeignet ist oder nicht. Dies nämlich kann nichts und niemand. Alles, was die psychologische Eignungsdiagnostik leisten kann, ist, die Chancen zu erhöhen, geeignete Stelleninhaber für verschiedene Positionen zu finden. Und damit erhöht sie ebenso die Wahrscheinlichkeit für Sie als Bewerber, eine geeignete Stelle zu finden.

Was aber ist, wenn Ihr künftiger Arbeitgeber mit Ihnen ein unstrukturiertes Interview führt? Für Sie sollte das kein Problem sein. In jedem Fall ist ganz klar zu betonen, dass Ihnen eine gute Vorbereitung sowohl in einem gut strukturiertem als auch in einem unstrukturierten Vorstellungsgespräch sehr viel bringt.

In einem strukturierten Interview können Sie Ihre Eignung für Ihren Wunscharbeitsplatz mit Hilfe gut vorbereiteter eindrucksvoller Beispiele aus Ihrem Lebenslauf belegen. Bei einem unstrukturierten Interview müssen Sie notfalls selbst die Initiative ergreifen und sich Gelegenheiten suchen, Ihre Kompetenzen überzeugend zu belegen. In beiden Fällen wird Ihnen dieses Buch helfen.

5. Kapitel

Fragetypen

Ein Vorstellungsgespräch besteht im Großen und Ganzen aus einer ausgesuchten und mehr oder weniger strukturiert zusammengestellten Serie von Fragen auf Seiten der Interviewer und den dazugehörigen Antworten des Bewerbers. Dazwischen können kurze oder auch ausführlichere Vorträge oder Erklärungen beider Parteien liegen, dennoch ist der Frage-Antwort-Teil das zentrale Element des Interviews.

Die Interviewer bedienen sich dabei (meist aber nicht immer bewusst) verschiedenartiger Fragetypen, die unterschiedliche Arten von Antworten provozieren.

I. Offene versus geschlossene Fragen

Eine ganz grundlegende Unterteilung von Fragetypen ist die Unterscheidung zwischen offenen und geschlossenen Fragen.

II. Offene Fragen

Offene Fragen sind Fragen, die sich nicht einfach mit ja oder nein beantworten lassen. Sie enthalten meist Fragepronomen mit **W: Wie? Warum? Wozu?** oder **Weshalb?** und veranlassen den Gesprächspartner in der Regel zu ausführlicheren Antworten. Daher sind gerade als Gesprächseinstieg offene Fragen sehr geeignet: Der Interviewer lässt Ihnen viel Freiheit in Ihrer Antwort und gibt Ihnen dadurch eine Vorlage, die Sie nutzen können, um sich optimal zu präsentieren. Ein Aspekt ist besonders interessant für Sie: Bei offenen Fragen entscheiden Sie selbst, was und in welcher Reihenfolge Sie erwähnen. Außerdem können Sie Aspekte erwähnen, an die der Interviewer gar nicht gedacht hat. Dies gibt Ihnen die Möglichkeit, das Gespräch etwas in Ihre gewünschte Richtung zu steuern und gleichzeitig erhält der Interviewer wertvolle Informationen über Sie. Welche? Das haben Sie in der Hand.

Fragen

- *Warum haben Sie entschieden, Ihr Praktikum in England zu machen?*
- *Weshalb würden Sie gerne bei uns anfangen?*
- *Was reizt Sie besonders am Bereich Marketing?*

Die offenen Fragen lassen sich in verschiedene Unterkategorien unterteilen:

Informationsfragen

Sie zielen darauf, Tatsachen zu erfahren und werden in Interviews meist als Einstieg in die jeweiligen Themengebiete verwendet.

Fragen

- *An welcher Universität haben Sie studiert?*
- *Welche Praktika haben Sie gemacht?*

Im Anschluss auf eine Informationsfrage wird in der Regel durch gezieltes Nachfragen nachgehakt und das Thema vertieft.

Gezieltes Nachfragen

In Vorstellungsgesprächen wird oft im Breitbandverfahren nach relevanten Informationen gesucht. Wenn der Interviewer auf etwas Vielversprechendes stößt, hakt er gezielt nach.

Fragen

- *Sie sagten, Sie haben Ihr Praktikum schon nach 14 Tagen abge-brochen – gab es dafür Gründe?*

Der Interviewer geht also von offenen allgemeinen Fragen zu spezifischen Nachfragen über, dies nennt man auch Trichterverfahren. Diese aufschlussreiche Fragetechnik hat mehrere Ziele.

Zum ersten geht es darum, möglichst vollständige Informationen über die vom Bewerber berichtete Erfahrung oder Situation zu bekommen. Wie war die Situation, welches Verhalten zeigte der Bewerber ganz konkret und zu welchem Ergebnis führte dies?

Dabei könnte etwa so gefragt werden:

BEISPIEL 1: Der Bewerber schildert sein Verhalten: *Da habe ich zu meiner Vorgesetzten gesagt...*
Der Interviewer hakt nach:
- *Was hat Sie dazu veranlasst? – Situation*
- *Wie hat Ihre Chefin darauf reagiert? – Ergebnis*

BEISPIEL 2: Die Bewerberin nennt ein Ergebnis: *Wir haben uns in kurzer Zeit zu einem tollen Team entwickelt.*
Darauf folgen die Fragen
- *Wie haben Sie vorher zusammengearbeitet? – Situation*
- *Was haben Sie dazu beigetragen? – Verhalten*

Oft dient das gezielte Nachfragen auch der Aufdeckung von Lücken. Wenn ein Bewerber beispielsweise seine Noten in einem bestimmten Fach nennt, ein anderes, ebenso relevantes Fach jedoch nicht erwähnt, wird nachgefragt. Das Gleiche gilt für andere, für die Interviewer offensichtliche oder vermutete Informationslücken.

Wenn es also etwas gibt, was Sie nicht so gerne offen legen möchten, achten Sie darauf, dass Sie den Interviewer nicht unbewusst auf die Fährte bringen.

Ein weiterer Anwendungsbereich des gezielten Nachfragens ist das Hinterfragen von verbalen Besonderheiten wie Generalisierungen, Verzerrungen und Superlativen.

Beispiele hierfür sind Aussagen von Bewerbern, die keine Ausnahmen zulassen wie alle, jeder, keiner, immer.

Meist sind diese Äußerungen unrealistisch:

keiner hat mir geholfen, nie durfte ich.., immer hat man mich… und reizen daher verständlicherweise zu genauerem Nachhaken.

Ebenso verhält es sich mit Aussagen, die mit *muss, konnte nicht, zwingend* etc. eingeleitet werden.

Ich konnte nicht anders, man hat es mir angeordnet.

Das *man* im vorangegangenen Beispiel führt uns zu einer weiteren Kategorie typischer Verzerrungen: Aussagen mit unspezifischen Substantiven oder Verben veranlassen geschickte Interviewer zur Nachfrage.

Die haben mich nicht beachtet, man ist halt in solchen Situationen unsicher etc.

Typische Nachfragen wären hier:

- *Wer genau hat Sie nicht beachtet?*

- *Waren Sie in dieser Situation unsicher?*

Oft versuchen Bewerber sich hinter solchen unspezifischen Äußerungen zu verstecken, um gerade bei unangenehmen Fragen nicht ‚Farbe bekennen zu müssen'. Dies kann gelingen, wird von erfahrenen Interviewern jedoch durchschaut. Sehen wir uns folgendes Beispiel an:

> **BEISPIEL:** *Weshalb haben Sie Ihre letzte Arbeitsstelle gekündigt?*
> **Antwort:** *Na ja, Sie wissen ja wie das ist, es gibt überall Gutes und Schlechtes. Wenn das Schlechte überwiegt, dann reicht es halt irgendwann.*

Hätten Sie als Interviewer nachgefragt? Es liegt nahe. Zwar ist der erste Impuls, auf eine solche verdeckte und verallgemeinernde Antwort einfach zuzustimmen – natürlich reicht es irgendwann, wenn das Negative überwiegt – aber die Frage nach dem tatsächlichen Kündigungsgrund ist noch nicht beantwortet.

Was heißt das für Sie als Bewerber? Sie tun sich in der Regel keinen Gefallen, wenn Sie in Ihren Antworten zu schwammig oder floskelhaft antworten. Gerade der Gebrauch von *man statt ich: man muss halt…, man will ja nicht* in Gesprächssituationen, die Ihnen unangenehm sind, ist für versierte Gesprächspartner ein deutlicher Hinweis auf Ihre Unsicherheit und führt zu genaueren Nachfragen.

Machen Sie klare realistische Aussagen. Sie können unangenehme Themen durchaus knapp abhandeln und auf angenehmeres Terrain lenken, aber achten Sie darauf, dass der Interviewer die Frage als beantwortet abhaken kann. Durch Nachfragen bekommen unangenehme Themen eine viel größere Bedeutung, als Ihnen lieb ist.

> **BEISPIEL:** *Weshalb haben Sie Ihre letzte Arbeitsstelle gekündigt?*
> **Antwort:** *Leider gab es aufgrund der geringen Größe des Unternehmens meines vorherigen Arbeitgebers keine Entwicklungsmöglichkeiten mehr für mich. Da ich mich aber gerade im Bereich xy weiterentwickeln möchte, was dort nicht möglich war, habe ich mich entschlossen, ein neues Betätigungsfeld zu suchen.*

Konkretisierungsfragen

Solche Fragen dienen dazu, eine – meist unkonkrete – Antwort zu konkretisieren.

Frage

Können Sie ein Beispiel dazu geben?
Wie war das konkret für Sie?

Auch hier geht es wieder darum, Bewerber, die sich hinter theoretischen Gebilden verstecken, zu einer konkreten Stellungnahme oder Verhaltensbeschreibung zu bewegen.

Dies könnte etwa so aussehen:

Frage:
Was bedeutet Kritik für Sie? Wie gehen Sie mit Kritik um?
(Unkonkrete) Antwort:
Kritik sollte konstruktiv geäußert werden, also die Sache und nicht die Person wird kritisiert. Dann ist Kritik hilfreich und man kann sie auch annehmen.
Konkretisierungsfrage:
Das ist richtig. Können Sie uns eine Situation schildern, in der Sie kritisiert wurden? Wie sind Sie damit umgegangen?

Fach- und Wissensfragen

Diesen Fragetyp kennt man vor allem aus Prüfungsgesprächen.

Fragen

- *Was versteht man unter...,*
- *Was ist ein ...*

Ein Vorstellungsgespräch ist keine Prüfung aber dennoch kann es durchaus sein, dass man Ihre Kenntnisse in bestimmten Bereichen erfragen möchte. In der Regel geht es hier jedoch nicht um Lehrbuchwissen sondern um Kenntnisse und deren Anwendung, die für die konkrete Stelle relevant sind. Es hat also wenig Sinn, die Studienbücher wieder auszupacken und Theorien auswendig zu lernen. Überlegen Sie sich vorab, welche Ihrer Fachkenntnisse von Ihnen direkt eingesetzt werden können und wie dies geschehen kann.

Häufig wird der Arbeitgeber Sie auch nach einschlägigen Branchenkenntnissen oder nach seinem eigenen Unternehmen befragen.

Fragen

- *Was wissen Sie über unser Unternehmen?*
- *Was sind die Charakteristika unserer Branche?*
- *Wie sollte unser Unternehmen auf die derzeitige wirtschaftliche Lage reagieren?*

Dies sollte Ihnen leicht fallen, wenn Sie sich, wie im Kapitel Vorbereitung auf das Vorstellungsgespräch auf Seite 71 ff. beschrieben, intensiv mit dem Unternehmen und Ihrer Wunschposition auseinander gesetzt haben. Machen sie Ihrem potenziellen Arbeitgeber Ihre eigene Unverzichtbarkeit für das Unternehmen dadurch klar, dass Sie wissen, was Sie wollen, wo Sie sich bewerben und was Sie erwartet.

Einschätzungsfragen

Mit Einschätzungsfragen möchte man ein Bild über das über bloße Fachkenntnisse hinausgehende Wissen und das Urteilsvermögen des Bewerbers bekommen.

Fragen

- *Wie sehen Sie die Entwicklung unserer Branche in den nächsten Jahren?*
- *Was müssten wir Ihrer Meinung nach tun, um im sich verändernden Markt weiterhin zu bestehen?*

Hier wird erwartet, dass Sie weiterdenken, Schlussfolgerungen ziehen und Ihre Kenntnisse anwenden. Nehmen Sie sich Zeit für eine durchdachte Antwort. Hier gibt es in der Regel kein richtig oder falsch. Viel wichtiger ist, dass Sie gut argumentieren und eine eigene – möglichst fundierte Meinung vertreten.

Motivierungsfragen

Diese Fragen werden meist mit einem versteckten oder offenen Kompliment eingeleitet und dienen dazu, auch unsichere Bewerber zu öffnen und dazu zu bringen, freimütiger zu antworten.

Fragen

- *Sie haben ja Ihr Studium in sehr kurzer Zeit abgeschlossen, wie ist es Ihnen gelungen, dabei noch so hochwertige Praktika zu machen?*
- *Sie haben in nur zwei Wochen Spanisch gelernt – welche Lernmethodik haben Sie dafür angewandt?*
- *Wie gelang Ihnen dieses gute Prüfungsresultat?*

Diese sicherlich sehr angenehme Fragemethode birgt jedoch eventuell auch ihre Tücken. So werden scheinbar schmeichelhafte Fragen gerne auch einmal eingesetzt, um einen Bewerber dazu zu bringen, Dinge zuzugeben, die er besser verschwiegen hätte.

Fragen

- *Sie sind ja sehr versiert im Steuerrecht – beneidenswert! Da kennen Sie doch sicherlich so einige Tricks?*
- *Ja, die damaligen Studentenpartys waren ja legendär und als Fachschaftssprecher waren Sie ja mitten im Geschehen! Da haben Sie sicherlich auch eine lustige Zeit gehabt...*

Vorsicht! Wenn Sie sich jetzt mit einem vermeintlich Gleichgesinnten über raffinierte Steuertricks austauschen oder in Erinnerungen an allzu lustige Studentenzeiten schwelgen möchten, rufen Sie sich in Erinnerung wo Sie sind! Es ist immer wieder erstaunlich, wie oft sich auch aussichtsreiche Bewerber um Kopf und Kragen reden.

III. Geschlossene Fragen

Sie sind die ‚Gegenspieler' der offenen Fragen und provozieren in der Regel eine knappe Antwort. Der Gesprächspartner hat sich oft zu entscheiden zwischen verschiedenen, schon recht stark vorgegebenen Antwort-Varianten. Im einfachsten Fall ist dies Ja oder Nein. Geschlossene Fragen beginnen gewöhnlich mit einem Verb:

Fragen

- *Möchten Sie ein Glas Wasser?*
- *Sind Sie mit der Entscheidung einverstanden?*

Damit hat der Befragte die Möglichkeit kurz und präzise zu antworten.

Dieser Fragetyp erfreut sich in Interviews keiner großen Beliebtheit, da er die Antwortmöglichkeiten des Bewerbers einschränkt und weniger Information über den Interviewten generiert. Daher sind Interviewer in der Regel dazu angehalten, offene Fragen zu stellen. Zur Ehrenrettung geschlossener Fragen lässt sich jedoch sagen, dass sie manchmal durchaus nützlich sein können. Sie zwingen zu einer klaren Stellungnahme und dienen der Präzisierung vorangegangener Antworten. Außerdem lassen sich damit Vielredner bremsen und schwammige Aussagen auf den Punkt bringen.

Auch bei den geschlossenen Fragen unterscheidet man wiederum verschiedene Kategorien.

Entscheidungsfragen

Diese Fragen lassen sich (auf den ersten Blick) mit *Ja* oder *Nein* beantworten. Sie verlangen eine Entscheidung.

Fragen

- *Sind Sie mit dem vorgeschlagenen Gehalt zufrieden?*
- *Sind Sie bereit, für ein Jahr ins Ausland zu gehen?*
- *Haben Sie schon einmal mit Access gearbeitet?*

Für Sie als Bewerber ist es wichtig zu erkennen, dass meist eben doch nicht nur zwei Antwortalternativen zur Auswahl stehen. So können Sie zum Beispiel neue Bedingungen einführen:

BEISPIEL: *Das Gehalt könnte ich mir gut als Anfangsgehalt vorstellen, sicherlich besteht nach einem Jahr die Möglichkeit, neu zu verhandeln? Oder Sie nennen eine dazu passende weitere Information.*
Um Daten zu verwalten habe ich mit großem Erfolg statt Access das Statistikprogramm SPSS verwendet, da dieses zusätzlich noch statistische Berechnungen erlaubt.

Alternativfragen

Die Interviewerin bietet verschiedene, meist gleichwertige Möglichkeiten an, aus denen der Interviewte wählen kann. Dadurch, dass beide Alternativen vom Bewerber positiv bewertet werden können, ist er gezwungen Stellung zu beziehen, statt einfach nur zuzustimmen.

Fragen

- *Möchten Sie gern im Team arbeiten oder möchten Sie sich lieber auf Ihre eigene Arbeit konzentrieren?*
- *Suchen Sie im Team eher die Führungsaufgaben oder ist es Ihnen wichtiger, sich gleichberechtigt in das Team einzubringen?*
- *Haben Sie eher mündliche oder schriftliche Prüfungen bevorzugt?*

Denken Sie daran, dass es statt *entweder oder* oft auch ein *weder noch* oder *sowohl als auch* gibt.

Als Bewerber ist es in der Regel geschickt, mit einer erläuterten ,*Sowohl als auch*-Aussage' zu antworten:

BEISPIEL: *Ich arbeite sehr gerne im Team, halte die Konzentration auf die eigene Arbeit aber für ebenso wichtig, da ja jedes Teammitglied seinen eigenen Beitrag zum Teamerfolg leisten sollte.*

Weitere Fragekategorien: Neben der Einteilung in offene und geschlossene Fragen gibt es noch andere Arten von Spezialfragen, die sowohl offen wie auch geschlossen gestellt werden können.

IV. Direkte versus Indirekte Fragen

Direkte Fragen richten sich geradeheraus auf das, was sie offenkundig in Erfahrung bringen wollen. Indirekte Fragen wirken sozusagen durch das Hintertürchen. Sie dienen dazu, andere oder erweiterte Informationen zu gewinnen als die Frage vermuten lässt.

Frage

- *Haben Sie sofort einen Parkplatz gefunden?*

Dies könnte in Wirklichkeit die eigentliche Frage danach sein, ob Sie mit dem PKW angereist sind.

Angewendet werden indirekte Fragen oft, wenn eine direkte Frage vielleicht nicht zum Ziel führt, weil der Befragte sie nicht ohne weiteres wahrheitsgemäß beantworten würde. In diesem Fall dreht sich die Frage scheinbar um unverfängliche Inhalte zielt aber eigentlich auf kritischere Informationen.

Fragen

Ganz typisch ist folgende Frage:
- *Frau Müller, wie sieht denn Ihre private Planung in den nächsten Jahren aus?*

statt
- *Fallen Sie demnächst wegen Schwangerschaft aus? Ziehen Sie vielleicht bald weg?*

Auf Seite 145 beschäftigen wir uns näher mit guten Antwortstrategien auf diese und ähnliche Fragen, die vor allem Frauen gestellt werden. Daher hier nur ganz kurz: Weisen Sie in Ihrer Antwort möglichst begeistert und anschaulich darauf hin, wie sehr Sie sich auf Ihre berufliche Entwicklung konzentrieren. Dabei ist es nicht notwendig oder sinnvoll, Privates zu leugnen, sondern sehr viel besser, Berufliches zu betonen.

BEISPIEL: *Jetzt nach meinem Universitätsabschluss freue ich mich besonders darauf, meine Kompetenzen im Beruf einzusetzen und zu entwickeln. Das hat bei mir ganz klare Priorität.*

Indirekt und heikel ist auch folgendes Beispiel: Stellen Sie sich vor, Sie hätten eine Zeit der Arbeitslosigkeit hinter sich, die Sie im Lebenslauf nicht als solche gekennzeichnet, sondern anderweitig beschönigt haben. Folgende Frage könnte Sie, wenn Sie nicht aufpassen in Verlegenheit bringen:

Frage

- *Wie haben Sie sich in Ihrer beschäftigungslosen Zeit weitergebildet?*

Hier wird die Behauptung, Sie hätten tatsächlich eine beschäftigungslose Zeit gehabt, so geschickt in den Raum gestellt, dass Sie nur versehentlich darauf eingehen müssen, um die Behauptung zu bestätigen. Beschreiben Sie also nicht begeistert Ihre Weiterbildungsaktivitäten sondern weisen Sie zuerst die Behauptung zurück.

> **BEISPIEL:** *Eine beschäftigungslose Zeit hatte ich bisher noch nie, aber selbstverständlich habe ich mich berufs- und studienbegleitend stetig weitergebildet.*

Fragen dieser Art werden auch als **Fangfragen** bezeichnet. Auf diese Art Fragen gehen wir auf Seite 57 näher ein.

Zirkuläre Fragen

Zirkuläre Fragen beziehen im Gegensatz zu direkten Fragen die Perspektive einer dritten (oder weiteren) Person mit ein.

Fragen

- *Was denken Sie würde Ihr früherer Vorgesetzter sagen, wenn ich ihn nach Ihren guten und weniger guten Eigenschaften fragen würde?*
- *Was glauben Sie geht in Ihrer Mitarbeiterin vor, wenn Sie sie bitten, Ihnen alle ausgehenden Schriftstücke zur Kontrolle vorzulegen?*

Auf diese Weise wird die Fähigkeit des Bewerbers abgefragt, sich in andere Personen hinein zu versetzen und Beziehungs- und Kommunikationsmuster zu erkennen. Nicht zuletzt ist dies auch ein guter Test seiner Selbst- und Fremdwahrnehmung.

Wenn man Sie, wie im ersten Beispiel, nach der Beurteilung Ihrer Eigenschaften durch eine dritte Person fragt, nutzen Sie die Gelegenheit, sich selbst kritisch aber positiv darzustellen.

> **BEISPIEL:** *Meine Vorgesetzte und ich hatten eine sehr gute und offene Zusammenarbeit, daher bin ich mir recht sicher, dass sie zum Beispiel meine Zielstrebigkeit, meine Kreativität und meine gute Arbeit im Team nennen würde. Außerdem hat sie des Öfteren meinen Umgang mit unseren Kunden gelobt. Wenn Sie sie direkt nach weniger guten Eigenschaften fragen würden, würde sie vielleicht meinen manchmal nicht besonders aufgeräumten Schreibtisch erwähnen.*

Manipulative Fragen

Finden Sie nicht auch, dass dies ein wunderbares Buch ist? Sicherlich haben Sie selten etwas so fachkundiges und erhellendes gelesen – nicht wahr? Denkt nicht jeder intelligente Mensch so?

Ist das nicht genau das, was ich als Autorin hören möchte? Natürlich! Und damit kommen wir zu den

Suggestivfragen

Suggestivfragen wirken „...*wie ein Gift, das in kleinen Portionen gereicht heilen kann, das aber in großer Dosis gegeben tödlich wirkt*", denn sie verletzen das Prinzip der Neutralität des Fragestellers.

Eigentlich sollten Sie keinen Suggestivfragen begegnen, da diese von Eignungsdiagnostikern als Kunstfehler angesehen werden, dennoch stellen gerade unerfahrene Interviewer manchmal Fragen, deren Antwortrichtung schon vorgegeben ist. Die Suggestivfrage beinhaltet eine bestimmte Wertung, die so formuliert ist, dass dem Gegenüber suggeriert wird, in welche Richtung er sich äußern möge. Dieser Fragetyp wird oft gefürchtet – vor allem von unsicheren Bewerbern, die sich für ungeübt erachten und deshalb glauben, eine Suggestivfrage gar nicht als solche zu erkennen. Die Gefahr, auf eine Suggestivfrage hereinzufallen, besteht aber nur, wenn der Interviewte nicht schon im Voraus mögliche Fragen des Interviewers antizipiert, d. h. vorauszuahnen versucht hat und über sich die eigene Position klar geworden ist.

> **BEISPIEL:** *Meinen Sie nicht auch, dass es besser ist, Entscheidungen grundsätzlich im Team abzustimmen?*
> Gehen Sie nicht brav darauf ein sondern äußern Sie Ihre eigene Meinung: *Nein, nicht in jedem Fall!*
> *Sind Sie denn nicht der Ansicht, dass hier nur Lösungsweg A in Frage kommt?*
> *Nein, nicht unbedingt, man könnte auch...*

Provokativfragen oder ‚Stressfragen'

Sie geistern vor allem durch die Bewerberliteratur, bei Unternehmen gelten sie als schlechter Stil – die gefürchteten Stressfragen, Fragen, die den Bewerber verunsichern oder angreifen sollen. Bei diesen Fragen geht es dem Interviewer weniger um das Interesse an einer Antwort, sondern um Druck auf das Gegenüber. Schlüsselwörter für diese Fragemethode sind *wenigsten, überhaupt, wirklich, eigentlich.*

Fragen

- *Sind Sie überhaupt qualifiziert genug für diese Stelle?*
- *Glauben Sie wirklich, mit diesen Noten für uns in Frage zu kommen?*

Nun ja – schließlich hat man Sie eingeladen – glauben Sie also wirklich, dass diese Fragen ernst gemeint sind? Natürlich nicht! Und genau so können Sie auf diese Art Angriff reagieren: Lassen Sie sich nicht aus der Ruhe bringen! Bleiben Sie gelassen und souverän und verzichten Sie darauf, aggressiv zurückzuschießen. Schließlich lassen Sie sich nicht provozieren! Nichts spricht jedoch dagegen, Ihre Antwort mit einem kleinen Augenzwinkern zu versehen.

> **BEISPIEL:** *Ich hatte gehofft, meine Qualifikationen deutlich machen zu können, aber ich werde Sie gerne noch einmal ausführen.*
> *Ich habe mich darüber gefreut, dass Sie mich als mögliche Kandidatin für die Stelle sehen – das hat mir Ihre Einladung ja gezeigt. Gerne werde ich Ihnen meine Kompetenzen und Erfahrungen darlegen, die für mich sprechen.*

Wenn Sie auf Nummer Sicher gehen möchten, um auch bei Stressfragen gewappnet zu sein, überlegen Sie sich, welche Fragen Sie in Verlegenheit bringen könnten und legen sich dafür elegante Antworten zurecht. Vermutlich werden Sie diese nicht brauchen, aber das laute Üben von souveränen Antworten mit dementsprechendem gelassenem Habitus macht Spaß und gibt Ihnen Sicherheit.

Solche Techniken werden jedoch sehr selten verwendet. Normalerweise legt jeder Arbeitgeber Wert darauf, eine angenehme Gesprächsatmosphäre zu erzeugen.

Fangfragen

Bei der Vorstellung der indirekten Fragen haben wir uns schon mit den sogenannten Fangfragen beschäftigt. Dies sind Fragen, die auf die Ermittlung von Tatsachen oder Einschätzungen zielen, die aus Bewerbersicht lieber verdeckt bleiben sollen.

Frage

- *Ihre Kollegen hatten sicher ähnliche Konflikte mit Ihrem damaligen Vorgesetzten wie Sie. Um was ging es da?*

Moment – bevor Sie antworten überlegen Sie erst: hatten Sie selbst überhaupt Konflikte mit Ihrem Vorgesetzten? Und wenn ja – wie viel davon wollen Sie offen legen? Weisen Sie zuerst die unterstellte Behauptung zurück, bevor Sie auf den eigentlichen Teil der Frage eingehen.

BEISPIEL: *Eigentlich hatte ich ein recht gutes Verhältnis mit meinem Vorgesetzten…*

Ähnlich wie Stressfragen und Suggestivfragen gelten Fangfragen unter Personalverantwortlichen als eine Art Kunstfehler und werden nur selten eingesetzt.

Man kennt Fangfragen eher aus dem Privatleben, wo sie zum Beispiel manchmal eingesetzt werden, um Zugeständnisse zu erzwingen, ehe der Befragte den eigentlichen Hintergrund der Frage versteht.

BEISPIEL: *Was machst Du heute Abend?*
Dies könnte, statt zu einer netten Einladung zu führen, auch weiter gehen mit
Ach gut! Dann könntest Du ja auf die Kinder aufpassen/den Hund hüten/ beim Umzug helfen etc, nicht wahr?
Die beste Strategie in diesem Fall ist die freundliche Gegenfrage. *Warum fragst Du?*

Mögliche Antwortstrategien bei manipulativen Fragen

Die eigene Position beziehen und die eigene Leistung bzw. Kompetenz herausstellen!

Wenn im Gespräch von Interviewerseite eine Tatsache vorausgesetzt wird, die Sie nicht so stehen lassen bzw. bestätigen wollen, müssen Sie zu allererst (freundlich) die Umstände gerade rücken.

> **BEISPIEL:** *Ihre Kollegen hatten sicher ähnliche Konflikte mit Ihrem damaligen Vorgesetzten wie Sie. Um was ging es da?*
> *Ich hatte eigentlich ein gutes Verhältnis mit meinem Vorgesetzten.*

Selbstverständlich tun Sie das in aller Unschuld, ohne anzudeuten, dass Sie die eventuelle Unterstellung als solche erkennen.

Erst danach können Sie auf die (scheinbar) eigentliche Frage eingehen. Diese beantworten Sie natürlich in einer Weise, die Sie gut da stehen lässt.

> **BEISPIEL:** *Natürlich treten in Arbeitssituationen auch einmal Meinungsverschiedenheiten auf. Grundsätzlich gehe ich freundlich, sachlich und direkt damit um, suche die Aussprache und stelle die Lösung des Problems in den Mittelpunkt.*

Erst Nachdenken – was ist der Hintergrund dieser Frage – was wird bezweckt? Nehmen Sie sich, wenn Sie sich über die Bedeutung einer Frage unsicher sind, die Zeit zu überlegen, was der Hintergrund einer Frage ist. Sie müssen nicht immer wie aus der Pistole geschossen antworten. Eine kurze Gedankenpause schmälert nicht Ihre Wirkung auf Ihr Gegenüber. Wer sich im Gespräch erlaubt, auch einmal selbst Pausen zu setzen, wirkt souverän und kompetent. Sagen Sie zum Beispiel:

Darüber muss ich kurz nachdenken … und überlegen Sie in Ruhe.

Gegenfrage

Ein sehr gutes Mittel um den Hintergrund einer Frage zu verstehen, aber auch um eine Unterstellung oder einen (vielleicht nur vermeintlichen) Angriff zu parieren, ist die Gegenfrage.

Fragen

- *Worauf genau zielt Ihre Frage?*
- *Was genau meinen Sie mit…?*

Damit klären Sie die Motivation hinter der Frage oder vergewissern sich, worauf der Fragesteller hinaus will. Trauen Sie sich zu fragen, wenn Sie sich nicht sicher sind! In den meisten Fällen ist der Fragesteller dafür sogar dankbar, da nicht jeder Interviewer die Kunst der guten, transparenten und klaren Fragestellung beherrscht. Sie können sich ziemlich sicher sein, dass es in Bewerbungsgesprächen normalerweise gut mit Ihnen meint. Unfaire oder unklare Fragen werden oft nur unabsichtlich und von unerfahrenen Fragestellern gestellt.

Mit Hilfe von Fragen können Sie zudem mehr Einfluss auf die Richtung des Gespräches nehmen, als Sie denken. ‚Wer fragt der führt' heißt es zu Recht immer wieder in der Ratgeberliteratur zur Kommunikation. Sie können mit Fragen Themen wechseln und Schwerpunkte dort setzen, wo Sie Ihre Kompetenzen am besten zeigen können. Wie Sie das am besten tun, erfahren Sie auf Seite 266.

Fragen zu stellen hat schließlich auch noch ein ganz pragmatisches Moment, nämlich Zeit zu gewinnen für das Durchdenken der möglichen Antwortstrategie und um die eigenen Argumente besser vorbereiten zu können.

Mehr zum Umgang mit unangenehmen Fragen finden Sie auf Seite 149.

V. Eignungsdiagnostische Spezialfragen

Schwächenanalyse

Jeder Bewerber versucht – mehr oder weniger erfolgreich – sich im besten Licht darzustellen. Er betont seine Stärken und Kompetenzen und vermeidet die Erwähnung von Allem, was gegen ihn sprechen könnte. Gerade diese Schwächen, ebenso wie die Fähigkeit zur Selbstkritik und die Bewältigungsstrategien sind jedoch für die

Interviewer sehr interessant, weshalb das Gespräch gerne auf Schwächen, Fehler oder Misserfolge gelenkt wird.

> **BEISPIEL:** Beliebt, aber recht plump und nicht sehr aufschlussreich ist die Frage
> *Was sind Ihre Schwächen?*
> Sehr oft bekommt der Fragesteller die Antwort:
> *Meine Schwäche ist meine Ungeduld mit Leuten, die langsamer arbeiten als ich.* Diese Empfehlung stand nämlich in einem der älteren Bewerbungsratgeber und wird seitdem von Generationen von Bewerbern nach gebetet. Sie tun das bitte nicht!

Sehr viel besser ist es, eine tatsächliche, aber für das künftige Arbeitsfeld nicht zu gravierende Schwäche zu nennen, um sofort eine passende Bewältigungsstrategie dazuzufügen.

> **BEISPIEL:** *Es ist schon vorgekommen, dass ich mich bei der Bewältigung einer komplexen Aufgabe in einer Teilaufgabe verzettelt habe und dadurch die Zeitvorgabe nicht einhalten konnte. Seitdem verschaffe ich mir immer erst einen Überblick und erstelle einen Arbeitsplan. Auf diese Weise gelingt es mir jetzt, in der Zeit zu bleiben.*

Mehr dazu auf Seite 114.

Ebenso kann es vorkommen, dass konkrete Schwachstellen aus Ihrem Lebenslauf aufgegriffen und angesprochen werden.

Frage

- *Wie kommt es, dass Sie so lange studiert haben?*

Bleiben Sie gelassen – schließlich hat man Sie eingeladen – so schlecht können Sie nicht sein. Begründen Sie nun so sachlich wie möglich, wie es zu dem in Frage stehenden Fakt kam und belegen Sie gleichzeitig, dass dieser Ihre Eignung nicht mindert.

Dabei können Sie folgendermaßen vorgehen:
- Greifen Sie das Problem auf: *Es ist richtig, ich habe recht lange studiert.*
- Nennen Sie **Gründe** für das Problem: *Ich habe während meiner Studienzeit durch zwei 6-monatige Praktika sehr viel einschlägige Praxiserfahrung gesammelt. Außerdem war ich durch ein Austauschprogramm längere Zeit im Ausland.*
- Beschreiben Sie die **Vorteile**, die dies dem Arbeitgeber bringt: *Sicherlich auch durch die praktische Anwendung des im Studium theoretisch erworbenen Wissens konnte ich das Studium schließlich sehr erfolgreich beenden. Und ich habe dadurch die Kenntnisse erworben, die Sie vorhin als Voraussetzung für die Stelle genannt haben.*
- Ziehen Sie ein positives **Fazit**: *Meine längere Studienzeit hat sich insgesamt ausgezahlt.*

Biografische oder Verhaltensfragen

Verhaltensfragen beginnen oft mit bestimmten Wörtern.

Fragen/Aufforderungen

- *Beschreiben Sie eine Situation, in der Sie....*
- *Erzählen Sie eine Begebenheit, in der Sie....*
- *Haben Sie schon einmal...*
- *Geben Sie ein Beispiel davon aus Ihrem Lebenslauf.*

Damit soll ermittelt werden, wie die Kandidaten bei der Erfüllung bestimmter, für die angestrebte Stelle relevanter beruflicher Anforderungen vorgegangen sind, und wie sie diese Erfahrungen verarbeitet hat. Hier geht man davon aus, dass Ihr vergangenes Verhalten ein guter Prädiktor für Ihr zukünftiges Verhalten darstellt.

Üblicherweise wird zuerst nach konkreten beruflichen Erfahrungen gefragt. Daran anschließend lässt sich die Interviewerin in darauf abgestimmten Nachfolgefragen die konkreten Handlungen und Interpretationen der Bewerberin schildern.

Da viele Bewerber auf derartige Fragen sich nur sehr vage äußern, wie sie in konkreten Situationen vorgegangen sind, wird meist so lange nachgehakt, bis klar wird, wie die Situation, das genaue Verhalten des Bewerbers und das Ergebnis ausgesehen haben.

Sehr viel kompetenter wirken natürlich Personen, die gleich zu Anfang eine vollständige und aussagekräftige Schilderung dieser Sachverhalte geben. Machen Sie sich bewusst, was man von Ihnen hören möchte.

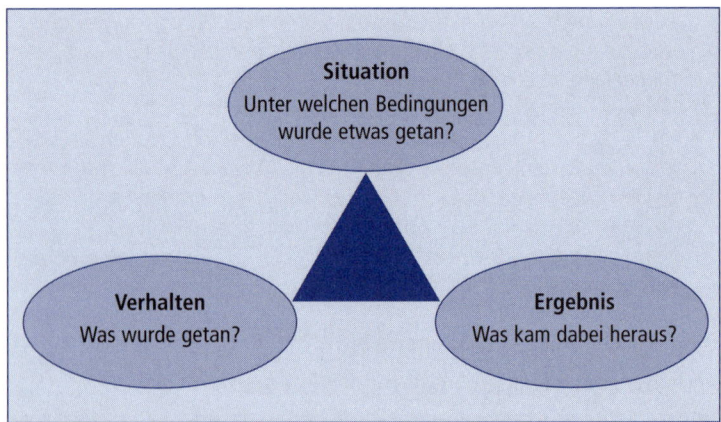

Abb. 7: Elemente einer vollständigen Verhaltensstichprobe

Was genau taten Sie in welcher Situation, und zu welchem Ergebnis führte dies? Schildern Sie also zuerst die genaue Situation, in der Sie sich befanden sowie die Aufgabe, die Sie hatten bzw. das Problem, das Sie lösen wollten. Danach führen sie aus, was genau Sie getan haben und zu welchem – natürlich möglichst eindrucksvollem – Ergebnis dies geführt hat. Wenn Sie die abgefragte Erfahrung nicht vorweisen können, beschreiben Sie eine ähnliche Erfahrung und stellen Sie Ihre Handlungen dar.

Auf diese Weise geben Sie Ihrem Publikum eine gute Vorstellung Ihrer Handlungsweisen und haben damit die beste Möglichkeit, sich selbst in ein positives Licht zu setzen – ohne – und das ist wichtig! – dies mit unangenehmen Eigenlob zu tun.

BEISPIEL:
Frage
Erzählen Sie mir von einer Situation, in der Sie Ihr Kommunikationstalent erfolgreich eingesetzt haben.

Antwort

Situation: *In meiner letzten Arbeitsstelle habe ich regelmäßig Firmen-kontaktmessen organisiert. Dazu gehörten Abendveranstaltungen, in denen Gastredner über verschiedene Wirtschaftsthemen referierten. Einmal ist es vorgekommen, dass mir der Redner, der den Eröffnungs-vortrag halten sollte, am Vormittag für den Abend des selbigen Tags krankheitsbedingt abgesagt hat. Da dieser Eröffnungsvortrag die unver-zichtbare Einleitung für die folgenden Vorträge darstellte, musste ich handeln.*

Verhalten: *Nachdem ich erfolglos versucht hatte, innerhalb weniger Stunden einen Ersatzredner einzuladen, arbeitete ich mich so gut es ging in das mir völlig neue und ziemlich komplizierte Themengebiet ein und hielt an der Abendveranstaltung einen mehr oder weniger improvi-sierten Vortrag mit anschließender Diskussion.*

Ergebnis: *Trotz der schwierigen Umstände bekam ich von allen Beteilig-ten sehr gute Rückmeldungen und konnte mithilfe meines Vortrags die ganze Veranstaltung erfolgreich einleiten und durchführen.*

Auch hier ist eine gute Vorbereitung das A und O. Sie selbst haben es in der Hand, die richtigen Beispiele aus Ihrem Leben herauszu-greifen und diese so gekonnt in Szene zu setzen, dass Ihr Interviewer Ihre Kompetenzen erkennt. Was nützen die tollsten Erfolge und die eindrucksvollsten Schachzüge in Ihrem Leben, wenn sie Ihnen im Ernstfall nicht einfallen?

Bewertet werden biografische oder verhaltensverankerte Fragen in der Regel anhand einer oft fünf-stufigen Antwortskala. Das heißt, dass sich die Interviewer vorab überlegen, welche Antwort optimal, mittelmäßig oder nicht ausreichen wäre. Ihre Antwort wird mit den vorgegebenen Antwortkategorien verglichen.

BEISPIEL: Teamfähigkeit

Welche Erfahrungen haben Sie mit der Arbeit im Team gemacht? Kön-nen Sie uns ein konkretes Beispiel nennen?

Die fünfstufig verhaltensverankerte Antwortskala von 1 (suboptimal) bis 5 (sehr gut):

(1) *Arbeitet nicht so gerne im Team; berichtet von negativen Erfahrun-gen, scheut sich vor Meinungsverschiedenheiten, beteiligt sich nicht selbst an Problemlösungen*

(2) …

(3) *Arbeitet gerne im Team, hat positive Erfahrungen, beteiligt sich an Problemlösungen*

(4) …

(5) *Bevorzugt klar Teamarbeit, übernimmt gerne aktive Rolle im Team, wirkt als Vermittler oder aktiver Problemlöser.*

Situative Fragen

Situative Fragen bestehen aus einer knappen Schilderung einer erfolgskritischen Arbeitssituation und der Frage, wie Sie sich in dieser Situation verhalten würden. Dabei werden Sie aufgefordert, konkret und anschaulich Ihr mögliches Vorgehen zu schildern. Diesem Fragetyp liegt die Idee zugrunde, dass geschildertes Verhalten eine Vorhersage von tatsächlichem zukünftigen Verhalten ermöglicht.

Auch bei situativen Fragen wird Ihre Antwort mit (meist) fünf, vorab festgelegten Antwortbeispielen verglichen, um eine Bewertung vornehmen zu können.

BEISPIEL: Soziale Kompetenz, Durchsetzungsstärke

Sie haben eine Mitarbeiterin, deren Leistung nachgelassen hat. Anlässlich Ihrer jährlichen Gehaltsgespräche müssen Sie ihr erklären, dass sie eine geringere Gehaltserhöhung bekommen wird als die meisten ihrer Kollegen. Wie gehen Sie vor?

Die fünfstufig verhaltensverankerte Antwortskala von 1 (suboptimal) bis 5 (sehr gut):

(1) *Ich sage meiner Mitarbeiterin, dass ich nicht Schuld an der geringen Gehaltserhöhung bin, sondern dies von der Geschäftsleitung beschlossen wurde.*

(2) …

(3) *Ich erkläre der Dame, dass Sie ihre Arbeitsziele nicht erreicht hätte, und verspreche ihr bei Verbesserung eine Gehaltserhöhung.*

(4) …

(5) *Ich sage meiner Mitarbeiterin, dass ich mir Gedanken über ihre nachlassende Leistung mache, derentwegen die Gehaltserhöhung geringer ausfällt. Ich versuche, gemeinsam mit ihr die Gründe herauszufinden. Dann überlegen wir gemeinsam, wie sie ihre Leistung wieder verbessern kann, und vereinbaren neue Ziele.*

BEISPIEL: Umgang mit Fehlern/Kritik

Sie haben unter Zeitdruck einen Fehler gemacht, der tatsächlich ge-dankenlos war, und eine Kollegin fühlt sich dadurch in ihrer Arbeit be-hindert. Bevor Sie den Fehler noch selbst entdecken konnten, steht die betroffene Kollegin bei Ihnen in der Tür und konfrontiert Sie mit der sarkastischen Bemerkung: „Das war aber sehr kollegial von Dir!". Wie reagieren Sie?

Die fünfstufig verhaltensverankerte Antwortskala von 1 (suboptimal) bis 5 (sehr gut):

(1) *Fehler können jedem Mal passieren, nobody is perfect. Das sage ich auch der Kollegin, und gehe ihr in Zukunft aus dem Weg, denn ich finde ihr Verhalten sehr verletzend.*

(2) *...*

(3) *Ich entschuldige mich sehr bei ihr und versuche in Zukunft ihr alles recht zu machen, denn sie hat mich ganz sicher auf dem Kieker.*

(4) *...*

(5) *Ich frage nach, was falsch gelaufen ist, entschuldige mich kurz dafür, und frage, was ich tun kann, damit ich den Fehler wieder beheben kann.*

Mit situativen Fragen wird Ihr Umgang mit schwierigen Situationen in Ihrem künftigen Tätigkeitsfeld erfragt. Gehen Sie vor wie bei einer Fallstudie. Vergewissern Sie sich, dass Sie die geschilderte Situation richtig und komplett verstanden haben. Fehlen Ihnen (vielleicht unternehmens- oder branchenspezifische) Informationen zur Lösung des Problems? Dann fragen Sie nach. Gehen Sie nun strukturiert nach folgendem Muster an das Problem heran:

- Worin besteht das Problem?

- Was tue ich um das Problem in den Griff zu bekommen?

- Welche Ergebnisse beabsichtige ich zu erzielen?

Nehmen Sie sich Zeit für eine überlegte Antwort. Niemand erwartet von Ihnen, dass sie wie aus der Pistole geschossen eine Strategie präsentieren – im Gegenteil! Schließlich sind Sie eine analytische Person, die Ihre Entscheidungen durchdenkt!

Ein kleines BEISPIEL zur Wirkung von Fragen:
Laut einer Umfrage der IG Metall lehnen 95 % aller deutschen Arbeiter das Arbeiten am Wochenende ab. Seltsamerweise zeigten sich bei einer zeitgleichen Studie des Offenbacher Marplan-Instituts dagegen 72 % aller Beschäftigten zur Samstagsarbeit bereit.

Wie ist diese große Diskrepanz zu erklären? Sehen wir uns die unterschiedlichen Fragestellungen in den Umfragen genauer an:

Die IG Metall fragte folgendermaßen:
Die Gewerkschaften haben die 5-Tages-Woche von montags bis freitags in den fünfziger/sechziger Jahren durchgesetzt. Dadurch sind für alle zusätzliche Möglichkeiten gemeinsamer Freizeitgestaltung entstanden, an die wir uns gewöhnt haben. Was entspricht ihrer Meinung?

Die vorgegebenen Antwortalternativen lauteten:
A *Nach meiner Ansicht wäre die Abschaffung des freien Wochenendes ein schwerer Schlag für Familie, Freundschaften, Partnerschaften, für Geselligkeit, Vereine, den Sport und das Kulturleben.*
B *Ich halte den gemeinsamen Freizeitraum des Wochenendes für nicht so wichtig. Seine Abschaffung würde zur besseren Auslastung der Freizeit- und Verkehrseinrichtungen führen.*
C *Weiß nicht/keine Angabe.*

Das Marplan-Institut formulierte seine Frage allerdings so:
Inwieweit wären Sie bereit, samstags zu arbeiten, wenn es für die wirtschaftliche Situation Ihres Unternehmens gut wäre?
Als Antwortalternativen konnte man Folgendes wählen:

A *Gelegentlich, wenn dafür an einem anderen Tag arbeitsfrei ist.*
B *Häufiger, an mehreren Samstagen (ca. 8–12 mal jährlich, wenn dafür ein Zeiturlaub von mehreren zusammenhängenden Tagen herauskommt).*
C *Abwechselnd, einmal die Woche 6 Tage lang, also einschließlich Samstag, und in der nächsten Woche 4 Tage, so dass Sie in dieser Woche ein Drei-Tage-Wochenende zur Verfügung haben; Dies etwa an 20 Samstagen im Jahr.*
D *Nein, nicht bereit.*

Die Fragestellung (einschl. Antwortalternativen, die ja in diesem Fall zur Frage gehören) der IG Metall beinhaltet nur die negativen Auswirkungen der Samstagsarbeit. Das Marplan-Institut hingegen nennt ausschließlich positive Beispiele. Dieses einfache Beispiel verdeutlicht, wie beeinflussbar Menschen in Ihrer Entscheidungsfindung sind und welch großen Einfluss die Art der Fragestellung auf den Inhalt der Antwort hat.

VI. Weitere Kommunikationsmittel

Die bewusste Gesprächspause

Der Mut zur Pause fehlt den meisten Bewerbern – vor allem, wenn sie nervös sind. Der Drang zu sprechen und damit Pausen zu überbrücken kann jedoch fatal sein – womöglich reden Sie sich um Kopf und Kragen. Dies wissen auch Interviewer, die zuweilen gerade nach heiklen, für den Bewerber unangenehmen Antworten einfach schweigen. Und was tut der Bewerber? Er wird unsicher und verdirbt seine vielleicht gute Antwort durch Rechtfertigungen oder Entschuldigungen. Tun Sie das nicht! Wenn Ihre Aussage beendet ist, ist sie beendet. Kommt keine Reaktion, schweigen Sie freundlich zurück oder fragen Sie höflich nach, ob Sie Ihren Punkt noch weiter ausführen sollen. Das Aushalten einer Gesprächspause demonstriert Bestimmtheit und Selbstbewusstsein und macht klar, auf welcher Seite ‚der Ball liegt'.

Ihr wichtigstes Kommunikationsmittel: Aktives Zuhören

Im Kapitel Kommunikation auf Seite 241 finden sich ausführliche Erläuterungen zum Thema aktives Zuhören, daher sei hier nur kurz zusammengefasst:

Es gibt kaum etwas, was Menschen besser gefällt, als das merkliche Interesse eines Gegenübers an der eigenen Person und den eigenen Äußerungen. Menschen – und das gilt natürlich auch für Personalverantwortliche – hören sich in der Regel gerne selbst sprechen. Und was ist dabei schöner als ein Gesprächspartner, der aufmerksam zuhört und sich bemüht, das Gesagte – und damit den Sprecher selbst – zu verstehen. Ist es nicht herrlich, wenn Ihnen jemand gebannt an den Lippen hängt und deutlich zeigt, wie faszinierend Ihre Worte sind? Und ist dieser Zuhörer nicht eine unglaublich sympathische Person?

Sie können sich vorstellen, dass es im Vorstellungsgespräch äußerst nützlich ist, solch ein aufmerksamer und verständnisvoller Zuhörer zu sein, denn der berechtigte Ratschschlag an Interviewer ‚Du hast zwei Ohren, aber nur einen Mund, damit Du doppelt hören und nur die Hälfte sprechen kannst', wird gerade von unerfahrenen Personalverantwortlichen oft nicht befolgt.

Für Sie als Bewerber ist es wichtig, Ihrem Interviewpartner, das Gefühl zu geben, dass Sie ganz Ohr sind. Gleichzeitig erhalten Sie meist wertvolle Informationen, die Sie richtig verstehen, einordnen und Gewinn bringend nutzen sollten. Wenn Sie beispielsweise in dem Moment, in dem Sie Ihre Fragen stellen dürfen, Äußerungen Ihrer Interviewer aufgreifen und weiterführen, machen Sie einen sehr guten Eindruck. Oft erwischen Sie damit ein Lieblingsthema des Fragestellers und es entspannt sich ein angeregtes Gespräch bei dem Sie allein durch Ihr Interesse punkten können.

Dies bedeutet aktives Zuhören:

Jemand hört aktiv zu, wenn er den Ausführungen seines Gesprächspartners folgt und ihm dies so zeigt, dass dieser das Interesse auch bemerkt. Im klassischen Gespräch nutzt man meist die Zeit, während der andere spricht, um sich zu überlegen, was man selbst gleich sagen will, wenn der Gesprächspartner mit seiner Aussage fertig ist. Besser ist es jedoch, die Zeit auch zu nutzen, um sich darüber klar zu werden, was der Andere sagen will und gleichzeitig durch Annahmesignale *mhm, ja* zu verstehen zu geben, dass man das Gesagte aufnimmt.

Um nun richtig auf das einzugehen, was der Gesprächspartner gesagt hat, hilft es, die verstandene Nachricht mit eigenen Worten zu wiederholen. Die Kunst dabei ist, zurückzumelden, was der andere zwischen den Zeilen zum Ausdruck bringt, ohne dafür eigens Wörter zu benutzen. Dies tun Sie natürlich nicht nach jedem Satz. Ab und zu eingesetzt hat es jedoch eine starke Wirkung, denn so werden nicht nur Missverständnisse vermieden sondern fast noch wichtiger: Ihr Gegenüber fühlt sich verstanden und wert geschätzt.

Aktives Zuhören ist das Bemühen, sich in den Gesprächspartner einzufühlen, beim Gespräch mitzudenken und dem Gesprächspartner Aufmerksamkeit und Interesse entgegenzubringen.

Dabei können verschiedene Techniken eingesetzt werden:

- Annahmesignale – Durch Gesten wie Nicken und Bemerkungen wie *mhm, ah, ja, das ist interessant* etc. signalisieren Sie Ihrem Gegenüber Aufmerksamkeit und Interesse

- Paraphrasieren – Die Aussage wird mit eigenen Worten wiederholt. Dies ist eine Technik, bei der es sich lohnt, sie unbedingt vorab auszuprobieren.

- Verbalisieren
  – Die Gefühle, die Emotionen des Gegenübers werden gespiegelt. Setzten Sie diese Technik aber – wenn überhaupt – nur sehr sparsam ein. Für einen Bewerber im Vorstellungsgespräch ist sie kaum geeignet. Es kann jedoch sein, dass ein Interviewer sie anwendet. *Sie wirken sehr aufgeregt....* Wenn das der Fall ist, wissen sie zumindest, dass es sich um einen geschulten und – falls die Einschätzung zutrifft – um einen sensiblen Gesprächspartner handelt.

- Nachfragen – *Meinten Sie mit Ihrer Frage, ich soll den Sinn und Zweck der Aufgabe noch einmal erklären oder eher die Durchführung?*

- Zusammenfassen – Das Gesagte wird wie in einem Zeitungsartikel mit wenigen Worten zusammengefasst.

- Unklares klären – *Sie sagten, die Aufgaben der Abteilung haben sich in den letzten Jahren geändert, hätten Sie dafür ein Beispiel?*

- Weiterführen – *Sie haben erwähnt, dass Sie das Produkt auf dem Europäischen Markt eingeführt haben. Wie wurde es in den einzelnen europäischen Ländern aufgenommen?*

Aktives Zuhören ist eine der wirkungsvollsten Gesprächstechniken die es gibt, um einen persönlichen Kontakt herzustellen, die Gesprächsatmosphäre zu entspannen und eine emotionale Übereinstimmung zu erzielen. All dies erzeugt Sympathie und Sympathie ist – objektive Einstellungskriterien hin oder her – einer der wichtigsten Faktoren überhaupt im Personalauswahlprozess.

VII. Fazit

Eines ist grundsätzlich: Das Wichtigste an jedem Einstellungsinterview ist nicht die Fragetechnik – sie ist lediglich Handwerkszeug. Die Form der Fragen ist lediglich das Mittel, um den gewünschten Zweck – Ihre Eignung zu bestimmen – zu erreichen. Die wichtigste Kunst des Personalverantwortlichen ist: Zuhören und sich ganz auf den Bewerber einlassen zu können. Sie werden merken, dass dies nicht jedem Interviewer in die Wiege gelegt wurde.

Woran erkennen Sie einen kompetenten und erfahrenen Interviewer? Zum Beispiel daran, dass er mit Ihren Bewerbungsunterlagen gut vertraut ist und seine Fragen zielgerichtet an diese Informationen anpasst, um weiter in die Tiefe gehen zu können.

Dazu gehört beispielsweise, dass er oder sie nachfragt, wenn eine Frage unbeantwortet bleibt, weil der Bewerber die Antwort – bewusst oder unbewusst – verweigert. Dafür verlässt ein guter Interviewer durchaus mal den geplanten Pfad, um über einen anderen Weg zum Ziel zu kommen. Für Sie als Bewerber ist dies hilfreich, da Ihr Interviewer Ihnen Brücken baut zu der gewünschten Information. Er gibt Ihnen Vorlagen, um sich optimal zu präsentieren. Andererseits wird er aber auch nicht locker lassen, wenn es um fehlende Informationen oder Schwachstellen geht, die Sie lieber verbergen würden.

Wenn Sie einen positiven Eindruck von Ihrem Gegenüber haben und das Gespräch auch noch gut verläuft, können Sie sich freuen. Die Auswahl durch einen kompetenten Personalverantwortlichen legt nahe, dass Sie tatsächlich gut zum Stellenprofil passen und dadurch mit Ihren Aufgaben glücklich werden können.

6. Kapitel

Vorbereitung auf das Vorstellungsgespräch

Mit der Einladung zu einem Vorstellungsgespräch haben Sie schon einmal die Gewissheit, eine ganz entscheidende Hürde auf Ihrem Weg in den Beruf erfolgreich gemeistert zu haben. Sie haben jetzt die Chance, Ihre Talente und Ihre Eignung für die ausgeschriebene Stelle Ihren Interviewern darzulegen. Gelingt Ihnen dies, steht Ihrem Eintritt in das Arbeitsleben so gut wie nichts mehr im Weg.

Nun stellt sich natürlich jedem Bewerber die entscheidende Frage: wie kann ich mich vorbereiten, um einen möglichst guten Eindruck zu hinterlassen?

Generell gilt – und dabei möchte dieses Buch Sie unterstützen:

- Informieren Sie sich über das Unternehmen, das Sie eingeladen hat.

- Werden Sie sich in einer Selbstanalyse klar darüber, wer Sie sind und was Sie wollen.

- Stellen Sie mit Ihren Stärken und einschlägigen Qualifikationen einen Bezug zu der ausgeschriebenen Stelle her. Arbeiten Sie heraus, warum Sie für die betreffende Position der ideale Kandidat sind.

- Machen Sie sich schlau darüber, welche Fragen bei Ihrem Vorstellungsgespräch zu erwarten sind, denn dies können Sie mit ausreichen Informationen über die Anforderungen an den künftigen Stelleninhaber, antizipieren.

- Eignen Sie sich einige Techniken an, die Sie – nicht nur im Vorstellungsgespräch – immer wieder gebrauchen werden, wie zum Beispiel den Umgang mit einem Flip-Chart.

Ein Bewerber, der seine eigenen Stärken kennt, sich in seinem besten Licht zeigt, ohne etwas anderes darstellen zu wollen, der sich engagiert und interessiert in das Gespräch einbringt, hat beste Chancen genau den Arbeitsplatz zu bekommen, der seinen Fähigkeiten und Neigungen entspricht.

I. Das Unternehmen

Schon vor Ihrer Bewerbung haben Sie sich hoffentlich ausführlich über das betreffende Unternehmen informiert. Schließlich ist der Arbeitgeber, für den Sie die nächsten Jahre arbeiten möchten für Sie genauso wichtig wie zum Beispiel Ihre Freunde. Wenn Sie eine Vollzeitstelle anstreben, werden Sie jeden Tag etwa acht Stunden oder mehr in Ihrem Unternehmen oder im Auftrag Ihres Unternehmens verbringen. Das ist eine Menge Lebenszeit! Informieren Sie sich und wählen Sie klug! Sie kennen möglichst alle relevanten Daten, die Sie dem Internet, eventuell dem Geschäftsbericht und anderen zugänglichen Medien wie z. B. dem Handelsblatt entnehmen können.

Ihnen sind die Produkte, die Dienstleistungen, die Kunden und die Marktsegmente ebenso bekannt wie – falls vorhanden – der Stand der Unternehmensaktie.

Jetzt ist der Moment gekommen, in dem Sie diese Kenntnisse vertiefen sollten. Studieren Sie sehr sorgfältig das Informationsmaterial, das man Ihnen vielleicht zusammen mit der Einladung zugeschickt hat, und machen Sie sich Gedanken über die Aufgaben, die an diesem Arbeitsplatz auf Sie zu kommen werden. Haben Sie kein Informationsmaterial bekommen, empfiehlt es sich, zumindest den Geschäftsbericht anzufordern. Jedes Unternehmen wird Ihnen diesen gerne zuschicken.

In Ihrer Einladung zum Vorstellungsgespräch ist normalerweise ein Ansprechpartner und eine Telefonnummer für Rückfragen angegeben. Dieses Angebot können Sie nutzen, wenn Sie das Gefühl haben, noch zusätzliche Informationen für Ihre Vorbereitung zu benötigen. Vielleicht haben Sie auch noch Fragen zum Unternehmen und der ausgeschriebenen Stelle, die sie nun stellen können. Vielleicht erwartet man von Ihnen einen Fachvortrag und Sie sind über dessen Inhalt noch nicht ganz sicher.

Wichtig dabei ist:

- Rufen Sie nicht unvorbereitet an!
- Notieren sich vorher, welche konkreten Fragen Sie stellen wollen.
- Seien Sie sehr höflich und freundlich zu all Ihren Gesprächspartnern – also auch zu den Sekretärinnen. Unterschätzen Sie niemals deren Einfluss auf Personalentscheidungen!
- Vielleicht erfahren Sie die Namen der im Vorstellungsgespräch anwesenden Interviewpartner. Notieren und merken Sie sich diese.
- Fragen Sie nichts, was bereits in Ihren Materialien beantwortet wird. Machen Sie sich bewusst, dass Sie evtl. nicht der einzige Anrufer sind. Schonen Sie die Nerven Ihres potenziellen Vorgesetzten oder Personalchefs.
- Quittieren Sie das Gespräch positiv.

II. Die Selbstanalyse

Die Selbstanalyse, also die Selbstbeurteilung Ihrer Stärken und Schwächen wie auch Ihrer Wünsche und Ziele ist die Basis für alle Ihre Vorbereitungen – sei es für das kommende Vorstellungsgespräch oder auch ganz allgemein für Ihre berufliche und persönliche Entwicklung.

Im Vorstellungsgespräch wird erwartet, dass Sie sich über Ihre Qualifikationen und beruflichen Motive und Ziele im Klaren sind und diese auch überzeugend darstellen können, sei es bei Ihrer Selbstpräsentation oder auch im persönlichen Gespräch mit den Interviewpartnern.

Es genügt nicht, eine diffuse Ahnung davon zu haben, was Sie möchten und was Sie können. Fassen Sie Ihre Fähigkeiten, Fertigkeiten und Kenntnisse in Worte, belegen Sie sie mit Beispielen aus Ihrem Lebenslauf und üben Sie, sich überzeugend zu präsentieren. Das gleiche gilt für Ihre beruflichen Ziele, überlegen Sie sich genau, was Sie erreichen wollen und welche Wege zu Ihrem Ziel führen.

Eines ist sicher: Sie werden mit Sicherheit nach Ihren Motiven, Zielen und Stärken gefragt. Denn dies sind die Quintessenz und der Sinn des Gesprächs!

Stellen Sie sich im Rahmen der Selbstanalyse folgende Fragen:

- Welche fachlichen und beruflich relevanten Stärken und Schwächen habe ich? Welche Fähigkeiten, Fertigkeiten und Kenntnisse kann ich vorweisen?

- In welchen Situationen (Praktika, berufliche Erfahrungen etc.) habe ich meine Stärken und Fähigkeiten erworben bzw. unter Beweis gestellt?

- Wie ausgeprägt sind die typischerweise im Berufsleben geforderten Schlüsselqualifikationen bei mir?

- Wie sehen mich andere im Gegensatz zu mir selbst?

- Wie kann ich meine Stärken weiter ausbauen und meine Schwächen verringern?

- Was sind meine beruflichen und persönlichen Zielvorstellungen?

Der folgende Fragebogen soll Ihnen dabei helfen

Übung: Selbstanalyse Ausprägung [1] = schwach; [6] = stark						
Persönlichkeitsmerkmal	**Beispiele aus Ihrem Lebenslauf**					
	[1]	**[2]**	**[3]**	**[4]**	**[5]**	**[6]**
Eigeninitiative, Selbstständigkeit – Fähigkeit, Aufgaben ohne Anleitung und Kontrolle zu bewältigen, eigene Ziele zu setzen und für ihre Einhaltung zu sorgen – Selbstkontrolle und Selbstmanagement Selbstständige Konzipierung und Durchführung von Projekten – Auch: genügend Fachkenntnisse, um alleine arbeiten zu können						
Teamfähigkeit/-orientierung – Bereitschaft und Fähigkeit zu kooperativer Zusammenarbeit in geführten oder ungeführten Gruppen – Mitwirkung an gemeinsamer Planung und Lösungsfindung – Eine teamfähige Person kann sich integrieren, bringt eigenen Einsatz zum Wohl des Teams und wird von den Mitgliedern akzeptiert						
Kommunikationsfähigkeit – Verständliche und überzeugende Ausdrucksweise – Fähigkeit schlüssig zu argumentieren und sich auf sein Gegenüber einzustellen – Erkennen und Anerkennen der Gefühle und Bedürfnisse anderer – Geschickte und zielorientierte Gesprächsführung – Auch: Kenntnis von Präsentationstechniken						
Einsatzbereitschaft/Engagement – Hohe Arbeits- und Leistungsmotivation – Erkennen und Bearbeiten von Aufgaben aus eigenem Antrieb – Freude an der Tätigkeit – Einsatz über das geforderte Maß hinaus – Begeisterungsfähigkeit						

Übung: Selbstanalyse Ausprägung [1] = schwach; [6] = stark						
Persönlichkeitsmerkmal	**Beispiele aus Ihrem Lebenslauf**					
	[1]	**[2]**	**[3]**	**[4]**	**[5]**	**[6]**
Analytisches/strategisches Denken – Fähigkeit auch unübersichtliche Probleme rasch zu erfassen – Erkennen von Hintergründen, Strukturen und Zusammenhängen – Methodisches Vorgehen zur Erkenntnis-Gewinnung – ‚Zerlegung' einer Situation um sie als Ganzes zu erfassen – Entwicklung und Kontrolle von Lösungsstrategien – Auch: Kenntnis analytischer Techniken						
Unternehmerisches Denken – ‚Blick' für wirtschaftliche Aspekte, strategische Ziele – Anstreben unternehmerischer Verantwortung – Erkennen wirtschaftlicher Zusammenhänge – Fähigkeit generalistisch und vorausschauend zu denken						
Flexibilität – Bereitschaft und Fähigkeit, das Verhalten an veränderte Situationen anzupassen – Das Fehlen starrer Einstellungen – Bereitschaft zur Übernahme auch ungewohnter Aufgaben – Hohes Interesse an neuen Entwicklungen und Verbesserungen						
Organisationstalent – Fähigkeit realistische und anspruchsvolle Ziele zu setzen, optimale Arbeitspläne zu erarbeiten und zu überprüfen – Bereitschaft zu delegieren – Fähigkeit, sinnvolle Anweisungen zu geben Überblick auch über unübersichtliche Arbeitsabläufe – Zeitmanagement						

Übung: Selbstanalyse Ausprägung [1] = schwach; [6] = stark						
Persönlichkeitsmerkmal	Beispiele aus Ihrem Lebenslauf					
	[1]	[2]	[3]	[4]	[5]	[6]
Kunden-/Markt-/ Dienstleistungsorientierung – Serviceorientierung – Fähigkeit, Fachliches an den Kunden allgemein verständlich weiterzugeben – Bereitschaft, auch über das angeordnete Maß hinaus Hilfe und Entgegenkommen zu leisten – Fähigkeit, sich den Marktgegebenheiten anzupassen						
Führungspotenzial – Bereitschaft zu Verantwortungsübernahme – Durchsetzungsvermögen – Menschenkenntnis – Fähigkeit, zu motivieren und zu überzeugen – Fähigkeit, Ziele zu setzen und Prozesse zu planen und zu lenken um ihre Einhaltung zu erreichen						
Durchsetzungsvermögen – Fähigkeit, die eigene Meinung durch überzeugende Argumente sowie durch Sprache und Auftreten auch gegen Widerstände zu vertreten und Pläne zu verwirklichen – Konsequente Verfolgung eigener Ziele – Bereitschaft, andere zu beeinflussen						
Kreativität – Fähigkeit, neue Ideen zu produzieren und ungewöhnliche und neue Lösungswege zu finden, die einen konkreten Nutzen haben – Bevorzugung kreativer Aktivität gegenüber Routineaufgaben – Auch: Kenntnis kreativer Techniken (Mindmapping, Brainstorming…) und heuristisches Wissen (Kenntnis verschiedener Lösungsstrategien und Fähigkeit neue Strategien zu entwickeln)						

Übung: Selbstanalyse Ausprägung [1] = schwach; [6] = stark						
Persönlichkeitsmerkmal	Beispiele aus Ihrem Lebenslauf					
	[1]	[2]	[3]	[4]	[5]	[6]
Zielstrebigkeit – Fähigkeit, sich ehrgeizige aber realistische Ziele zu setzen und diese konsequent und strategisch sinnvoll zu verfolgen						
Konfliktfähigkeit – Fähigkeit, Konflikte mit anderen Personen auszuhalten und zu bewältigen. – Auch: Kenntnis von Konfliktlösestrategien						
Kontaktfreude/Offenheit – Freude am Umgang mit Menschen – Aufgeschlossenheit gegenüber bekannten und fremden Personen – Fähigkeit, sich schnell auf andere einzustellen und Kontakte zu knüpfen						

Wenn Sie das Ergebnis dieser Selbstanalyse notieren und aufbewahren, haben Sie die Möglichkeit, die Befragung nach einiger Zeit zu wiederholen, die Ergebnisse zu vergleichen und festzustellen, was sich verändert hat.

Warum sind Sie der ideale Kandidat für die in Frage kommende Position?

Ein Vorstellungsgespräch – im Gegensatz zu einer Prüfung – bietet Ihnen einen gewaltigen Vorteil: Sie können die Fragen antizipieren! Wonach wird gefragt? Natürlich danach, ob Sie das gut **können**, was Sie auf der angebotenen Stelle leisten sollen. Ebenso interessant ist es, ob Sie das leisten **wollen,** was man von Ihnen erwartet. Und schlussendlich möchte der Arbeitgeber wissen, ob Sie mit Ihrer Persönlichkeit zu den anderen Mitarbeitern **passen**. Sind Sie eher die kreative Chaotin oder der gewissenhafte Pedant? Beides hat seine Berechtigung – es muss nur passen.

III. Ihre Qualifikationen

Die Stellenausschreibung und alle anderen Informationen über das Unternehmen, die Sie gesammelt haben, geben Ihnen darüber Auskunft, welche Eigenschaften der Wunschkandidat dieses Unternehmens haben soll. Machen Sie sich davon ein möglichst genaues Bild und gleichen Sie ab, warum gerade Sie diesem Wunschkandidaten entsprechen.

Welche Ihrer Stärken und Erfahrungen sind für das Unternehmen besonders relevant?

Begründen Sie für sich selbst, aufgrund welcher besonderen Stärken und einschlägigen Arbeitserfahrungen Sie für die ausgeschriebene Position geeignet sind.

Machen Sie sich davon eine Liste und üben Sie vor dem Spiegel und anschließend vor Freunden, dies überzeugend darzustellen.

Im Kapitel auf Seite 91 *Selbstpräsentation* gehen wir noch genauer auf dieses Thema ein.

IV. Ihre Motive

Ebenso wichtig wie Ihre prinzipielle Eignung ist für das Unternehmen die Frage, ob und wie sehr Sie motiviert sind, auf der ausgeschriebenen Position Ihr Bestes zu geben. Besonders in Zeiten hoher Arbeitslosigkeit bewerben sich viele Hochschulabsolventen auf alle möglichen Stellen, ganz gleich, ob sie sich wirklich für die dort gebotenen jeweiligen Aufgaben und Tätigkeiten interessieren oder nicht. Das größte Anliegen scheint für viele zu sein: Hauptsache überhaupt ein Job!

Dass diese Vorgehensweise weder Arbeitgeber noch Arbeitnehmer auf Dauer glücklich macht, liegt klar auf der Hand. Ein unzufriedener oder gelangweilter Arbeitnehmer, der eigentlich ganz andere berufliche Ziele hat, tut sich selbst keinen Gefallen und ist zudem Gift für sein Unternehmen.

Daher ist es für Ihren künftigen Arbeitgeber ganz entscheidend, Ihre Motive für Ihre Bewerbung zu kennen.

- Warum wollen Sie in diesem Unternehmen auf dieser Position arbeiten?

- Was interessiert Sie an den auf Sie zukommenden Aufgaben und Tätigkeiten?

- Können Sie sich mit dem Unternehmen identifizieren?

- Liegt Ihnen die Unternehmenskultur?

Beantworten Sie diese Fragen mithilfe des folgenden Arbeitsblattes.

Übung: Motive und Qualifikation für eine ausgeschriebene Stelle

Anforderungen der ausgeschriebenen Stelle

_____

_____

_____

_____

_____

_____

_____

Begründung, warum ich genau diese Stelle will

_____

_____

_____

_____

_____

_____

Begründung, warum gerade ich perfekt geeignet bin – fachlich
Begründung, warum gerade ich perfekt geeignet bin – überfachlich (Persönlichkeit/Schlüsselqualifikationen)

_____

_____

_____

_____

_____

7. Kapitel

Der typische Ablauf eines Vorstellungsgesprächs im Überblick

Meist läuft ein Vorstellungsgespräch nach einem ganz bestimmten Muster ab. Sie können fast immer davon ausgehen, dass folgende Themen mit den entsprechenden Fragen auf Sie zukommen:

I. Begrüßung und Einleitung des Gesprächs

Zuerst werden Sie in den Raum, in dem das Gespräch stattfindet, hineingebeten, begrüßt und aufgefordert, sich zu setzen. Erwidern Sie den Händedruck fest, aber nicht zu fest und nennen Sie Ihren vollen Namen. Halten Sie dabei unbedingt Blickkontakt. Falls Sie zu kalten und feuchten Händen neigen – und dies ist in dieser Situation anzunehmen, können Sie etwas dagegen tun: Halten Sie vor dem Gespräch die Hände längere Zeit unter warmes Wasser und trocknen Sie sie danach gut ab. Reiben der Handflächen und kreisen lassen Sie der Arme fördern die Durchblutung und erwärmen die Hände ebenfalls. Setzen Sie sich hin, wenn entweder alle anderen sitzen oder man Sie dazu aufgefordert hat. Nehmen Sie ruhig ein Getränk an, auch wenn Sie eigentlich keinen Durst haben – ein paar Mal Nippen reicht vollkommen. Vielleicht wählen Sie jedoch kein stark sprudelndes Mineralwasser (Schluckaufgefahr!).

Zum Gesprächsauftakt versucht Ihr Gegenüber in der Regel mit etwas Small Talk ein angenehmes und entspanntes Gesprächsklima herzustellen. Vielleicht erkundigt er sich nach Ihrer Anreise oder verliert ein paar Worte über das Wetter oder die Stadt. Damit möchte er Ihnen helfen, Ihre Nervosität zu mildern. Dies ist der Moment, in dem der erste Eindruck geprägt wird. Seien Sie freundlich und zugewandt und sprechen Sie nichts Negatives an. Sätze wie „Auf die Bahn kann man sich ja auch nicht mehr verlassen" sollte man tunlichst vermeiden. Der Hinweg war selbstverständlich reibungslos und entspannt, selbst wenn Sie in Wirklichkeit fünfmal außerplanmäßig umsteigen mussten. Versuchen Sie so gut es geht, gelassen zu wirken und einigermaßen selbstsicher zu erscheinen. Sind Sie dafür einfach zu nervös, können Sie dies aber ruhig kurz ansprechen. Damit mildern Sie den Druck und wirken durch Ihre Offenheit sympathisch.

II. Ihre Ausbildung und beruflicher Werdegang

Meist beginnt das eigentliche Interview mit der Bitte, sich selbst vorzustellen, um einen ersten Eindruck von Ihrer Qualifikation zu gewinnen.

Fragen/Aufforderungen

- *Bitte erzählen Sie etwas von sich selbst!*
- *Wir möchten Sie gerne kennen lernen, vielleicht stellen Sie sich selbst vor?*
- *Bitte fassen Sie Ihren Lebenslauf mit den wichtigsten Stationen zusammen.*

Die Selbstpräsentation ist das Herzstück des Vorstellungsgespräches. Sie haben hier die Möglichkeit, Ihrem potenziellen Arbeitgeber mit einem rhetorisch gut aufgebauten ‚Plädoyer' alle wichtigen Informationen zu geben, die für Sie als Wunschkandidaten sprechen: Ihre **Qualifikation** und Ihre **Motivation**.

Eine gut vorbereitete Selbstpräsentation ist Ihrem Interviewer sehr willkommen, da Sie ihn mit den entscheidenden Informationen versorgt – anderenfalls müsste er alle Punkte einzeln erfragen. Sie haben den entscheidenden Vorteil, dass Sie einen wichtigen Teil des

Gespräches selbst steuern können und durch die Betonung der richtigen Akzente und die Anwendung von rhetorischen Überzeugungstechniken die größte Wirkung erzielen.

Sie können Ihre Eignung nach Ihrer eigenen Struktur und mit Ihren eigenen Argumenten darstellen. Wenn es Ihnen gelingt, durch die Schilderung Ihrer einschlägigen Studien- oder Arbeitserfahrungen – und damit Ihrer Kompetenzen – schon die Anforderungskriterien Ihres künftigen Arbeitgebers abzudecken, sind beide Parteien froh und Sie haben mit einem Schlag gute Chancen, die Stelle auch zu bekommen.

Selbstverständlich bereiten Sie Ihre Selbstvorstellung sehr gut vor.

Auf Seite 91 beschäftigen wir uns näher mit der Vorbereitung einer gelungen Selbstpräsentation.

Nun wird nachgehakt und weitere Details zu Ihrem Werdegang und Ihren relevanten Erfahrungen erfragt.

Fragen

- *Welche berufsbezogenen Fort- und Weiterbildungen/Seminare haben Sie besucht?*
- *Warum haben Sie sich für Ihr Studium entschieden? Was waren Ihre Beweggründe? Wie sind Sie zu dieser Entscheidung gekommen?*
- *Was waren Ihre Studienschwerpunkte/Was war Ihr Studienschwerpunkt? Warum haben Sie diese/n Studienschwerpunkt/e gewählt?*
- *Was haben Sie neben Ihrem Studium gemacht?*
- *Erzählen Sie mir etwas über Ihre Abschlussarbeit. Was war das Thema? Zu welchen Ergebnissen sind Sie gekommen? Welche Implikationen für die Praxis lassen sich aus Ihren Ergebnissen ableiten?*
- *Warum haben Sie dieses oder jenes Praktikum absolviert? Was genau waren Ihre Aufgaben?*

Eines ist klar, je passgenauer und aussagekräftiger Sie Ihre Selbstpräsentation gehalten haben, desto weniger gibt es einzuhaken. Wie Sie wissen, vergleichen die Interviewer Ihre Ausführung mit den Anforderungen, die an Sie als Bewerber gestellt werden. Wenn es Ihnen gelingt, möglichst viele erwünschte Anforderungen mit Hilfe Ihrer Schilderungen zu erfüllen, haben Ihre Zuhörer wahrscheinlich mit zufriedenem Nicken eifrig Haken in ihre Listen gemacht und das folgende Gespräch nimmt einen positiven Verlauf.

Ihre Motive der Bewerbung

Zu diesem oder etwas späteren Zeitpunkt folgt ein äußerst wichtiger Punkt in Ihrem Bewerbungsgespräch – die Frage nach der Motivation Ihrer Bewerbung.

Fragen

- *Warum wollen Sie gerade bei uns arbeiten?*
- *Was reizt Sie an dieser Stelle besonders?*
- *Warum haben Sie sich bei uns beworben?*
- *Was spricht Sie an dieser Position an?*
- *Was interessiert Sie an dieser Stelle/Aufgabe/Position?*
- *Was interessiert Sie an unserem Unternehmen/Institut/Abteilung?*

Die Frage nach Ihrer Motivation ist einer der wichtigsten Punkte im Vorstellungsgespräch. Ist die in Frage kommende Stelle Ihr Traumjob oder nur eine Notlösung? Ihre Antwort ist absolut bedeutsam und entscheidungsrelevant für Ihre Gesprächspartner.

Aber zum Glück haben Sie sich darauf gründlich (wie auf Seite 71 beschrieben) vorbereitet. Sie haben sich also intensiv mit dem Unternehmen und der ausgeschriebenen Stelle auseinander gesetzt. Ihr Gesprächspartner sollte keinesfalls das Gefühl bekommen, dass Sie sich schon bei unzähligen anderen Firmen beworben haben und es Ihnen nur um ‚irgendeine Anstellung‘, Geld, Prestige oder eine höhere Position geht.

Ein knappes *Die Stellenanzeige passt zu mir.* reicht daher natürlich nicht.

Begründen Sie anhand der Stellenbeschreibung und Ihren Informationen über das Unternehmen, was Ihnen an der zu besetzenden Position gefällt. Dabei stellen Sie Parallelen zu Ihrer Kompetenz und Ihren Erfahrungen her.

Ich habe es schon sehr lange angestrebt, die Aufgaben eines XY zu übernehmen. So habe ich bereits… (Hier folgt die Beschreibung relevanter Tätigkeiten).

Nur wenn Sie Ihr Gegenüber überzeugen können, dass Sie sich wirklich für die in Frage stehende Position begeistern, sich informiert haben, was auf Sie zu kommt und mit Freude und Interesse künftige Aufgaben erwarten, wird Ihr Interviewpartner Sie einstellen wollen. Hier muss der Funke überspringen, der Sie von einem uninteressierten Bewerber trennt, der ‚halt einen Job sucht'.

Falls Sie zurzeit schon in Beschäftigung stehen, kommt meistens auch:

Frage

Warum möchten Sie wechseln?

Ist ein roter Faden bei Ihren Motiven für Arbeitsplatz- und Positionswechsel erkennbar? Überlegen Sie sich vorher, was und wie Sie antworten und welches Bild Sie dabei von sich erzeugen.

Mehr über die überzeugende Darstellung Ihrer Motivation finden Sie auf Seite 96.

Ihre Qualifikation für die in Frage kommende Stelle

Eine ganz wichtige Frage ist Folgende:

Fragen

Warum sollen wir Sie einstellen?
Oder anders formuliert:
Was spricht für Sie als Kandidatin?

Dies ist wieder eine Gelegenheit, Ihre ausgearbeitete Kurz-Selbstpräsentation einzusetzen. Tun Sie dies – vielleicht mit etwas anderen Worten und anderen Schwerpunkten, wenn Sie sich vorab mit der gleichen Präsentation schon selbst vorgestellt haben. Zögern Sie nicht, die wichtigsten, einschlägigen Fakten, die Ihre Eignung beweisen, mehrmals vorzubringen, schließlich gibt es davon ja nur eine begrenzte Anzahl.

> **BEISPIEL:** *Wie schon erwähnt, habe ich mich in der Wahl meiner Studienfächer und Praktika auf den Bereich Controlling spezialisiert...*

Zudem ist es so, dass Ihre Zuhörer die Fakten, die Sie mehrfach (unterschiedlich formuliert) nennen sehr viel besser erinnern als nur einmal gehörte Argumente. Achten Sie einmal auf öffentliche Reden von Politikern – sie wirken durch Wiederholungen. Gerade gute Rhetoriker wie zum Beispiel US-Präsident Obama setzen diese bewusst und deutlich ein.

Beginnen Sie mit den wichtigsten berufsrelevanten Fakten zu Ihrer Person, beschreiben Sie dann wie, wo und auch warum Sie Ihre Qualifikationen erworben haben und enden Sie mit einer Zusammenfassung der Schlagwörter. Verwenden Sie dabei aussagekräftige Schilderungen und erläutern Sie Ihre Motive.

Nun wird nachgehakt. Sie müssen beweisen, dass Sie die Anforderungen, die an Sie gestellt werden, erfüllen. Thematisiert werden dabei meist sowohl konkrete Arbeitserfahrungen als auch allgemeine Schlüsselqualifikationen.

Dieses Nachhaken geschieht häufig in Form von **Biografischen oder Verhaltensfragen** (siehe Seite 61).

Sie erkennen diese Frageart an bestimmten Formulierungen.

Fragen/Aufforderungen

- *Beschreiben Sie eine Situation, in der Sie....*
- *Erzählen Sie eine Begebenheit, in der Sie....*
- *Haben Sie schon einmal...*
- *Geben Sie ein Beispiel davon aus Ihrem Lebenslauf.*

Üblicherweise wird zuerst nach konkreten beruflichen Erfahrungen gefragt. Daran anschließend lässt sich die Interviewerin in darauf abgestimmten Nachfolgefragen Ihre konkreten Handlungen und Interpretationen schildern. Da Sie Ihren eigenen Lebenslauf ja am besten kennen, können Sie sich auf diesen Teil des Interviews sehr gut vorbereiten. Werden Sie sich darüber klar, welche Anforderungen die gewünschte Stelle mit sich bringt, denn dies sind die Kompetenzen, nach welchen Sie beurteilt werden.

Nun überlegen Sie sich aussagekräftige Beispiele aus Ihrem Lebenslauf, mit denen Sie die gewünschten Eigenschaften belegen können. Das Prinzip ist folgendes: Ihre Interviewer schließen aus vergangenem Verhalten auf Ihr zukünftiges. Viel überzeugender als Ihre Behauptung, Sie seien in einem bestimmten Gebieten ja so kompetent, ist die überzeugende Schilderung eines Beispiels, in welchem Sie das genannte Talent unter Beweis gestellt haben. Denken Sie daran: präsentieren Sie Fakten, statt Behauptungen. Jeder glaubt schließlich die Fakten, die er sich selbst erschließt, sehr viel mehr als jene, die von anderen behauptet werden..

Wie genau Sie das am besten machen, finden Sie auf Seite 61.

Zuweilen kann es auch vorkommen, dass Sie kleine Aufgaben in Form von fiktiven aber arbeitstypischen Situationsbeschreibungen gestellt bekommen, deren mögliche Bewältigung Sie schildern sollen. Dies nennt man **Situative Fragen.**

BEISPIEL: *Zu Ihren künftigen Aufgaben gehört es, Anfragen von Antragstellern für ein Stipendienprogramm zu beantworten. In der Regel treffen Sie auf sehr nette Anfragenden. In Ausnahmefällen gibt es aber natürlich auch schwierigere Personen. Stellen Sie sich nun vor, Sie weisen eine Antragstellerin darauf hin, dass sie ihre Unterlagen unvollständig oder nicht sorgfältig genug zusammengestellt hat. Diese reagiert unfreundlich und zweifelt Ihre Kompetenz an. Wie gehen Sie mit dieser Situation um?*

Zeigen Sie, dass Sie Ihr Wissen und Ihre Kompetenzen anwenden können! Gehen Sie strukturiert nach folgendem Muster an das Problem heran:

- Worin besteht das Problem?
- Was tue ich, um das Problem in den Griff zu bekommen?
- Welche Ergebnisse beabsichtige ich zu erzielen? (Mehr dazu finden Sie auf Seite 64).

Werden Sie sich Ihrer Qualifikationen und Kompetenzen bewusst, überlegen Sie sich Beispiele und Belege dafür und machen Sie sich darüber Gedanken, wie Sie Ihre Fähigkeiten beim neuen Arbeitgeber einsetzen können.

Ihre berufsrelevanten Persönlichkeitseigenschaften, Einstellungen und Werte

> **Fragen**
>
> *Was sind Ihrer Einschätzung nach Ihre Stärken?*
> *Welche Eigenschaften und Fähigkeiten machen Sie Ihrer Ansicht nach für eine Dienststelle besonders wertvoll?*
> *Wie würden Sie sich charakterisieren?*
> *Wie würde Sie Ihre Freunde/Ihre derzeitige Vorgesetzte beschreiben?*

Verständlicherweise ist Ihr künftiger Arbeitgeber äußerst daran interessiert, dass Sie nicht nur fachlich gut, sondern zum Beispiel auch interessiert, engagiert, sozial kompetent, sympathisch und möglichst auch belastbar und emotional stabil sind. Schließlich will er ja vielleicht mit Ihnen zusammenarbeiten. Ihre Persönlichkeit ist ein entscheidender Faktor im Auswahlprozess und da man diese nicht aus den Unterlagen erschließen kann, wird im Bewerbungsgespräch primär darauf geachtet.

Auf Seite 111 finden Sie ausführliche Hinweise zur positiven Darstellung Ihrer persönlichen Stärken und Eigenschaften. Eines aber ist besonders wichtig: Bemühen Sie sich, Ihren Interviewern positiv und optimistisch entgegen zu treten. Halten Sie freundlichen und offenen Augenkontakt und bemühen Sie sich, Ihr Gegenüber sympathisch zu finden (zum Teil kann man dies beeinflussen). Auf diese Weise wird man Ihnen vermutlich ebenfalls Sympathie entgegenbringen – und dies ist die halbe Miete!

Ihr persönlicher, familiärer und sozialer Hintergrund

Oft möchte das Unternehmen auch etwas von Ihnen als Privatperson erfahren. Eine typische Frage in diese Richtung ist zum Beispiel:

> **Fragen**
>
> *Erzählen Sie etwas über sich persönlich, wir möchten Sie gerne kennen lernen!*
> *Was macht Ihr Mann/Ihre Frau beruflich?*

Wie auch immer Ihr Leben aussieht, präsentieren Sie eine relativ konfliktfreie, weitgehend problemlose heile Welt. Bei Auskünften über Ihr Privatleben sind Sie nicht zur Wahrheit verpflichtet. Ihre überstandene psychische Krankheit, der untreue Freund und Ihre Erlebnisse bei politischen Demonstrationen mögen zwar faszinierend sein – bei Ihrem künftigen Arbeitgeber können Sie damit vermutlich jedoch nicht punkten. Ebenso wäre – falls Sie eine Frau sind – Ihr brennender Kinderwunsch nicht eben karriereförderlich. Auf Seite 145 beschäftigen wir uns noch näher damit.

Generell unzulässig sind Fragen nach Ihrer politischen Meinung, Ihren privaten Plänen wie z. B. Ihren Heiratsabsichten und Ihrem Kinderwunsch, eventuellen Vorstrafen, laufenden Ermittlungsverfahren sowie Parteizugehörigkeit. Näheres dazu finden Sie in Kapitel *Verbotene Fragen und andere rechtliche Grundlagen* Seite 187.

Sollten Sie dennoch gefragt werden, ist es sicher günstiger, sich nicht empört dagegen zu verwehren sondern stattdessen solche Angaben zu machen, die Ihnen nicht schaden können.

Informationen über das Unternehmen

Nun wird Sie Ihr Gesprächspartner noch genauer über das Unternehmen und die Arbeitsbedingungen informieren. Kein Grund, sich zurückzulehnen! Folgen Sie den Erläuterungen aufmerksam und zeigen Sie durch aktives Zuhören (siehe Seite 253) wie Nicken, Zustimmen, und Nachfragen, dass Sie sich für die Informationen interessieren. Zudem bietet die Unternehmenspräsentation eine unschätzbare Quelle für Ihre Argumentation und Selbstdarstellung. Beim Zuhören gewinnen Sie nämlich einen guten Eindruck davon, worauf es im Unternehmen – aber auch dem Interviewer besonders ankommt. Greifen Sie dies anschließend auf! Wer diese Erkenntnisse spontan umsetzen kann, überzeugt. Zum Nachfragen besonders geeignet sind solche Fragen, die zeigen, dass Sie den Erläuterungen gefolgt sind und die verdeutlichen, dass Sie über weitere, darüber hinausgehende Informationen verfügen. Dies tun sie tatsächlich, wenn Sie sich wie in Kapitel Vorbereitung auf das Vorstellungsgespräch beschrieben gut über das Unternehmen und die Branche informiert haben.

Ihre Fragen an das Unternehmen

Es wird von Ihnen erwartet, dass Sie ebenfalls Fragen an das Unternehmen haben, die Sie nun stellen können. Nutzen Sie diese Gelegenheit, für Sie wichtige Informationen über Ihr hoffentlich künftiges Arbeitsumfeld zu erfahren und sich gleichzeitig als informierten Bewerber darzustellen. Es geht ja schließlich nicht nur darum, ‚gut dazustehen‘ sondern vor allem darum, ein realistisches Bild Ihrer zukünftigen Tätigkeit und Ihres beruflichen Umfeldes zu bekommen.

Natürlich fragen Sie nichts, was Sie schon aus der Stellenausschreibung, Unternehmensbroschüren, Internetauftritt und anderen erreichbaren Quellen erfahren konnten. Zeigen Sie stattdessen, dass Sie sich wirklich Gedanken über Ihre künftigen Aufgaben gemacht haben.

Stellen Sie:

- Fragen zu Position, besonderen Anforderungen, Berichtswege, Stellenbeschreibung.
- Fragen zum Unternehmen, die Sie nicht aus dem Unternehmensbericht beantworten konnten.
- Fragen, die durch den Geschäftsbericht aufgekommen sind.
- Fragen zu Ihrem Vorgänger, dem Grund seines Wechsels, Dauer seines Verbleibs.
- Fragen zum Führungssystem, Zielvereinbarung, Bewertungssystem.

Fragen

- *Ist diese Position/dieser Arbeitsplatz neu geschaffen worden oder fester Bestandteil in Ihrem Unternehmen?*
- *Gibt es ein Organigramm (Organisationsplan), in dem der ausgeschriebene Arbeitsplatz dargestellt wird?*
- *Wie ist die Einarbeitungsphase geplant? (Ansprechpartner, Programm, wie lange)?*

Mehr dazu in Kapitel Ihre Fragen – ‚Das Bewerberinterview‘ auf Seite 155.

8. Kapitel

Die Fragen im Vorstellungsgespräch im Einzelnen

I. Ihre Selbstpräsentation

Frage/Aufforderungen

In jedem Vorstellungsgespräch begegnet Ihnen die Aufforderung zur Selbstpräsentation:
- *Erzählen Sie doch etwas von sich selbst.*
- *Bitte stellen Sie sich uns vor.*
- *Erläutern Sie uns Ihren Werdegang.*

Dies ist ein ganz zentraler Teil des Interviews und dient dazu, Ihre Erfahrungen, Ihre Stärken und Ihre bisher erworbenen und angewendeten Kompetenzen kennen zu lernen. Für Sie ist diese Aufforderung die perfekte Vorlage, um in einem sorgfältig vorbereiteten Vortrag, Ihre Eignung für die jeweilige Stelle herauszustreichen. Dies ist die offenste Frage – der Teil des Interviews, den Sie am besten selbst in die gewünschte Richtung lenken und gestalten können. Nutzen Sie diese Chance und bereiten Sie diesen Teil besonders gut vor!

Gehen Sie davon aus, dass Sie meist fünf bis zu zehn Minuten Zeit haben, über sich und Ihren beruflichen Werdegang zu berichten. In manchen Fällen werden Sie unterbrochen werden, in anderen lässt man Sie zu Ende sprechen. Je schlüssiger und nachvollziehbarer Sie erzählen, desto höher ist die Wahrscheinlichkeit, dass man Sie ausreden lässt. Falls Sie immer wieder durch Fragen unterbrochen werden, ist es umso hilfreicher und nötiger, die Selbstpräsentation so gut im Kopf zu haben, dass Sie Ihren roten Faden immer wieder aufnehmen können.

Der Erfolg hängt von dem Eindruck ab, den Sie hinterlassen. Es geht darum, wie Sie sich und Ihre Erfolge verkaufen. Prahlen ist dabei genauso wenig angezeigt wie zu große Bescheidenheit.

Viele Bewerber, insbesondere Frauen, neigen dazu, ihr Licht unter den Scheffel zu stellen. Sie haben Hemmungen, sich selbst zu sehr zu loben. Es geht jedoch in solchen Situationen nur darum, das herauszustellen, was Sie für die angestrebte Position qualifiziert. Denn an der Nasenspitze werden die Beobachter Ihnen das nicht ablesen können!

Deshalb ist es so wichtig, vorab Ihre persönliche Präsentation zu trainieren und zu inszenieren.

Machen Sie nicht den Fehler zu glauben, Sie müssten Ihre Selbstpräsentation nicht üben, da Sie ja schließlich mit Ihrem eigenen Werdegang bestens vertraut sind. Versuchen Sie einmal aus dem Stegreif, die Stationen Ihres Lebenslaufes samt Ihrer Qualifikationen überzeugend darzustellen. Sie werden merken, dass Sie beim ersten Mal vermutlich immer wieder stocken, Ihnen womöglich wichtige Punkte nicht oder zu spät einfallen und Sie keine idealen Beschreibungen und Erklärungen für Ihre Qualifikationen liefern.

Eine optimale Selbstdarstellung gelingt selbst erfahrenen Führungskräften nur durch Vorbereitung.

In der Selbstanalyse haben Sie sich schon Gedanken über Ihre Person, Ihre Ziele und Ihre Stärken gemacht.

Greifen Sie dies auf und beantworten Sie sich noch einmal folgende Fragen sowohl allgemein als auch im Hinblick auf die ausgeschriebene Stelle:

- Was macht Sie einmalig, bzw. was unterscheidet Sie von den anderen Kandidatinnen und Kandidaten?

- Was sind Ihre besonderen Fähigkeiten und Eigenschaften?

- Welche Highlights bietet Ihr akademischer und beruflicher Werdegang?

- Welche besonderen Verdienste oder Auszeichnungen haben Sie erworben?
- Was sind Ihre Ziele und Wertvorstellungen?
- Wie lautet Ihre Botschaft?
- Was wollen Sie privat über sich erwähnen?

Und ganz grundsätzlich:

- Welches Image wollen Sie haben?

Versuchen Sie, dies auf drei Schlagworte zu reduzieren, z. B.: positiv, kompetent und zuverlässig.

Schreiben Sie sich Ihre Gedanken auf, denn dies ist das Ausgangsmaterial, aus dem Sie Präsentationen unterschiedlicher Länge und mit unterschiedlichen Schwerpunkten erstellen können.

Halten Sie sich immer vor Augen: Bei einer Präsentation haben Anfang und Schluss die größte Wirkung, denn der erste Eindruck prägt, der letzte bleibt.

Verfallen Sie nicht in den typischen Fehler, das Publikum am Anfang über den Namen Ihrer Grundschule in Kenntnis zu setzen und mit Ihren Abenteuern als Fußballspielerin und Hobbykoch zu schließen. Leider ist dies immer noch die typische Selbstpräsentation, die die Beobachter ständig zu hören bekommen.

(Negatives) BEISPIEL: *Ich wurde am 15. 10. 1985 in Lüneburg geboren und ging ab 1991 in die Friedrich Ebert Grundschule. Danach besuchte ich das Paracelsusgymnasium, wo ich im Frühjahr 2004 das Abitur machte.*
Im Herbst desselben Jahres begann ich mein Studium der Betriebswirtschaftslehre an der Universität Köln, das ich in diesem Jahr mit dem Diplom beendete. Der Titel meiner Diplomarbeit war ‚Die Soziale Erwünschtheit als Einflussfaktor bei der Beurteilung von Studierenden durch Tutoren im Rahmen einer Längsschnittstudie…'
Vom 01. 10. 2008 bis zum 31. 12. 2008 machte ich ein Praktikum bei der Börschig AG im Bereich Marketing.
Anschließend folgte ein weiteres Praktikum bei der Simonis GmbH im Bereich Controlling.
Beide Praktika haben mir viel Spaß gemacht.

In meiner Freizeit gehe ich oft wandern und Rad fahren und im Winter fahre ich gerne Ski.
Außerdem mag ich gemeinsame Unternehmungen mit Freunden.
Und mit einem unsicheren Lächeln:
So, das war es zu meiner Person.

Hier habe ich ein betont nichtssagendes, schlechtes Beispiel gewählt, das dennoch oft so oder so ähnlich zu hören ist. Zwar hat der Kandidat inhaltlich alle seine Stationen im Lebenslauf aufgezählt, in Erinnerung bleibt den Zuhörern jedoch nur, dass die Person offensichtlich geboren wurde und zur Schule gegangen ist, irgendwie Ihren Ausbildungsweg hinter sich gebracht hat (offensichtlich war dieser nicht sonderlich interessant, sonst wäre sicher etwas in der Erinnerung hängen geblieben) und gemeinsam mit Freunden wandern geht. Vielleicht versteckt sich ein ungeschliffener Diamant mit tollen Leistungen und großem Charisma hinter diesen Ausführungen – zu sehen ist er jedenfalls nicht.

Keine guten Voraussetzungen für eine positive Entscheidung durch die Beobachter.

Strukturieren Sie also Ihre Selbstpräsentation so, dass das Publikum von Ihnen eingenommen und überzeugt wird.

Beginnen Sie mit den wichtigsten **berufsrelevanten** Fakten zu Ihrer Person, beschreiben Sie dann wie, wo und auch warum Sie Ihre Qualifikationen erworben haben und enden Sie mit einer Zusammenfassung der Highlights. Zeigen Sie sich dabei mit Beispielen, positiven Bewertungen und erkennbaren Motiven, die Ihre Zielstrebigkeit zum Ausdruck bringen, als der zupackende, positive und hoch motivierte Idealkandidat.

Steigen Sie ein mit einer zusammenfassenden Beschreibung Ihres Qualifikationsprofils.

BEISPIEL: *Mein Name ist Sabine Müller, ich bin Diplom-Ökonomin mit dem Schwerpunkt Personalwesen. Spezialisiert habe ich mich während meines Studiums und durch Praktika auf die Bereiche Personalauswahl und Personalentwicklung.*

Beschreiben Sie dann Ihre wichtigste einschlägige, d. h. zu der angestrebten Position passende, Praxiserfahrung. Dabei gehen Sie auf die Anforderungen der ausgeschriebenen Stelle ein und stellen einen Bezug dazu her.

> **BEISPIEL:** *Praktische Erfahrungen im Bereich Personalauswahl sammelte ich bei meinem Praktikum bei Daimler in Tokio ...*

Im Anschluss daran stellen Sie Ihre akademische und berufliche Entwicklung dar. Beschreiben Sie beispielsweise Ihr Studium mit den (einschlägigen) Schwerpunkten und führen Sie die einschlägigen (!) weiteren Stationen Ihres Lebenslaufes je nach Relevanz mehr oder weniger ausführlich auf. Achten Sie darauf, einen roten Faden erkennen zu lassen und erläutern Sie Ihre Ziele und Motive. Beschreiben Sie, welche Qualifikationen Sie erworben haben und bewerten Sie Ihre Erfahrungen positiv. Selbst, wenn Sie der Meinung sind, eines Ihrer Praktika wäre ein völliger Reinfall gewesen und Ihr Chef hätte Sie ungerecht behandelt, sollten Sie dies keinesfalls so schildern. Finden Sie auch hier etwas Positives, das Sie erwähnen können.

Zum Abschluss können Sie das Wichtigste noch einmal zusammenfassen, wobei Sie einschlägige Schlagworte und Schlüsselbegriffe verwenden. Stellen Sie in ein oder zwei Sätzen noch einmal dar, warum gerade Sie für diese Stelle geeignet sind.

Leiten Sie dann selbstständig auf Ihre Motivation über! Diese stellen Sie dar als logische Schlussforderung aus Ihrem Werdegang und Kompetenzprofil.

Achten Sie auf überzeugende Rhetorik und einen begeisterten, mitreißenden Ausdruck. Ihre Erfahrungen waren interessant und haben Ihnen Spaß gemacht!

Vermeiden Sie negativ besetzte Begriffe und überspielen Sie Lücken im Lebenslauf. Zeigen Sie individuelles Profil, gehen Sie auf die neuen Anforderungen ein, geben Sie Beispiele für Ihre Kompetenzen und verwenden Sie Fachjargon.

Auch hier gilt: Beschreiben Sie Ihre Stärken und Leistungen, statt sie zu bewerten. Loben Sie sich selbst nicht zu sehr, aber betonen Sie

Ihre Erfolge. Lassen Sie Ihre Zuhörer aus den geschilderten Tatsachen Ihren Schluss selbst ziehen: Sie sind hervorragend qualifiziert!

II. Fragen sortiert nach Themengebieten

Im Folgenden beschäftigen wir uns näher mit typischen Fragen und wirksamen Antwortstrategien zu den wichtigsten und am häufigsten abgefragten Themengebieten. Frageformulierungen gibt es unzählige, die relevanten Themengebiete sind jedoch begrenzt und lassen sich durch gezielte Vorbereitung auf das Gespräch recht gut vorhersagen. Wenn Sie sich ein Bild über die Anforderungen der Stelle und die voraussichtlichen Wünsche des Arbeitgebers machen, liegen bestimmte Fragebereiche, wie zum Beispiel Fragen zur Motivation, zu einschlägigen Erfahrungen, bestimmten Qualifikationen und Persönlichkeitseigenschaften nahe.

III. Fragen zu Motivation und Erwartungen

Frage

Warum haben Sie sich bei uns beworben?

Antworthinweis

Dies ist eine der ‚Königsfragen' im Vorstellungsgespräch, die Ihnen so oder so ähnlich in jedem Einstellungsinterview begegnen wird. Damit ist sie genauso wichtig wie die ebenso typische Auforderung zur Selbstvorstellung bzw. die Fragen nach Ihren Qualifikationen. Wer geschickt ist, ergreift die Gelegenheit, seine Eignung und seine Motivation in einer Antwort miteinander zu verbinden.

Für Ihren Gesprächspartner ist es ganz entscheidend, dass Sie sich intensive Gedanken über Ihre berufliche Zukunft gemacht haben und sich Ihre Wunschbranche, Ihre Wunschposition und – daraus resultierend – Ihr Wunschunternehmen gezielt ausgesucht haben. Ihr Arbeitgeber möchte sicher gehen, dass Sie tatsächlich gerne und motiviert mitarbeiten werden, dass Sie sich mit dem Unternehmen identifizieren können und dass Sie auch generell eine zielstrebige, interessierte und gut informierte Person sind.

- Haben Sie ein einschlägiges Berufsinteresse?
- Reizt Sie die konkrete Stelle?
- Sind Sie zielstrebig und leistungsmotiviert? Sind Sie begeisterungsfähig?
- Besitzen Sie einschlägiges Wissen über die Branche und das Unternehmen?

Hier hilft Ihnen Ihre Vorbereitung (wie auf Seite 71 ff. beschrieben).

Um Ihre Motivation überzeugend darzulegen, beschreiben Sie, warum Sie sich für die speziellen Aufgaben der angebotenen Stelle interessieren. Erzählen Sie, wie Sie auf die Stelle aufmerksam wurden, bzw. warum Sie sich initiativ beworben haben, Erläutern Sie, warum gerade die in Frage stehende Tätigkeit in genau dem gewünschten Unternehmen für Sie reizvoll sind.

> **BEISPIEL:** *An der Stelle reizt mich besonders die Kombination der Bereiche Forschung und praktische Anwendung der Forschungsergebnisse bei der Produktentwicklung, die in Ihrem Unternehmen möglich ist....*

Machen Sie gleichzeitig deutlich, dass Ihre Qualifikationen den Anforderungen entsprechen. Führen Sie also ruhig am Ende Ihres ‚Motivationsvortrags‘ Ihre wichtigsten Argumente auf, die für Ihre Eignung sprechen.

Umgekehrt ist es genauso sinnvoll, bei der Frage nach Ihrer Eignung auch auf Ihre Motivation einzugehen.

Eins ist natürlich ganz entscheidend: Es muss ein Funke überspringen! Ihre Augen müssen leuchten, wenn Sie Ihre Liebe zu den Feinheiten des deutschen Steuerrechts ausdrücken, Ihrer Begeisterung für Fragen der Ernährung von Milchkühen Ausdruck verleihen oder von Ihrer Freude an der Ausarbeitung einer Marketingstrategie für Leuchtstoffröhren sprechen. Motivation und Begeisterung sind Emotionen – und lassen sich somit eher emotional als rational erfassen und vermitteln. Begeisterung muss man spüren. Es kommt also mehr darauf an, wie Sie etwas sagen, als was Sie sagen.

Speziellere Fragen zur Bewerbungsmotivation

Manche Fragen, die sich um Ihre Motivation drehen, sind differenzierter und weniger eindeutig als motivationsbezogen erkennbar. Diese Fragen drehen sich um Ihr Wissen über das Unternehmen oder die Branche, um genauere Vorstellungen über die zukünftige Tätigkeit oder vielleicht schon konkret um Ideen und Konzepte, die sie umsetzen wollen.

Viele Fragen zielen aber auch auf Ihre generelle Zielstrebigkeit, Ihre Begeisterungsfähigkeit und Ihre Leistungsmotivation, um daraus einen Schluss auf Ihre allgemeine Motivation zu ziehen.

Frage

Warum möchten Sie gerade in unserem Unternehmen arbeiten?

Antworthinweis

Die Antwort darauf ergibt sich aus Ihrer Selbstanalyse und Ihrer Recherche über den betreffenden potenziellen Arbeitgeber. Sie sollten daher auf jeden Fall die wichtigsten Informationen über das Unternehmen wie z. B. die ungefähre Größe (Zahl der Mitarbeiter), die Produkte oder Dienstleistungen, die Standorte (national und international) kennen und bewerten können. Manche Branchen, wie beispielsweise die Automobilbranche, legen auch sehr großen Wert auf eindeutige Belege Ihrer Begeisterung für das jeweilige Produkt.

Wenn es Ihnen schwer fällt, Ihre glühende Liebe etwa zu einem Hersteller von Autoreifen oder Gummiringen auszudrücken, beziehen Sie sich auf andere Unternehmensaspekte. Benennen Sie beispielsweise Ihre Vorteile durch die Unternehmensgröße.

Ein großes Unternehmen bietet Ihnen eher vielfältige Chancen, eventuelle Auslandseinsätze, wechselnde Aufgaben, wechselnde Teams, Mitarbeit in verschiedenen Projekten, gute Weiterbildungsmöglichkeiten, die Möglichkeit der Spezialisierung etc.

Ein mittleres oder kleines Unternehmen wiederum bietet oft die Möglichkeit, sich als Generalist breiter aufzustellen, schnellere Aufstiegschancen, bessere Möglichkeiten, das Unternehmen sehr gut kennen zu lernen, ein vertrautes Umfeld, ein familiäres Arbeitsklima etc.

Frage

Warum wollen Sie Ihre derzeitige Firma verlassen / den Arbeitsplatz wechseln?

Antworthinweis

Wenn Sie sich aus einem bestehenden Arbeitsverhältnis heraus beworben haben, interessieren Ihren potenziellen Arbeitgeber natürlich die Gründe:

Sind Sie womöglich jemand, der seinen Job hinschmeißt, sobald es einmal eng und schwierig wird?

Hatten Sie vielleicht Schwierigkeiten mit Vorgesetzten oder Kollegen? Wenn dies der Fall ist, so erwähnen Sie das besser nicht. Sonst könnte man befürchten, dass es mit Ihnen auch in der zukünftigen Position im Unternehmen wieder Schwierigkeiten geben wird. Selbst wenn Sie sich von der alten Firma mit guten Gründen im Bösen getrennt haben, sollten Sie es vermeiden, dies zu erwähnen. Bleiben Sie stets diplomatisch und erzählen Sie nichts Negatives über Ihren früheren Arbeitgeber, denn dies würde ein schlechtes Licht auf Sie werfen.

Was auch immer Sie zu einem Stellenwechsel bewegt – geben Sie möglichst einen vernünftigen Grund an, der weder vermuten lässt, dass es schwierig ist, mit Ihnen zu arbeiten, noch, dass Sie lediglich mehr Geld verdienen möchten. Begründen Sie Ihren Wechsel lieber mit der Attraktivität der angebotenen neuen Stelle.

Frage

Was erwarten Sie von Ihrer neuen Aufgabe, was ist Ihnen am wichtigsten?

Antworthinweis

Die Antwort auf diese Frage ist Ihrem Arbeitgeber sehr wichtig. Was motiviert Sie? Wofür brennen Sie? Wie viel Engagement und Begeisterung werden Sie an den Tag legen? Die Schwerpunkte, die Sie nennen, die möglichen Begründungen, die dahinter liegenden Motive

(Karriere, Herausforderung, Neues lernen usw.) geben deutliche Hinweise auf Ihre allgemeine Motivation.

Überlegen Sie also, reizen Sie konkrete Aufgabengebiete, die neuen Herausforderungen, die Möglichkeit, Neues zu lernen oder eine neue Branche kennen zu lernen? Möchten Sie Gelerntes aus einer Weiterbildung anwenden oder sich in einer dynamischen Branche weiterentwickeln? Sehr gut, damit zeigen Sie, dass Sie sich mit Ihren neuen Aufgaben beschäftigt haben und sich darauf freuen.

Frage

Wo sehen Sie sich in 5/10/15 Jahren?

Antworthinweis

Diese Frage zielt auf Ihren beruflichen Ehrgeiz, Ihre Zielstrebigkeit aber auch auf Ihre realistische Selbsteinschätzung. Natürlich weiß niemand, was in den nächsten Jahren tatsächlich geschehen wird. Zeigen Sie Ihrem Gesprächspartner aber, dass Sie Ziele haben und etwas erreichen wollen. Gleichzeitig sollten Sie sich in der Branche so gut auskennen, um zu wissen, welche Möglichkeiten realistisch sind. Die Kunst dabei ist, ein vernünftiges Mittelmaß zu finden, zwischen Anmaßung und Antriebslosigkeit. Legen Sie den Schwerpunkt Ihrer Ausführungen eher auf eine Erweiterung Ihrer Aufgaben und Verantwortung, als auf einen unrealistischen Karrieresprung.

BEISPIEL:
Statt:
In fünf Jahren möchte ich auf jeden Fall die Abteilung XY leiten.
sagen Sie lieber, dass es Sie reizen würde, eigene Projekte und Mitarbeiter zu führen.
Statt:
In 5 Jahren möchte ich auf Ihrem Sessel sitzen.
ist die Antwort
In 5 Jahren möchte ich ein ähnliches Aufgabengebiet haben wie Sie.
sicher empfehlenswerter.

Bei aller Planungsfreude sollten Sie jedoch nicht vergessen, zu erwähnen, dass Sie flexibel genug sind, sich auf neue Situationen und Entwicklungen einzustellen und Ihre Vorstellungen den Gegebenheiten anpassen.

Unterpunkt der Motivationsfragen

Fragen rund um das Unternehmen

- *Was wissen Sie über unser Unternehmen?*
- *War reizt Sie besonders an unserem Unternehmen?*
- *Was wissen Sie über unsere Branche?*
- *Kennen Sie unsere Mitbewerber? Was unterscheidet uns von ihnen?*
- *Welche unserer Produkte/Dienstleistungen kennen Sie?*

Antworthinweis

Der Supergau – und ich habe ihn tatsächlich schon in einigen Bewerbungsgesprächen erlebt – ist hier ein verlegenes Schweigen oder ein paar nichtssagende Allgemeinplätze. Wer nichts über seinen potenziellen Arbeitgeber weiß, zeigt damit eine absolut ungenügende Motivation und scheidet in der Regel aus. Dennoch vergessen manche Bewerber vor lauter Aufregung und Bemühungen, die eigenen Stärken herauszustellen, völlig, sich über das Wunschunternehmen gründlich zu informieren. Machen Sie diesen Fehler nicht! Sie sollten möglichst alle relevanten Daten, die Sie dem Internet, eventuell dem Geschäftsbericht und anderen zugänglichen Medien wie z. B. dem Handelsblatt entnehmen können, kennen. Ebenso sind Ihnen die Produkte, die Dienstleistungen, die Kunden und die Marktsegmente bekannt. Wichtig ist auch, dass Sie sich schon einmal Gedanken über die Aufgaben gemacht haben, die an diesem Arbeitsplatz auf Sie zu kommen werden.

IV. Fragen zu Biografie und fachlicher Qualifikation

Die Hauptfrage nach Ihrer Biografie ist die berühmte Aufforderung zur Selbstvorstellung, die wir auf Seite 91 näher erläutern.

Nachdem Sie also in Ihrem Vortrag Ihre wichtigsten berufsrelevanten Kenntnisse und Erfahrungen beschrieben haben, wird nachgehakt und noch offene Fragen zu Ihrer Biografie angesprochen. Dies geschieht natürlich im Hinblick auf die Anforderungen der in Frage kommenden Stelle.

1. Fragen zu Ihrer Biografie

Frage

Was hat Ihnen an Ihrer letzten Stelle oder Ihrem letzten Praktikum besonders gut gefallen, was hat Ihnen nicht gefallen?

Antworthinweis

Verständlicherweise schließt man von Ihren früheren Vorlieben und Abneigungen auf Ihre Jetzigen. Überlegen Sie sich daher vorab, worauf es bei der neuen Stelle besonders ankommt, und wählen dann dahingehend die positiven Beispiele. Dies sollte Ihnen nicht schwer fallen, da Sie sich ja vermutlich gezielt für Tätigkeiten beworben haben, die Ihnen Spaß machen. Wenn Sie also beispielsweise gerne beraten und dies für die neue Stelle relevant ist, können Sie sicher Situationen schildern, in denen Sie in Ihren früheren Beschäftigungen gerne beraten haben.

Wichtig dabei ist, dass man Ihnen den Spaß und die Begeisterung in Ihrer Schilderung anmerkt!

Etwas schwieriger ist es mit dem zweiten Teil der Frage: Natürlich gibt es in jeder noch so spannenden Position auch Aufgaben zu erledigen, die man weniger gerne mag. Oft sind dies eher monotone

Aufgaben, die langweilig und wenig herausfordernd sind. Stellen Sie in Ihrer Antwort heraus, dass Ihnen bewusst ist, dass es überall solche Aufgaben gibt, die Sie zwar nicht lieben, durchaus aber erledigen. Es ist natürlich klar, dass Sie hier keine Aufgaben nennen sollten, die zu Ihrer zukünftigen Kerntätigkeit gehören werden.

BEISPIEL *Das Erstellen von Wochenberichten und Abrechnungen gehörte eher zu den eintönigeren Aufgaben in meiner letzten Tätigkeit. Dennoch ist mir durchaus klar, dass auch das dazu gehört. Ich erledige diese Aufgaben in der Regel so schnell wie möglich, dann habe ich es hinter mir und schiebe es nicht auf die lange Bank.*

Frage

Bitte beschreiben Sie uns doch Ihre Master- oder Diplomarbeit/ Ihre Dissertation. Mit welchen Methoden haben Sie gearbeitet?

Antworthinweis

Nicht nur als Wissenschaftler/in sollten Sie in der Lage sein, dem Personaler das Thema Ihrer Diplomarbeit oder Dissertation klar, strukturiert und verständlich zu erläutern. Dies ist eine wichtige Fähigkeit, denn im Beruf werden Sie noch vielen Nicht-Fachexperten Ideen vermitteln müssen. Üben Sie dies mit Hilfe fachfremder Freunde. Wenn es Ihnen gelingt, dass diese Ihre Ausführungen über Ihre wissenschaftliche Arbeit verstehen und möglichst Ihr Thema auch noch interessant finden, haben Sie den richtigen Ton getroffen.

Fragen

- *Was fanden Sie an Ihrer letzten Stelle oder Ihrem letzten Praktikum besonders frustrierend oder unbefriedigend, und wie sind Sie damit umgegangen?*
- *Haben Sie auch schon einmal schlechte Erfahrungen mit einem früheren Vorgesetzten gemacht?*

Antworthinweis

Natürlich war nicht alles in Ihrem (Arbeits-)Leben rosarot, das versteht sich von selbst. Wenn Sie jedoch auf obige oder ähnliche Fragen anfangen zu jammern und zu schimpfen, haben Sie mit Sicherheit verloren. Würden Sie einen Miesepeter mit lauter schlechten Erfahrungen einstellen? Nein! Selbst dann nicht, wenn besagter Unglückswurm tatsächlich lauter Pech im Leben hatte.

Daher: Antworten Sie möglichst positiv und gut gelaunt. Schlechte Erfahrungen haben Sie kaum gemacht, höchstens das ein oder andere Problem erfolgreich gelöst. Möchte man tatsächlich eine negative Episode aus Ihren früheren praktischen Tätigkeiten hören, antworten Sie ähnlich wie bei der Frage nach eigenen Schwächen oder Misserfolgen: Ja, es gab eine (undramatische) ungute Situation, die Sie jedoch elegant verbessert haben. Schließlich sind Sie weder empfindlich noch unverträglich und besitzen außerdem eine gute Problemlösefähigkeit!

Weitere Biografiebezogene Fragen

Berufsbezogene Fragen

- *Was war genau Ihr letzter berufspraktischer Aufgabenbereich?*
- *Beschreiben Sie mir bitte einige typische Tätigkeiten, die Sie in Ihrer letzten Stelle oder Ihrem letzten Praktikum im Verlauf eines Arbeitstages/einer Arbeitswoche ausgeführt haben?*
- *Was ist Ihnen an Ihrem Arbeitsplatz besonders wichtig?*
- *Was haben Sie aus Ihren bisherigen Tätigkeitsfeldern gelernt?*

Fragen zu Aus- und Weiterbildung

- *Welche berufsbezogenen Fort- und Weiterbildungen/Seminare haben Sie besucht?*
- *Warum haben Sie sich für das Studium XY entschieden? Was waren Ihre Beweggründe? Wie sind Sie zu dieser Entscheidung gekommen?*
- *Was waren Ihre Studienschwerpunkte? Warum haben Sie diese Studienschwerpunkte gewählt?*
- *Wo und wie lange haben Sie studiert?*

- *Würden Sie Ihr Fach noch einmal studieren?*
- *Was würden Sie dann anders machen?*
- *Warum haben Sie gerade an dieser Hochschule studiert?*
- *Was haben Sie neben Ihrem Studium gemacht?*
- *Warum haben Sie promoviert? / Warum haben Sie nicht promoviert?*

Antworthinweis

Ihre Biografie ist Ihre Visitenkarte und Ihr vergangenes Verhalten wird als Prädiktor für Ihr zukünftiges Verhalten gesehen. Ebenso wird aus Ihren vergangenen Vorlieben und Entscheidungen auf Ihre jetzigen Ziele geschlossen. Berichten Sie möglichst positiv und motiviert von Ihren früheren Tätigkeiten und Ausbildungszeiten. Selbstverständlich waren Ihre Erfahrungen interessant, Ihre Entscheidungen durchdacht und Ihre Aktionen engagiert! Und selbstverständlich hadern Sie nicht mit der Vergangenheit, sondern sind zufrieden mit Ihren Entscheidungen. Auch Zickzack-Lebensläufe lassen sich durch überzeugende Erklärungen und positiver Bewertung sehr gut darlegen. Achten Sie darauf, dass ein roter Faden in Ihrer Biografie erkennbar ist (selbst wenn Sie ihn nachträglich hineinflechten).

Dies könnte beispielsweise so aussehen:

Die Ausbildung als Kostümbildnerin haben Sie gemacht, um Ihre Kreativität und Ihren Erfindungsgeist zu schulen, bevor Sie anschließend Ihr Studium der Wirtschaftspädagogik aufnahmen. Somit war die Ausbildung eine perfekte Ergänzung zu dem eher theoretisch ausgerichteten Studium und vervollständigt Ihre didaktischen Kompetenzen.

Fragen ...

... zu Lücken oder Umwege in Ihrer Biografie

- *Warum haben Sie Ihr Studienfach gewechselt?*
- *Was haben Sie denn in den letzten sechs Monaten nach Ihrem Studienabschluss gemacht?*
- *Sie haben aber schon sehr lange studiert! Wie kommt das?*
- *Warum waren Sie nie im Ausland?*

Antworthinweis

Haben Sie Angst vor solchen oder ähnlichen Fragen, weil Sie das Gefühl haben, etwas in Ihrem Leben sei nicht optimal gelaufen? Gibt es Brüche oder Lücken?

Zuerst einmal – man hat Sie zum Gespräch eingeladen, also kommen Sie zumindest für die Position in Fragen. Außerdem ist es weder unnormal noch schlimm, Lücken oder Umwege im Lebenslauf zu haben – sofern Sie dazu stehen und eine Erklärung dafür geben können. Keine Sorge: Sie werden nicht abgelehnt, nur weil Sie zwischen zwei Stationen ein halbes Jahr durch Asien gereist sind oder vor Ihrem eigentlichen Studium zwei Semester ägyptische Literatur studiert haben. Im Gegenteil: Sie haben und verfolgen Ihre Interessen, zeigen Flexibilität, Initiative, Interesse am Ausland etc.

Selbstverständlich erwarten Personalverantwortliche eine plausible Erklärung für Lücken oder Brüche im Lebenslauf. Darauf haben Sie sich aber doch sicher vorbereitet, denn diese Fragen sind vorhersehbar. Überlegen Sie also vorher gute und plausible Begründungen für befürchtete oder tatsächliche Schwachstellen in Ihrem Lebenslauf. Wenn Sie also beispielsweise Ihr Studium abgebrochen haben, sehr lange studiert haben oder nicht besonders gute Noten erzielt haben, brauchen Sie eine überzeugende Erklärung dafür. Vielleicht haben Sie überdurchschnittlich viele und gute praktische Arbeitserfahrungen gesammelt und deshalb etwas länger gebraucht? Vielleicht waren Sie sozial sehr engagiert? Dann vertreten Sie dies voller Überzeugung! Wenn man Sie nach Lektüre Ihres Lebenslaufs nicht als potenziell geeignet sehen würde, hätte man Sie nicht eingeladen.

Bewährt hat sich folgendes Vorgehen:

- Greifen Sie das Problem auf – beispielsweise das lange Studium.
- Nennen Sie Gründe – Ihre praktischen Erfahrungen.
- Beschreiben Sie die Vorteile, die dies dem Arbeitgeber bringt – die dabei erworbenen Kompetenzen.
- Halten Sie das Ergebnis fest – Ihre Eignung.

2. Fragen bezüglich Ihrer Passung zur Stelle

Warum sind Sie der oder die Richtige für die angebotene Stelle?

Diese Frage gehört zum absoluten Standardrepertoire der meisten Personalentscheider, denn hier zeigt sich, wie gut Sie vorbereitet sind und wie gut Sie sich verkaufen können. Nutzen Sie Ihre ausgearbeitete Selbstpräsentation (Siehe Seite 91) und stellen Sie Ihre Qualifikationen den Anforderungen gegenüber. Dass Sie dafür die Anforderungen gut kennen müssen und Sie dazu passende Belege Ihrer Kompetenzen vorbereitet haben, versteht sich von selbst.

Zeigen Sie, dass Sie genau wissen, worauf es bei der Stelle ankommt. Nennen und belegen Sie Ihre dazu passenden Qualifikationen und betonen Sie Ihre Motivation. Die Zielpunkte Ihrer Antwort sollten folgendermaßen aussehen:

- *Wichtig auf der zukünftigen Position ist Folgendes: ...*
- *Ich kann das, was für diese Stelle gefordert ist, denn meine besonderen Fähigkeiten für die Stelle sind...*
- *Zum Beispiel habe ich erfolgreich... durchgeführt.*
- *Mich reizt die Aufgabe, sie entspricht meinen Berufszielen.*

Frage

Was unterscheidet Sie von anderen Bewerbern?

Antworthinweis

Diese Frage gehört zum Themenkomplex

Warum sind Sie geeignet?

geht aber noch etwas darüber heraus und ist etwas provokanter formuliert. Ignorieren Sie die Herausforderung, sich mit anderen zu vergleichen. Es genügt völlig, nach oben genanntem Muster Ihre Qualifikation für die Stelle darzulegen.

BEISPIEL: *Ich kann sehr gut mit Menschen umgehen. Es gelingt mir, sie zu begeistern. Das ist für eine Tätigkeit als Kundenberater von enormem*

Vorteil. Denn ich begegne potenziellen Kunden nicht nur fachlich auf Augenhöhe, dadurch gelang es mir in meiner vorherigen Tätigkeit meist, überdurchschnittliche Geschäftsabschlüsse zu erzielen.

Fragen zu Ihrer fachlichen Kompetenz

- *Welche Station in Ihrem beruflichen Werdegang hat Sie fachlich am meisten geprägt?*
- *Welche Fachkenntnisse konnten Sie bereits beruflich nutzen?*
- *In welchem Fachgebiet bewegen Sie sich gern, was liegt Ihnen weniger – und warum?*
- *Welche Rolle spielt Ihr Fachwissen in Ihrer jetzigen Position?*
- *Wie beurteilen Sie Ihre Branche (Entwicklung – Perspektive)?*
- *Was sind Problemfelder in Ihrer Branche und was würden Sie tun, um diese zu lösen?*

Antworthinweis

Ihr fachliches Spezialwissen und die dazu gehörigen Fertigkeiten, die Sie während Ihres Studiums und Ihrer Praxistätigkeiten erworben haben, bilden die Grundlage für Ihre Berufstätigkeit. Aus diesem Grund legen Unternehmen Wert auf die richtige Ausbildung, die passenden Studienschwerpunkte, gute Noten und praktische Erfahrungen in Ihrem Arbeitsgebiet. Vor allem danach werden Sie anhand Ihrer Bewerbungsunterlagen ausgewählt, um das Personalauswahlverfahren zu durchlaufen.

Allein durch Ihre Unterlagen kann Ihr künftiger Arbeitgeber jedoch nicht wirklich abschätzen,

- ob Ihr fachliches Wissen ausreichend und anwendbar für die in Frage stehenden Tätigkeiten ist,

- ob Sie die praktischen Fertigkeiten besitzen, die Sie für die Stelle benötigen

- und ob Sie ausreichend Grundlagenwissen und -können besitzen, um sich weitere benötigte Spezialkenntnisse und -fertigkeiten schnell aneignen zu können.

Überlegen Sie sich vorab möglichst genau, welche fachlichen Aufgaben in der neuen Stelle auf Sie zukommen werden und suchen Sie nach Belegen, mit denen Sie Ihre Eignung beweisen können. Die wenigsten Arbeitgeber wissen über die genauen Lehrinhalte Ihres Studienfachs Bescheid.

Es ist Ihre Aufgabe, zu erläutern, welche Fachkenntnisse Sie ganz konkret für welche Aufgaben anwenden können. Signalisieren Sie gleichzeitig, dass Sie sich für Ihr Wissensgebiet interessieren, sich fachlich auf dem Laufenden halten und bereit sind, dazuzulernen. Ebenso wichtig ist es, zu belegen, welche praktischen Erfahrungen Sie in den einzelnen Tätigkeitsbereichen haben. Wenn ein geforderter Tätigkeitsbereich neu für Sie ist, suchen Sie nach anderen praktischen Erfahrungen ähnlicher Art, die Sie schon erfolgreich durchgeführt haben.

Eines ist ganz klar – auf jeder Position muss man Neues dazu lernen. Wer sich weiter entwickeln will, sucht sich Positionen, in die er noch nicht ganz hineinpasst. Man entwickelt sich und wächst hinein. Sie müssen also nicht alles können und jedes schon einmal gemacht haben. Das weiß auch Ihr Arbeitgeber. Stellen Sie Ihre Kompetenzen so eindrucksvoll wie möglich dar und signalisieren Sie selbstbewusst, dass Sie auch neue Herausforderungen bestehen werden!

Beispiel

Spezielle Fachkenntnisse: Betriebswirtschaftliche Kenntnisse

- *Wie halten Sie sich auf dem Laufenden mit derzeitigen und möglichen wirtschaftlichen Trends und Risiken? Geben Sie mir ein paar Beispiele.*
- *Beschreiben Sie eine Business-Strategie, die Sie entwickelt haben und erzählen Sie, wie Sie sie in die Tat umgesetzt haben.*
- *In unserem Unternehmen laufen sehr viele Projekte. Was kennzeichnet nach Ihrem Verständnis ein professionelles Projektmanagement?*

Antworthinweis

Der ideale Bewerber kennt den Markt, ist vertraut mit Strategien und Taktiken und zeigt Kenntnis, Interesse und Eignung für die Wirtschaft.

Hier sind also Ihre betriebswirtschaftlichen Fachkenntnisse und Erfahrungen gefragt. Von Bewerbern mit wirtschaftswissenschaftlichen Studienabschlüssen und / oder Bewerber, die sich für wirtschaftsnahe Positionen wie z. B. den Bereich Management, Finanzen, Controlling o.ä. interessieren, wird dabei natürlich mehr einschlägiges Wirtschaftswissen erwartet, als zum Beispiel von einem Chemiker, der in die Forschung gehen möchte. Doch in jedem Fall sind wirtschaftliche Grundkenntnisse und ein Verständnis für wirtschaftliche Zusammenhänge wichtig. Jeder sollte beispielsweise in der Lage sein, für sein Arbeitsgebiet Kosten-Nutzen-Rechnungen durchzuführen, etwa um ein eigenes Budget verwalten zu können. Ebenso wichtig ist die Fähigkeit, selbstständig Strategien zu entwickeln, um eigene Projekte Gewinn bringend planen, durchführen und evaluieren zu können.

Dies klingt komplizierter als es ist, denn sicher haben Sie genau diese Dinge in Ihrem Leben bereits getan. Wichtig ist, dass Sie sich auf diese Ereignisse zurückbesinnen, sie analysieren und Ihr Vorgehen schlüssig und mit dem richtigen Vokabular erläutern können. Haben Sie während eines Praktikums schon einmal ein (Teil-)Projekt selbstständig ausgeführt? Großartig! Wie sind Sie dabei vorgegangen?

Haben Sie in einer ehrenamtlichen Tätigkeit schon einmal die Finanzen verwaltet? Auch das wäre ein wunderbares Beispiel! Wenn Sie überlegen, fällt Ihnen sicher etwas ein.

Um über aktuelle wirtschaftliche Themen informiert zu sein, empfiehlt es sich – auch wenn Sie vielleicht die Gesellschafts- oder Sportseiten bevorzugen – den Wirtschaftsteil Ihrer Zeitung zu studieren. Dies macht Sie zudem mit dem gängigen ‚Business-Jargon‘ vertraut. (Sie haben doch eine Tages- oder Wochenzeitung? Falls nicht, abonnieren Sie eine! Zur Not tut es ein Probe-Abonnement während Ihrer Bewerbungsphase.)

Für Wirtschaftswissenschaftler ist die zusätzliche Lektüre eines Wirtschaftsmagazins wie etwa der Financial Times, der Wirtschaftswoche o.ä. Pflicht, denn natürlich wird von jedem Akademiker erwartet, dass er sich auf seinem Fachgebiet auf dem Laufenden hält.

V. Fragen zur fachübergreifenden Qualifikation und zur Persönlichkeit

Für Unternehmen zählt bei einem Bewerber nicht nur das Fachliche. Genauso wichtig ist es, die Personalverantwortlichen von Ihrer Persönlichkeit und Ihren überfachlichen Kompetenzen zu überzeugen.

Welche Persönlichkeitseigenschaften hat denn nun aber der ideale Bewerber?

Natürlich und glücklicherweise gibt es nicht DIE perfekte Mitarbeiterpersönlichkeit sondern die Erwartungen an die Stelleninhaber variieren je nach Aufgabengebiet. Aber ein paar allgemeine günstige Persönlichkeitsmerkmale gibt es schon. Wenn Sie Vorgesetzter wären (oder vielleicht bald sein werden), welchen Mitarbeiter hätten Sie am liebsten? Wäre es eher der brillante aber mürrische Grübler, der über die Probleme der Welt sinniert (und lamentiert) oder die fröhliche, zupackende Optimistin? Und wäre es nicht schön, wenn diese gut mit Menschen umgehen könnte, sich, wenn nötig, auch einmal durchsetzen könnte und nicht an jedem Misserfolg verzweifeln würde?

Der für die meisten Arbeitgeber ideale akademische Mitarbeiter verfügt über soziale Kompetenz, also die Fähigkeit mit Menschen umzugehen, sie zu verstehen und sie zu beeinflussen, denn dies ist eine unerlässliche Voraussetzung, um in Gruppensituationen erfolgreich zu sein. Um als künftige Führungskraft im Umgang mit Anderen seine Ziele zu erreichen, ist auch ein gewisses Maß an Dominanz bzw. Durchsetzungsvermögen gefragt. Dies gelingt einer extrovertierten Person, die gerne in Gesellschaft ist, schnell Kontakte schließt und leicht aus sich heraus geht, besser, als einem eher introvertierten, zurückgezogenen Menschen. Schön ist es auch, wenn ein Bewerber Selbstvertrauen hat und emotional stabil ist (d. h. er ist nicht ängstlich oder unsicher, scheut keine Kritik und hat ein ausgeglichenes Temperament). Idealerweise behält er auch in schwierigen Situationen den Mut und es gelingt ihm, Kollegen und Kunden von sich zu überzeugen. Eine Portion Neugier und Offenheit für Erfahrungen und nicht zuletzt der Wille, möglichst gute Leistungen und Ergebnisse zu erzielen, runden das perfekte Bild ab.

Sie haben mit Sicherheit alle diese Eigenschaften in sich – zeigen Sie sie! Gehen Sie mit Mut und Optimismus in das Gespräch und signalisieren Sie dies durch Begeisterung und positive Selbstdarstellung. Niemanden interessieren vermeintliche oder tatsächliche Abgründe in Ihrer Seele oder irgendwelche Leichen im Keller. Alles Düstere und Schwermütige können Sie (falls gewünscht) in Ihrer Freizeit ausleben. Hier geht es ausschließlich um Ihre professionelle Rolle und Ihre Verhaltensweisen im Arbeitsleben.

1. Persönlichkeit und Selbsteinschätzung

Allgemeine Fragen zu Ihrer Persönlichkeit

Frage
Wo liegen Ihre Stärken?

Antworthinweis

Diese Frage zielt auf das Ergebnis Ihrer Selbstanalyse, die in Kapitel *Die Selbstanalyse* auf Seite 73 genauer beschrieben ist. Im Vorstellungsgespräch wird erwartet, dass Sie sich Ihrer Qualifikationen bewusst sind und diese auch überzeugend darstellen können. Fassen Sie Ihre wichtigsten Fähigkeiten, Fertigkeiten und Kenntnisse in Worte, belegen Sie sie mit Beispielen aus Ihrem Lebenslauf und üben Sie, dies überzeugend zu präsentieren.

Machen Sie sich schon vorab eine Liste mit allen Vorzügen, die Ihnen einfallen und die auf Sie zutreffen. Suchen Sie sich anschließend die drei Stärken aus, die Ihrer Meinung nach für die Bewältigung der anstehenden Aufgaben am wichtigsten sind. Behalten Sie jedoch auch noch einige andere im Hinterkopf, falls Ihr Gesprächspartner noch einmal nachhakt. Der Fragebogen auf Seite 74 wird Ihnen dabei helfen.

Bemühen Sie sich, die genannten Stärken auch zu begründen bzw. zu belegen. Geben Sie konkrete Beispiele oder Hinweise auf Erfolge im Rahmen Ihrer bisherigen Tätigkeit. Diese Beispiele sollten Sie folgendermaßen aufbauen:

Sie schildern die

- **Situation:** Unter welchen Bedingungen haben Sie etwas getan? Danach beschreiben Sie anschaulich und nachvollziehbar Ihr

- **Verhalten:** Was haben Sie getan? Was war das (natürlich hervorragende) Ergebnis.

- **Ergebnis:** Was kam dabei heraus?

Eine gute Vorbereitung hilft Ihnen, die richtigen Beispiele aus Ihrem Leben herauszugreifen und diese so gekonnt in Szene zu setzen, dass Ihr Interviewer Ihre Kompetenzen erkennt.

Gerne stellen Interviewer die gleiche Frage aber auch mal anders herum:

Frage

Was würde ein ehemaliger Vorgesetzter als Ihre beste Eigenschaft beschreiben?

Antworthinweis

Hier wird in einer sogenannten zirkulären Frage (mehr dazu auf Seite 54) die Perspektive einer dritten Person mit einbezogen. Damit möchte man neben Ihrer Selbsteinschätzung zusätzlich Ihre Fähigkeit beleuchten, sich in andere Personen hinein zu versetzen und deren Sicht der Dinge zu erkennen. Nutzen Sie die Gelegenheit, sich selbst sachlich aber positiv darzustellen.

BEISPIEL: *Ich glaube, er hat besonders meine Fähigkeit, zu vermitteln, geschätzt. Wir hatten einmal eine eher problematische personelle Konstellationen im Team. Da wurde jemand wie ich gebraucht, der ein Gespür für die verschiedenen Menschen im Team hat und einen Konsens herbeiführen konnte. Dies hat er mir sehr anerkannt.*

Frage

Wo liegen Ihre Schwächen?

Antworthinweis

Gerne wird das Gespräch auch auf Ihre Schwächen, Fehler oder Misserfolge gelenkt, denn gerade diese sind, gemeinsam mit Ihrer Fähigkeit zur Selbstkritik und Ihren Bewältigungsstrategien, für die Interviewer sehr interessant. (Siehe *Die Schwächenanalyse* auf Seite 59)

Ihre Stärken haben Sie ja schon in Ihrer Selbstanalyse ausgearbeitet und können Sie überzeugend anhand von Beispielen belegen.

Etwa schwieriger ist die Preisgabe einer Schwäche. Ausweichen oder allzu humorvoll beantworten (*meine Schwäche sind Sahnepralinés*) sollten Sie bei dieser Frage nicht, da hier Ihre Fähigkeit zu einer kritischen Selbstreflektion auf dem Prüfstand steht. Sie sollten wohl oder übel in den sauren Apfel beißen und eine tatsächliche Schwäche nennen, sonst wird nachgehakt. Außerdem haben die meisten Interviewer die typisch witzigen Antworten schon hundertmal gehört. Dennoch gibt es Strategien, wie Sie diese Frage würdevoll beantworten können.

Zuallererst: Geben Sie immer nur eine Schwäche an und nennen Sie nur auf Nachfrage eine Weitere. Meist geben sich Ihre Interviewer aber mit einer Schwäche zufrieden.

Vermeiden Sie auf jeden Fall die beliebte ‚Schwäche' Ungeduld, die immer noch durch viele Ratgeber mit der Erklärung geistert, dies drücke Ihre Leistungsmotivation aus. Nachdem Generationen von Bewerbern dies schon heruntergebetet haben, können die meisten Personaler darüber nur noch gequält lächeln.

Als Faustregel hat sich bewährt: Nennen sie eine wirkliche Schwäche, die jedoch für die angestrebte Stelle nicht gravierend ist, beschreiben Sie eine konkrete Situation dazu und erläutern Sie gleichzeitig, wie Sie diese Schwäche bekämpfen bzw. mit ihr umgehen.

BEISPIEL: Wenn Sie sich für einen kreativen Beruf bewerben und eine Schwäche nennen müssen, können Sie in etwa so antworten:

Als ich während meines letzten Praktikums ein Werbeplakat entworfen habe, kritisierte mein Vorgesetzter meinen überquellenden und unordentlichen Schreibtisch und fand meine Arbeitsweise ein wenig zu chaotisch.

Das habe ich mir zu Herzen genommen und ein System entwickelt, wie ich meine Aufgaben und meine Ablage strukturierter gestalten kann.

Frage

Auf welche Leistungen sind Sie besonders stolz?

Antworthinweis

Hier geht es, außer um Ihre bisherigen Höchstleistungen, auch darum zu sehen, wie Sie Ihre eigenen Erfolge bewerten und priorisieren. Dieses lässt Rückschlüsse auf Ihre Ziele und Ihre Leistungsmotivation zu. Geschickt ist es sicherlich, eine ganz konkrete Leistung auszuwählen, die einen Bezug zu Ihrer künftigen Position aufweist. Es interessiert daher weniger, dass Sie schon sieben Skirennen gewonnen haben, sondern eher ein erfolgreich abgeschlossenes berufliches Projekt. Auch hier gilt wieder, überlegen Sie sich, welche Qualitäten für das Unternehmen von Interesse sind, und geben Sie ein Beispiel, an dem Sie aufzeigen können, dass Sie den Anforderungen des Unternehmens entsprechen.

Frage

Was bedeutet für Sie Erfolg?

Antworthinweis

Anders gefragt: Was motiviert Sie? Ist es die Anerkennung von Kollegen oder Kunden, sind es finanzielle Aspekte oder geht es Ihnen um das Gefühl, eine gute Leistung erbracht zu haben? Sind Sie intrinsisch motiviert (aus Interesse an der Sache und Ihrer Tätigkeit) oder extrinsisch (durch äußere Anreize) motiviert? Verständlicherweise sehen Vorgesetzte es lieber, wenn Mitarbeiter eher an den Ergebnissen Ihrer Arbeit als an materiellen Anreizen interessiert sind. Daher sind Antworten, die aus einer Mischung aus ‚ein gutes Arbeitsergebnis erzielt haben' und ‚einen sinnvollen Beitrag für das Team geleistet haben beliebter als die Erwähnung des Gehaltssprungs.

Frage

Mit welcher Art Misserfolg tun Sie sich besonders schwer?

Keine einfache Frage, da Sie sich zwangsläufig exponieren müssen. Hier interessieren den Interviewer mehrere Dinge: Was bedeutet für Sie überhaupt Misserfolg? Wie gehen Sie mit Rückschlägen um? Ertragen Sie Frustrationen? Schieben Sie die Schuld auf andere oder besitzen Sie die Fähigkeit zur Selbstkritik? Lernen Sie aus Fehlern?

Antworten Sie nach dem Prinzip ‚Nur wer keine Ziele hat, muss keinen Misserfolg fürchten'. Rückschläge und Misserfolge gibt es immer, entscheidend ist, wie man damit umgeht. Beschreiben Sie z. B. ein Projekt, das Ihnen am Herzen lag und das wegen widriger Umstände gescheitert ist. Fügen Sie dann aber unbedingt dazu, welche Schlüsse Sie gezogen oder welche Maßnahmen Sie getroffen haben, um einen weiteren Misserfolg zu vermeiden.

(Negatives) BEISPIEL: *Wie sind Sie mit Ihren ehemaligen Kollegen und Vorgesetzten ausgekommen?*
Oh, das war schwierig. Meine Kollegen haben mich immer ausgeschlossen und waren so unfair, obwohl ich ihnen immer nur helfen wollte. Und meine Vorgesetzte hat immer zu meinen Kollegen gehalten…

Also – selbst wenn dieser bedauernswerte Bewerber selbiges erlebt hätte, würden Sie ihn unvoreingenommen einstellen? Nein? Ich auch nicht!

Antworthinweis

Selbst nach den schlechtesten Erfahrungen sollten Sie immer daran denken, dass Ihr Interviewer Sie nicht kennt. Jammern Sie nie und sprechen Sie nie schlecht über frühere Kollegen und Vorgesetzte. Es fällt immer etwas auf Sie zurück. Niemand möchte eine womöglich schwierige oder unverträgliche und noch dazu illoyale Person einstellen oder mit ihr zusammenarbeiten. Also üben Sie, wenn nötig Diplomatie – in der Regel werden Sie jedoch hoffentlich eher gute Erfahrungen gemacht haben, und das sollten Sie auch zeigen. Schließlich sind Sie doch der fröhliche und umgängliche Optimist! Natürlich sind Sie generell sehr gut mit allen ausgekommen. Schließlich arbeiten Sie auch gerne im Team und gehen gewöhnlich auf Vorschläge, Aussagen und auch Anweisungen ein. Übertreiben Sie es jedoch nicht mit dem Eigenlob und erwähnen Sie ruhig, dass es in einem Unternehmen natürlich ab und an Meinungsverschiedenheiten unvermeidbar sind. Wenn Sie hinzufügen, dass es dabei nur um fachliche Problemfelder ging und die kleinen Auseinandersetzungen immer schnell geklärt waren, beweisen Sie gleich noch Problem- und Konfliktlösungsfähigkeit.

Frage

Wie würde Ihr früherer Vorgesetzter Sie charakterisieren?

Antworthinweis

Auf diese Weise wird Ihre Fähigkeit abgefragt, sich in andere Personen hinein zu versetzen und Ihre Selbstwahrnehmung einer Fremdwahrnehmung gegenüberzustellen.

Wenn man Sie also nach der Beurteilung Ihrer Eigenschaften durch eine dritte Person fragt, nutzen Sie die Gelegenheit, sich selbst kritisch aber positiv darzustellen.

BEISPIEL: *Meine Vorgesetzte und ich hatten eine sehr gute und offene Zusammenarbeit, daher bin ich mir recht sicher, dass sie zum Beispiel meine Zielstrebigkeit, meine Kreativität und meine gute Arbeit im Team nennen würde. Außerdem hat sie des Öfteren meinen Umgang mit unseren Kunden gelobt. Wenn Sie sie direkt nach weniger guten Eigenschaften fragen würden, würde sie vielleicht meinen manchmal nicht besonders aufgeräumten Schreibtisch erwähnen.*

Frage

Was mögen Sie an anderen Menschen, was nicht?

Antworthinweis

Jede Aussage über andere sagt vor allem etwas über Sie selbst aus – warum sonst sollte diese Frage gestellt werden? Also Achtung: Zählen Sie vor allem positive und nur ein oder zwei negative Eigenschaften an anderen Menschen auf. Ihre Antwort sollte darauf schließen lassen, dass Sie ein verträglicher und in der Regel beliebter Mensch mit positiver Weltsicht sind.

Weitere Fragen zu Ihrer Persönlichkeit

- *Wie würden Sie sich charakterisieren?*
- *Wie würden Ihre Freunde Sie beschreiben?*
- *Wo sehen Sie Ihre Lernfelder?*
- *In welcher Hinsicht möchten Sie sich noch verbessern oder weiterentwickeln? An welchen Punkten möchten Sie noch weiterarbeiten?*
- *Welche persönlichen Eigenschaften möchten Sie noch weiterentwickeln?*

Unterpunkt:

Fragen, Erwartungen und Zielvorstellungen
Bei Antritt jeder neuen Position hat jeder Bewerber natürlich eigene Erwartungen an die künftige Arbeitssituation. Welche Bedingungen und welche Arbeitsumgebung sind für Sie wichtig, damit Sie sich wohlfühlen und optimal arbeiten können?

Antworthinweis

Nehmen Sie sich Zeit, über Ihre eigenen Erwartungen und Wünsche sowie über Ihre persönlichen Ziele in Bezug auf die erwünschte neue Tätigkeit nachzudenken. Möchten Sie schnell Verantwortung übernehmen oder sich lieber in Ruhe einarbeiten? Erhoffen Sie zahlreiche Kontakte mit Kollegen und/oder Kunden oder bevorzugen

Sie es, in einem übersichtlichen Arbeitskreis zu agieren? Wollen Sie sich profilieren oder möchten Sie lieber im Hintergrund die Fäden ziehen? Ist diese Stelle eine Übergangsposition für Ihre Weiterentwicklung oder das Ziel ihrer Ambitionen?

Finden Sie die Antworten auf diese Fragen, denn Sie müssen wissen, was Sie wollen, um die Stelle zu finden, die Ihren Bedürfnissen entspricht! Auch Ihrem künftigen Arbeitgeber ist sehr daran gelegen, dass er Ihre Erwartungen kennt – und dass diese zu der neuen Stelle passen. Zeigen Sie ihm, dass Sie sich über Ihre Ziele und Erwartungen im Klaren sind und dass Sie auf der neuen Position glücklich werden können. Wenn Sie allerdings feststellen, dass dies nicht so ist, dann seien Sie sich selbst gegenüber so ehrlich und suche Sie sich eine Stelle, die besser zu Ihnen passt.

Fragen zu einzelnen Schlüsselqualifikationen

Auf Seite 5 ff. haben wir uns ausführlich mit dem Thema der überfachlichen Kompetenzen oder Schlüsselqualifikationen beschäftigt. Schließlich ist bekannt, dass die fachliche Qualifikation eine zwar notwendige aber bei weitem nicht hinreichende Bedingung für eine gute Arbeitsleistung im Beruf ist. Mindestens ebenso entscheidend sind die überfachlichen Kompetenzen, die auch ,Soft Skills' oder Schlüsselqualifikationen genannt werden. Aus diesem Grund wird im Vorstellungsgespräch sehr auf diese ,weichen' Qualifikationen geachtet.

Als wichtigste Merkmale gaben die befragten Unternehmen Eigeninitiative und Selbstständigkeit, Teamfähigkeit, Kommunikationsfähigkeit, Engagement und analytische Fähigkeiten an. Daher sollten Sie sich auf die Fragen einstellen, die wir Ihnen auf den nächsten Seiten vorstellen werden.

Für so gut wie alle diese Fragen gilt:

Die beste und glaubhafteste Wirkung erzielen Sie, wenn Sie Situationen aus Ihrem Lebenslauf schildern können, die die gefragten Kompetenzen belegen. Überlegen Sie sich also vorher, welche Qualifikationen erwartet werden und suchen Sie sich dafür aussagekräftige Beispiele aus Ihrer Vergangenheit. Belegen Sie beispielsweise Ihre

Selbstständigkeit mit einer Schilderung Ihrer Forschungsleistungen für Ihre Abschlussarbeit, Ihre Teamfähigkeit mit der Beschreibung eines Projektes, das Sie gemeinsam mit einem Arbeitsteam bearbeitet haben, Ihre Kommunikationsfähigkeit mit einer gelungenen Verhandlungssituation und so weiter.

Diese Beispiele sollten Sie folgendermaßen aufbauen:

Sie schildern die

- **Situation:** Unter welchen Bedingungen haben Sie etwas getan?
  Danach beschreiben Sie anschaulich und nachvollziehbar Ihr

- **Verhalten:** Was haben Sie getan?
  Und benennen zuletzt das (natürlich hervorragende) Ergebnis.

- **Ergebnis:** Was kam dabei heraus?

Eine gute Vorbereitung hilft Ihnen, die richtigen Beispiele aus Ihrem Leben herauszugreifen und diese so gekonnt in Szene zu setzen, dass Ihr Interviewer Ihre Kompetenzen erkennt.:

Die wichtigsten fünf überfachlichen Qualifikationen
Themengebiet Eigeninitiative und Selbstständigkeit

> **Fragen**
>
> - *Schildern Sie uns bitte ein Projekt, das Sie selbstständig initiiert und durchgeführt haben.*
> - *Wie würden Sie Ihre Arbeitsweise beschreiben?*
> - *Welche bisherigen Chancen haben Sie in Ihrem Leben genutzt, welche ließen Sie verstreichen?*
> - *Was verstehen Sie unter selbstständigem Arbeiten?*
> - *Schildern Sie mir eine Situation, in denen Sie, um einen Erfolg zu erringen, Risiken eingehen mussten. Wie war das Resultat?*
> - *Arbeiten Sie lieber selbstständig oder im Team?* (Achtung: Dies ist kein Gegensatz – also immer *sowohl als auch*, erläutert an entsprechenden Beispielen)

Allgemeine Antworthinweise

Gute und ‚gehorsame' Mitarbeiter gibt es viele. Aber insbesondere als Akademiker werden an Sie andere Ansprüche gestellt: Erfolgreich ist, wer die Energie, den Mut und das Interesse hat, aus eigener Initiative Dinge zu bewegen, Projekte anzustoßen – und diese natürlich auch zu Ende zu führen. Dazu gehört natürlich neben Zielstrebigkeit und Begeisterungsfähigkeit auch das nötige (Selbst-)Management und genug Selbstkontrolle.

Eine Person mit hoher Eigeninitiative und Selbstständigkeit

- Ergreift Initiative
- Erledigt Arbeiten von sich aus
- Arbeitet schnell
- Bevorzugt schwierige Aufgaben
- Kontrolliert und motiviert sich selbst
- Leistet mehr als verlangt
- Versucht, sich über Unbekanntes Klarheit zu verschaffen
- Ist interessiert und wissbegierig
- Versucht andere zu übertreffen

Und – und das ist wichtig – selbstständige Mitarbeiter besitzen oder erwerben eigenständig die benötigten Fachkenntnisse.

Ihre Selbstständigkeit und Eigeninitiative demonstrieren Sie am besten, in dem Sie frühere Aufgaben und Projekte beschreiben, die Sie selbstständig, d. h. ohne Auftrag, Anleitung und Kontrolle erfolgreich bewältigt haben. Idealerweise handelt es sich dabei um eine berufliche Aufgabe, als Berufsanfänger können Sie jedoch absolut auch private Projekte als Beispiel angeben. Vielleicht haben Sie schon einmal eine ehrenamtliche Initiative gestartet, sich ein interessantes Auslandspraktikum auf eigene Faust organisiert oder ein tolles Sportfest auf die Beine gestellt.

Eine Antwort, wie sie im Folgenden vorgestellt wird, lässt verständlicherweise das Personalerherz höher schlagen, da bei dieser Bewerberin anzunehmen ist, dass sie auch im Berufsleben einiges bewegen wird.

> **BEISPIEL:** *An meiner Universität habe ich es vermisst, direkt mit Arbeitgebern in Kontakt zu kommen. Darum habe ich eine Studentengruppe gegründet und eine Vortragsreihe initiiert, in der Unternehmensvertreter über Fachthemen referiert haben. Das war sehr interessant und dadruch habe ich auch Ihr Unternehmen kennen gelernt.*

Hinweis

Es gibt natürlich noch eine weitere Gelegenheit, Ihre Eigeninitiative und Selbstständigkeit zu zeigen: Sammeln Sie Informationen über das Unternehmen und stellen Sie gut vorbereitete eigene Fragen!

Teamfähigkeit – Fragen

- *Mit welchen Menschen arbeiten Sie besonders gerne?*
- *Mit welchen Menschen arbeiten Sie nicht gerne?*
- *Sind Sie ein Teamplayer?*
- *Sind für Sie Diskussionen bei der Entscheidungsfindung eher störend oder förderlich?*
- *Wie gehen Sie mit der Vielfalt von Meinungen bei Diskussionen um?*
- *Schildern Sie uns bitte anhand eines Beispiels, wie Sie in Teams zusammenarbeiten.*
- *In welchen Situationen fällt es Ihnen schwer, andere zu überzeugen?*
- *Was ist für Sie wichtiger? Aus Erfahrungen und Kenntnissen anderer zu profitieren oder muss jeder seine Erfahrungen selbst machen, um erfolgreich zu sein?*
- *Auch in der Teamarbeit läuft nicht immer alles reibungslos, wie gehen Sie mit Problemen im Arbeitsteam um? Bitte schildern Sie eine entsprechende Situation und Ihre Handlungen.*
- *Stellen Sie sich vor, Sie arbeiteten in einem Arbeitsteam und eine Ihrer Kolleginnen scheint etwas gegen Sie zu haben. Wie gehen Sie damit um?*

Antworthinweis

In der modernen Arbeitswelt gibt es fast keine Position mehr, die nicht auf die eine oder andere Weise in ein Arbeits- oder Projektteam integriert ist. Üblicherweise setzt sich ein Team aus Personen mit unterschiedlichen Charakteren und Fähigkeiten zusammen, die ein gemeinsames Ziel verfolgen. Dabei ist es wichtig, dass sich jeder in das Team einfügt und zum gemeinsamen Erfolg beiträgt. Verständlicherweise wird man daher Bewerber bevorzugen, die über integrative Fähigkeiten und soziale Kompetenz verfügen. Bereiten Sie sich anhand der folgenden Liste und den Ergebnissen Ihrer Selbstanalyse (Seite 73) auf diesen Fragenbereich vor. Ihre Aufgabe ist es, anhand konkreter Beispiele aus Ihrem Lebenslauf Ihre Teamfähigkeit zu beweisen.

Eine teamfähige Person kann sich integrieren, bringt eigenen Einsatz zum Wohl des Teams und wird von den Mitgliedern akzeptiert. Sie hat die Bereitschaft und die Fähigkeit zu kooperativer Zusammenarbeit in geführten oder ungeführten Gruppen und wirkt an gemeinsamer Planung und Lösungsfindung mit.

Konkret gesagt bedeutet dies: Er oder Sie

- Bezieht Schwächere mit ein
- Bestärkt einzelne Teammitglieder durch positive Wertung ihrer Beiträge
- Kann sich in Kollegen und Situationen einfühlen
- Versorgt andere mit Informationen
- Bleibt auch bei Konflikten sachlich, wird nicht aggressiv
- Sucht im Dialog nach Lösungen
- Trägt aktiv zum Erfolg des Teams bei
- Berücksichtigt Bedürfnisse anderer bei eigener Zielsetzung
- Kann verbindliche Absprachen einhalten
- Kann unterschiedliche Menschen und Interessen vereinen
- Kann Konflikte aushalten und lösen
- Hat ein gesundes Durchsetzungsvermögen
- Kann fachübergreifend kooperieren und kommunizieren
- Ist kritikfähig, lernbereit und belastbar
- Kann leicht soziale Kontakte aufbauen

Übrigens – und das ist wichtig – schließen sich Selbstständigkeit und Teamfähigkeit keinesfalls aus. Auch im Team hat jeder seine eigenen Aufgaben, für die er selbst verantwortlich ist. In vielen Teams bearbeitet Jeder selbstständig Teilprojekte und führt sie anschließend zusammen.

Auf die typische Frage:

> **Frage**
>
> *Arbeiten Sie lieber im Team oder selbstständig?*
> ist also die einzig sinnvolle Antwort: *Sowohl als auch.*

Wichtig ist auch, dass Sie Ihre eigenen Stärken und Ihre eigene Rolle im Team kennen. Teams sind nämlich dann besonders erfolgreich, wenn die Mitglieder ganz unterschiedliche Fähigkeiten und Kenntnisse einbringen und diese Stärken sich untereinander ergänzen. Machen Sie sich deshalb klar, welche Aufgaben Sie in einem Team gerne übernehmen. Sind Sie eher die Analytikerin oder die, die die Ergebnisse nach außen kommuniziert? Bearbeiten Sie gerne eigenverantwortlich bestimmte Teilaufgaben oder führen Sie die Ergebnisse der anderen zu einem Gesamtpaket zusammen? Sind Sie Führerin, Spezialist, Koordinatorin oder Weichensteller? Ein Bewerber, der seine eigenen Stärken und Vorlieben kennt, hat schließlich bessere Chancen, genau den Arbeitsplatz zu bekommen, der seinen Fähigkeiten und Neigungen entspricht.

Finden und benennen Sie Ihre Stärken mit Beispielen, dann überzeugen Sie als wertvolles Teammitglied.

> **Frage**
>
> *Welche Rolle nehmen Sie üblicherweise im Team ein?*
> Antwort
> *In der Regel bin ich diejenige, die neue Ideen liefert und deren Entwicklung vorantreibt. So habe ich zum Beispiel während meiner Tätigkeit als wissenschaftliche Hilfskraft eine Vortragsreihe initiiert und zusammen mit meinem Kollegen organisiert. Diese Rolle macht mir besonders Spaß, ich unterstütze natürlich aber auch die Projekte und die Ideen von anderen.*

Kommunikationsfähigkeit – Fragen

- *Erzählen Sie mir von einer Situation, in der Sie Ihr Kommunikationstalent einsetzen mussten, um etwas zu erreichen.*
- *Schildern Sie eine Situation, in der es Ihnen gelungen ist, andere von Ihren Ideen zu überzeugen. Wie sind Sie dabei vorgegangen?*
- *Haben Sie schon einmal mithilfe einer gut ausgearbeiteten Präsentation Ihr Publikum beeinflusst? Wie sind Sie dabei vorgegangen?*
- *Erzählen Sie mir von dem wichtigsten schriftlichen Dokument, dass Sie jemals verfasst haben.*
- *Beschreiben Sie eine Situation, in der es Ihnen gelungen ist, jemanden von Ihrer Idee zu überzeugen, zu dem Sie kein gutes persönliches Verhältnis hatten.*

Als Kommunikationsfähigkeit bezeichnet wird eine verständliche und überzeugende Ausdrucksweise, die Fähigkeit schlüssig zu argumentieren und sich auf sein Gegenüber einzustellen, das Erkennen und Anerkennen der Gefühle und Bedürfnisse anderer und eine geschickte und zielorientierte Gesprächsführung.

Ebenso relevant ist die Kenntnis von Rhetorik- Verhandlungs- und Präsentationstechniken.

Ihr Kommunikations- und Ausdrucksvermögen zeigen Sie natürlich nicht nur durch die Beschreibung vergangener Erfolge, sondern vor allem durch Ihr gesamtes Gesprächsverhalten im Interview. Schließlich ist ein Interview die beste Methode um Kommunikationsstärke direkt zu prüfen. Und für Sie ist es die ideale Gelegenheit, Ihre rhetorischen Fähigkeiten elegant unter Beweis zu stellen. Aus diesem Grund beschäftigen wir uns in den später folgenden Kapiteln so viel mit den Themen Kommunikation und Rhetorik.

Personalverantwortlichen achten auf Folgendes:

Eine kommunikationsstarke Person

- Zeigt Offenheit und kann auf andere Menschen zugehen.
- Hört aktiv zu und geht auf andere Beiträge ein.
- Lässt die Anderen während einer Diskussion ausreden.

125

- Führt verschiedene Beiträge zusammen.

- Formuliert klar und verständlich.

- Stellt auch schwierige Zusammenhänge verständlich dar.

- Verwendet anschauliche Sprache, spricht ‚lebendig'.

- Unterstützt ihren Ausdruck durch Gestik und Körpersprache.

Wenn es Ihnen also gelingt, Ihre eigenen Stärken und Kompetenzen flüssig und schlüssig darzustellen und souverän auch auf unerwartete oder provokative Fragen zu kontern, stellen Sie Ihre Kommunikationsstärke unter Beweis. Auf Anfrage erläutern Sie zudem Beispiele aus Ihrer Vergangenheit, in welchen Sie beispielsweise jemanden mit guten Argumenten von etwas überzeugt oder eine Verhandlung erfolgreich geführt haben.

Engagement Leistungsmotivation

Fragen

- *Beschreiben Sie Ihren typischen Arbeitstag. Wann ist Arbeitsbeginn und -ende? Was tun Sie, um sich zu entspannen?*

- *Womit kann man Sie am besten motivieren? Was demotiviert Sie am meisten?*

- *Beschreiben Sie eine Arbeitssituation, in der Sie Ihren Optimismus und Ihr Engagement bewahren mussten, obwohl die Durchführung schwierig und der Erfolg fraglich war. Wie haben Sie das geschafft?*

- *Beschreiben Sie eine Situation, in der Sie sehr schnell handeln mussten. Wie kam es dazu? Nach welchen Gesichtspunkten haben Sie entschieden?*

- *Welches waren die größten Herausforderungen, denen Sie sich in Ihrem Berufsleben oder im Studium stellen mussten. Wie haben Sie diese bewältigt?*

- *Wovon hängt es ab, ob Sie sich besonders für eine Aufgabe engagieren?*

Antworthinweis

Bei Fragen zu Ihrer Leistungsmotivation ist die erwünschte Antwort relativ klar, wenn Sie sich überlegen, was der Arbeitgeber sich wünscht:

Die ideale Mitarbeiterin zeigt überdurchschnittlichen Leistungswillen und Energie, sie setzt klug Prioritäten und nutzt sich bietende Gelegenheiten. Im Gespräch signalisiert sie Zielstrebigkeit und Schnelligkeit und kann ihre Leistungsmotivation mit Beispielen aus ihrem Lebenslauf belegen.

Eine Person mit hoher Leistungsmotivation

- Hat hohe Leistungsansprüche an sich und Andere
- Ergreift bewusst sich ergebende Chancen und ist bereit, dabei gegebenenfalls kalkulierbare Risiken einzugehen
- Behält trotz Rückschlägen das Ziel im Auge und lässt sich nicht so leicht entmutigen
- Ergreift die Initiative
- Erledigt Arbeiten von sich aus
- Bevorzugt schwierige Aufgaben
- Bringt mehr Leistung als verlangt
- Ist interessiert und wissbegierig
- Hält seine Arbeitsleistung auch bei langwierigen Aufgaben konstant
- Versucht andere zu übertreffen
- Engagiert sich auch außerhalb der Arbeitszeit
- Ist bereit und gewillt für die eigene Leistung Verantwortung zu übernehmen

Natürlich, was sonst. Hier geht es weniger darum, was Sie antworten, sondern viel mehr, wie Sie dies tun, damit man Ihnen Ihren Leistungswillen anmerkt und glaubt.

Und wie immer gilt: bereiten Sie aussagekräftige Beispiele aus Ihrem Lebenslauf vor, mit denen Sie Ihr Engagement und ihre Tatkraft belegen können. Ganz wichtig dabei ist, dass man in Ihren Erzählungen eine gewisse Begeisterung spürt. Ein Bewerber, der mit leuchtenden Augen von der erfolgreichen Bewältigung eines anspruchsvollen Projektes erzählt, macht einen viel besseren Eindruck als jemand, der mit unbewegter Miene und monotoner Stimme von seinen guten Studiennoten berichtet.

Analytisches Denkvermögen, Urteilsvermögen

Fragen

- *Beschreiben Sie eine Situation, in der Sie mit einem Problem konfrontiert wurden, das nur mit Logik und guter Urteilsfähigkeit zu lösen war.*
- *Beschreiben Sie eine Situation, in der Sie, um eine Entscheidung zu treffen, einen komplexen Sachverhalt überblicken mussten.*
- *Beschreiben Sie eine Situation, in der Sie ein Problem identifiziert haben, bevor es außer Kontrolle geriet.*
- *Beschreiben Sie mir eine Situation, in der Sie eine schnelle Entscheidung treffen mussten.*
- *Beschreiben Sie eine Situation, in der Ihre üblichen Strategien und Vorgehensweisen nicht zum gewünschten Erfolg geführt haben. Woran lag es? Was haben Sie getan?*

Brainteaser

- *Wie viele Katzen gibt es in Deutschland?*
- *Wenn ich einmal zwei Würfel werfe, wie hoch ist die Wahrscheinlichkeit, einen Sechserpasch zu bekommen?*

(Antworthinweis unter Kapitel Brainteaser auf Seite 233)

Antworthinweis

Analytische Fähigkeit ist das Vermögen, auch unübersichtliche Probleme rasch zu erfassen und Hintergründe, Strukturen und Zusammenhänge zu erkennen. Dazu kommt das methodische Vorgehen zur Erkenntnisgewinnung, die ‚Zerlegung' einer Situation, um sie als Ganzes zu erfassen und die Entwicklung und Kontrolle von Lösungsstrategien. Hilfreich dabei ist natürlich die Kenntnis analytischer Techniken und Methoden.

Ein guter Analytiker

- Kann komplexe Sachverhalte erfassen
- Kommt zu nachvollziehbaren Lösungen
- Formuliert Arbeitsziele
- Kombiniert vorhandene Daten auf neuartige Weise
- Hält Zeiten ein
- Berücksichtigt alle relevanten Informationen
- Setzt Prioritäten
- Bedenkt Folgen der Entscheidung, schätzt Risiken ab
- Erkennt Gemeinsamkeiten zwischen verschiedenen Sachverhalten
- Hat Ordnungsprinzipien

Ihre analytischen Fähigkeiten können einerseits erfragt werden und im anderen Fall durch entsprechende Aufgaben oder Testverfahren direkt geprüft werden.

Im einfacheren ersten Fall beschreiben Sie wie gehabt eine Episode aus Ihrem Leben, in welcher Sie Ihre analytischen Fähigkeiten anwenden konnten.

Manche Arbeitgeber wie zum Beispiel Unternehmensberatungen, Wirtschaftsprüfer oder Unternehmen im Finanzbereich stellen Ihnen aber tatsächlich gerne einmal Aufgaben, die Ihr analytisches Denkvermögen fordern. Es empfiehlt sich dringend, die schriftlichen Grundrechenarten noch einmal zu üben und beim ‚Einmaleins' und im Kopfrechnen fit zu sein. Lösen Sie außerdem die eine oder andere Dreisatz-Aufgabe. Zudem lassen sich auch Brainteaser sehr gut üben. Auf diese Weise sind Sie vor unerwarteten Überraschungen geschützt und beweisen nicht nur Ihr analytisches sondern auch Ihr vorausschauendes Denkvermögen.

Weitere Schlüsselqualifikationen

Ausdauer, Belastbarkeit – Fragen

- *Stellen Sie sich eine Situation vor, in der Sie massiv belastet sind und sich ärgern. Wie bewältigen Sie diese Aufgabe?*
- *Sicher ist es auch schon vorgekommen, dass Sie ein Projekt oder Vorhaben aufgeben mussten. Können Sie mir ein Beispiel nennen und welche Konsequenzen hatte dies für Sie?*
- *Woran erkennt Ihre Umwelt, dass Sie genervt oder gestresst sind?*
- *Können Sie uns ein Beispiel nennen, ab wann Sie Ihren Ärger auf andere übertragen?*
- *In welchen stressigen Situationen sind Sie bereit, Ihr Ziel aufzugeben?*
- *Welche Umstände führen dazu, dass Sie Ziele nicht mehr verfolgen?*

Antworthinweis

Vor allem, wenn Sie sich für einen eher anstrengenden und ‚stressigen' Tätigkeitsbereich bewerben, wird man sich für Ihre Belastbarkeit interessieren.

Eine belastbare Person

- Bleibt auch in schwierigsten Situationen gelassen und problemlöseorientiert
- Bleibt ruhig bei Angriffen
- Geht mit Frustrationen konstruktiv um
- Reagiert den Frust nicht bei anderen ab
- Beendet Aufgaben trotz vorhandener Frustrationen
- Kann gegen Widerstand den eigenen Standpunkt vertreten
- Verfügt über hohe Ausdauer und bleibt gleichmäßig aktiv
- Verfügt über ein gutes Zeitmanagement (hält Zeiten ein)

BEISPIEL: *Ich kann mit hohen Arbeitsanforderungen gut umgehen. Zu meinen derzeitigen Aufgaben gehört die Verantwortung für den Webauftritt unserer Abteilung. Bei der Einführung eines neuen Datenbank-*

systems musste ich die Vorstellungen der einzelnen Kollegen in das Projekt integrieren und hinsichtlich der technischen Machbarkeit überprüfen. Das zog einen großen Argumentationsbedarf nach sich, und es musste viel Arbeit auch nach Feierabend geleistet werden, um das Tagesgeschäft nicht zu stören. Ich habe die größere Arbeitsbelastung gern übernommen, da das neue System große Vorteile für unsere Arbeit hat.

Hinweis

Achtung, manchmal wird Ihre Belastbarkeit auch durch ein langes und ermüdendes Bewerbungsverfahren oder durch überraschende, vielleicht sogar unangenehme Fragen getestet. (Siehe das Thema Stressfragen auf Seite 55). Wie immer gilt auch hier: Lassen Sie sich nicht provozieren, bleiben Sie ruhig und verfallen Sie auch unter schwierigen Bedingungen oder Aufgaben nicht in Hektik – und genau damit stellen Sie Ihre Belastbarkeit unter Beweis.

Kunden-/Markt-/Dienstleistungs-orientierung – Fragen

- *Beschreiben Sie eine Situation, in der Sie einen schwierigen Kunden zufrieden stellen mussten. Wie sind Sie dabei vorgegangen?*
- *Erzählen Sie von einer Situation, in der das Verhältnis zu einem Kunden nicht optimal war. Wie kam es dazu und wie sind Sie vorgegangen?*
- *Was tun Sie, um sich über die Bedürfnisse Ihrer Kunden zu informieren?*
- *Wie informieren Sie Ihre Kunden? Welche Methoden haben sich bewährt, welche weniger?*
- *Wie gehen Sie vor, um das Vertrauen eines Kunden zu erreichen?*
- *Berichten Sie von einer Situation, in der Sie einen Kunden über ein größeres Problem informieren mussten. Wie sind Sie vorgegangen?*
- *Nennen Sie uns bitte ein Beispiel, wie Sie sich auf Ihre Gesprächspartner einstellen?*
- *Was tun Sie, um während eines Kundengespräches das ‚erste Eis zu brechen‘?*

■ *Kollegen und Kunden kann man sich ja im Gegensatz zu Freun-*
den selten aussuchen. Wie gelingt es Ihnen trotzdem, mit
schwierigen Kollegen bzw. Kunden auszukommen?

Antworthinweis

Insbesondere wenn Sie sich in den Bereichen Verkauf, Vertrieb, Marketing, Service und Beratung bewerben, müssen Sie mit ausführlichen Fragen zu Ihrer Kundenorientierung rechnen. Beschreiben Sie Ihrem Gegenüber, wie Sie konkret vorgehen, um neue Kunden zu gewinnen und bestehende an die Firma zu binden. Wenn es Ihnen nun noch gelingt, in Ihrer Schilderung die Eigenheiten und Produkte des neuen Unternehmens einzubinden, verdeutlichen Sie, dass Sie nicht nur Kundenorientierung besitzen sondern sich auch intensiv mit den Angeboten der neuen Firma beschäftigt haben.

Ein guter Dienstleister

■ Erkennt die Bedürfnisse der Kunden, erfüllt Kundenerwartung, bemüht sich um Kundenzufriedenheit

■ Kann Fachliches an den Kunden allgemein verständlich weitergeben

■ Ist fähig, sich den Marktgegebenheiten anzupassen

■ Versucht sich in andere hineinzuversetzen und Dinge aus deren Blickwinkel zu sehen

■ Nimmt auf Gefühle und Bedürfnisse anderer Menschen Rücksicht

■ Versucht emotionale Strömungen und Machtbeziehungen in formellen und informellen Gruppen zu erfassen

Durchsetzungsstärke – Fragen

■ *Halten Sie sich für durchsetzungsfähig?*
■ *Bitte geben Sie mir ein Beispiel, in welcher Situation und wie (durch welche Methoden) Sie sich durchsetzen konnten.*
■ *Wie setzten Sie sich allgemein durch? Welche Methoden wenden Sie dabei an?*

Antworthinweis

Durchsetzungsstärke ist die Fähigkeit, die eigene Meinung durch überzeugende Argumente sowie durch Sprache und Auftreten auch gegen Widerstände zu vertreten. Dazu gehört der Wille, eigene Pläne zu verwirklichen, das konsequente Verfolgen eigener Ziele und die Bereitschaft, andere zu beeinflussen.

Eine durchsetzungsstarke Person

- Bringt Aussagen und Argumente überzeugend vor
- Ihre Beiträge werden von Anderen als wertvoll erachtet
- Ihr Beitrag wird von der Gruppe als Gesamtmeinung übernommen
- Wird nicht unterbrochen, lässt sich aber auch nicht unterbrechen
- Entkräftet mögliche Einwände anderer

Durchsetzungsstärke hängt meist stark mit sicherem Auftreten und Selbstbewusstsein zusammen. Wer sich gut durchsetzen kann, leistet oftmals eine gute Überzeugungsarbeit. Dies ist in weiten Teilen des Geschäftslebens wichtig, um z. B. eine bestimmte Produktidee, einen Optimierungsvorschlag für Produktionsprozesse, bestimmte Budgetvorstellungen, Preise oder Liefertermine durchzusetzen. Daher zählt Durchsetzungsvermögen zu den wichtigsten Schlüsselqualifikationen – allerdings nur gepaart mit einem guten Urteilsvermögen und sozialer Kompetenz.

Treten Sie im Vorstellungsgespräch selbstbewusst und zielstrebig auf und zeigen Sie Ihr starkes Interesse an der angebotenen Position. Damit haben Sie gute Chancen, sich durchzusetzen.

Flexibilität – Fragen

- *Schildern Sie uns eine Situation, die völlig anders verlief als geplant. Wie haben Sie sich verhalten und was war das Ergebnis?*
- *Sind Sie der Meinung, dass es wichtig ist, sich auf unvorhersehbare Situationen vorzubereiten oder ist es sinnvoller die Dinge auf sich zukommen zu lassen?*
- *Wie gehen Sie vor, um Überraschungen zu vermeiden?*

- *Sind Sie ein Mensch, der eher auf Tradition baut oder auf ständige Veränderung?*
- *Welche unvorhergesehenen Probleme sind bei Ihrer Arbeit aufgetreten? Wie haben Sie reagiert? Was war das Ergebnis?*
- *In welchen Situationen haben Sie in der Vergangenheit bewiesen, dass Sie im Umgang mit sich rasch ändernden Situationen beweglich sind?*
- *Wie stellen Sie sich auf neue Situationen und Gegebenheiten in Ihrem Beruf ein? Welche Änderungen ergaben sich in der Vergangenheit für Sie?*

Antworthinweis

Nicht nur das Wissen, auch die Arbeitsweisen und Arbeitsbedingungen ändern sich beständig. Dies erfordert Anpassungsfähigkeit und Flexibilität.

Dabei versteht man unter Flexibilität die Bereitschaft und die Fähigkeit, das eigene Verhalten an veränderte Situationen anzupassen, das Fehlen starrer Einstellungen, die Bereitschaft zur Übernahme auch ungewohnter Aufgaben sowie ein hohes Interesse an neuen Entwicklungen und Verbesserungen.

Eine flexible Person

- Stellt sich leicht auf neue und unterschiedliche Gesprächspartner ein
- Ist offen für Neues und geht gezielt auch neue Wege
- Kommt mit überraschenden Situationen gut zurecht
- Ist in seiner Vorgehensweise offen und passt sich der Situation an
- Stellt sich auf unvorhersehbare Aufgaben ein
- Passt seine Arbeitszeit an die Situation an

Dass Sie selbst flexibel sind, zeigen Sie, wie nicht anders erwartet, durch die bekannten aussagekräftigen Beispiele aus Ihrer Vergangenheit. Zudem demonstrieren Sie Flexibilität, indem Sie sich offen und positiv auf das ganze Gespräch einlassen.

Konfliktfähigkeit – Fragen

- *Wie gehen Sie mit Konflikten um?*
- *Beschreiben Sie eine Situation, in der Sie erfolgreich einen Konflikt gelöst haben.*
- *Durch welche Maßnahmen versuchen Sie bei schwierigen Verhandlungen ‚win-win'-Situationen zu schaffen?*
- *Schildern Sie bitte eine Situation, in der Sie in einen Konflikt geraten sind. Wie sind Sie damit umgegangen?*
- *Stellen Sie sich vor, eine Kollegin in Ihrem Arbeitsteam hat in der letzten Zeit immer mal wieder spitze Bemerkungen über Ihre Arbeitsleistung gemacht. Wie reagieren Sie darauf?*

Antworthinweis

Konfliktfähigkeit gehört genau wie Teamfähigkeit zu den absolut wichtigen Eigenschaften eines Mitarbeiters. In jedem Team, in jeder Arbeitsgruppe und in jedem Kollegium gibt es ab und an Meinungsverschiedenheiten. Nur eine Person, die mit beruflichen und persönlichen Differenzen konstruktiv umgehen kann, ist fähig, in dieser Gemeinschaft zu arbeiten.

Eine konfliktfähige Person

- Setzt sich offen und fair mit den Meinungen anderer auseinander (und hat den ernsthaften Willen zur Verständigung)

- Äußert Kritik offen und konstruktiv

- Weicht bei kritischen Fragen nicht aus

- Bringt aktive Beiträge zur Konfliktlösung

- Kann in schwierigen Situationen vermitteln und sorgt für entspannte Atmosphäre

- Ist darum bemüht, ‚win-win' -Situationen zu schaffen

ANTWORT BEISPIEL: *Konflikte sind unangenehm aber leider nicht immer vermeidbar. In der Regel komme ich mit meinen Kollegen gut aus. Wenn es aber doch einmal Meinungsverschiedenheiten gibt, bemühe ich mich, ruhig zu bleiben und erst einmal durch Fragen und Zuhören herauszubekommen, wo das Problem liegt und was mein Gegenüber genau stört. Ich habe die Erfahrung gemacht, dass der erste Ärger oft* *verraucht, wenn offen über das Problem gesprochen wird. Wenn ich eine andere Meinung habe als die andere Person, sage ich dies offen, versuche dann aber gemeinsam mit ihr Übereinstimmungen und Kompromisse zu finden und eine Einigung zu erzielen. Das hat eigentlich immer sehr gut geklappt.*

Kreativität – Fragen

- *Welches war die kreativste Idee, die Sie jemals entwickelt haben?*
- *Beschreiben Sie mir die innovativste Lösung für ein Problem, die Sie jemals entwickelt haben.*
- *Welche Techniken benutzen Sie, um neue Ideen zu entwickeln?*
- *Wie gehen Sie üblicherweise vor, wenn Sie ein neuartiges Problem lösen wollen?*

Antworthinweis

Die wenigsten anspruchsvollen Projekte lassen sich nach Schema F bearbeiten. Die meisten Problemstellungen verlangen nach offenen, neuartigen Lösungsansätzen und dies erfordert Menschen, die nicht nur schlussfolgernd sondern auch kreativ denken können. Was aber heißt das?

Kreativität ist die Fähigkeit, neue Ideen zu produzieren und ungewöhnliche, neue aber auch anwendbare Lösungswege zu finden. Dabei werden zu einer Themenstellung ursprünglich nicht zusammengehörige Elemente in neue Lösungen überführt (= Kreativität). Dazu bedarf es Wissen, Erfahrung und Einfallsreichtum.

Oft vergessen wird allerdings, dass Kreativität jedoch kaum allein aus übersprudelndem Einfallsreichtum besteht: Ebenso wichtig sind die Kenntnis kreativer Techniken (Mindmapping, Brainstorm…), heuristisches Wissen (Kenntnis verschiedener Lösungsstrategien und Fähigkeit neue Strategien zu entwickeln), gute allgemeine Kenntnisse und die Bereitschaft, sich intensiv mit Problemstellungen zu beschäftigen.

Eine kreative Person

- Betrachtet Situationen aus verschiedenen Blickwinkeln

- Entwickelt neuartige Lösungsansätze

- Und produziert umsetzbare Lösungsmöglichkeiten

Vielleicht wird Ihnen im Vorstellungsgespräch auch eine unge-wöhnliche oder knifflige Aufgabe gestellt.

Frage

Stellen Sie sich vor, Sie müssten einem Geschäftskunden ein Satu-riergerät beschreiben, ohne sich anmerken zu lassen, dass Sie kei-ne Ahnung haben, was dies ist. Wie gehen Sie vor?

Wichtig ist: Verlassen Sie eingefahrene Denkbahnen, nehmen Sie nichts als gegeben und suchen Sie ungewöhnliche Lösungen. Brain-teaser dieser Art können Sie meist ohne Fachwissen lösen: Was Sie brauchen, ist logisches Denken und den Mut ungewohnte Wege zu gehen. Mehr zum Thema Brainteaser finden Sie auf Seite 233.

(Übrigens: Es gibt kein Saturiergerät.)

Integrität – Fragen

- *Geben Sie mir ein Beispiel einer Situation, in der Sie Regeln übertreten mussten, um zum Ziel zu kommen. Wie kam es da-zu?*

- *Beschreiben Sie eine Situation, in der Sie die Erwartungen an-derer enttäuschen mussten.*

- *Erzählen Sie von einer Situation, in der Sie einen signifikanten Fehler begangen haben und dies Ihrem Vorgesetzten oder an-deren betroffenen Personen mitteilen mussten.*

- *Wie gehen Sie vor, wenn Sie jemandem eine schlechte Nach-richt überbringen müssen?*

- *Berichten Sie von einer beruflichen Situation, in der jemand aus Ihrem Umfeld gegen gängige Regeln verstoßen hat. Wie haben Sie darauf reagiert.*

- *Welches war der schwierigste zwischenmenschliche Konflikt, den Sie in Ihrem Berufsleben erlebt haben? Wie kam es dazu und wie sind Sie damit umgegangen?*

- *In welchen Situationen mussten Sie schon einmal von den eigenen moralisch-ethischen Ansprüchen des Erfolges willen abrücken?*

> ■ *Wie rechtfertigen Sie in Ihrer Funktion das Vertrauen Ihres Vorgesetzten bzw. des Unternehmens?*

Antworthinweis

Integrität bezeichnet Ihre Ehrenhaftigkeit, Ihr Verantwortungsbewusstsein und Ihre Verlässlichkeit.

Eine integere Person

- ■ Orientiert sich an Aufrichtigkeit und Integrität
- ■ Ist bereit und gewillt, für die eigene Leistung Verantwortung zu übernehmen
- ■ Ist vertrauenswürdig und loyal
- ■ Setzt sich selbst hohe moralische Grundsätze
- ■ Verurteilt unehrliches oder unkollegiales Verhalten

Gerade in schwierigen Zeiten stehen die sogenannten klassischen Arbeitstugenden wie Ehrlichkeit, Loyalität und Verantwortungsbewusstsein – kurz gesagt Integrität – hoch im Kurs. Auch wenn dies alles selbstverständlich für Sie ist – für Ihr Gegenüber ist es das nicht, denn man kennt Sie schließlich nicht. Achten Sie also streng darauf, keinen Anschein von Unloyalität, wie zum Beispiel durch negative Nachrede über andere Menschen (siehe Beispiel unten), mangelnder Vertrauenswürdigkeit (z. B. durch allzu lustige Berichte aus Ihrer wilden Jugend) oder sonstiger ‚Untugenden‘ zu erwecken. Lassen Sie sich von einer scheinbar lockeren Gesprächsatmosphäre nicht täuschen – selbst Bagatellsünden, die Sie ohne weiteres Ihren Freunden erzählen könnten oder dehnbare Ansichten über vermeintliche Kavaliersdelikte sind im Einstellungsinterview absolut tabu!

Hinweis: Achtung bei folgendem Fall

- ■ *Berichten Sie doch einmal über eine schwierige Situation mit einem ehemaligen Vorgesetzten.*

Hier werden Ihre Loyalität und Integrität auf die Probe gestellt. Lassen Sie sich nicht hinreißen, schlecht über ehemalige Vorgesetzte zu sprechen, selbst wenn es berechtigt wäre. Wer Negatives über seinen früheren Arbeitgeber ausplaudert, gilt als unloyal, potenziell schwierig und zu redselig.

Organisationsstärke – Fragen

- *Wie organisieren Sie Ihren Arbeitstag?*
- *Können Sie uns ein Projekt beschreiben, welches Sie selbst organisiert haben?*
- *Stellen Sie sich folgende Situation vor: Sie haben einen Workshop organisiert. Es ist eine viertel Stunde vor Beginn. Die Referentin steht vor Ihrer Bürotür und möchte noch Unterlagen ausgedruckt haben. Die Teilnehmer warten schon im Seminarraum, Sie möchten die Veranstaltung pünktlich mit Ihrer Begrüßung beginnen. Jetzt komme ich (die jeweils Fragende) zu Ihnen und bitte Sie darum, einen Blick auf den fertigen Entwurf unseres gemeinsamen Flyers zu werfen. Der Flyer muss in einer Stunde in die Druckerei und wir müssen ihn frei geben. Wie reagieren Sie? (Antworthinweise siehe Seite 20)*
- *Sie sind mit der Organisation einer Tagung betraut und haben den Tagungsraum, die Unterlagen, das Catering und alles Weitere organisiert. Zwei Minuten vor Beginn des Hauptvortrags stellen Sie fest, dass der Beamer streikt. Der Referent ist nervös, die Zuhörer warten und gleichzeitig treten immer wieder Tagungsteilnehmer mit Fragen an Sie heran. Wie gehen Sie mit dieser Situation um?*

Antworthinweis

Organisationstalent ist die Fähigkeit, realistische und anspruchsvolle Ziele zu setzen, optimale Arbeitspläne zu erarbeiten und zu überprüfen und die Bereitschaft zu delegieren. Ebenso entscheidend ist die Fähigkeit, sinnvolle Anweisungen zu geben und der Überblick auch über unübersichtliche Arbeitsabläufe.

Eine organisierte Person

- Geht strukturiert vor, ein roter Faden bzw. eine strukturierte Arbeitsweise ist erkennbar

- Achtet auf eine übersichtliche Gliederung und Darstellung der Inhalte und Ergebnisse
- Priorisiert Aufgaben nach Wichtigkeit und Dringlichkeit
- Behält auch in unübersichtlichen Situationen den Überblick

Auch hier sagen aussagekräftige Beispiele mehr als hundert Beteuerungen.

Zudem überzeugen Sie Ihre Interviewpartner durch eine erkennbar gute Vorbereitung auf das Gespräch, denn auch dies lässt Organisationsfähigkeit erkennen.

Lernbereitschaft – Fragen

- *Was interessiert Sie besonders?*
- *Mit welchen Wissensthemen befassen Sie sich privat?*
- *Wie halten Sie sich auf dem Laufenden?*
- *Was sind Ihrer Meinung nach die wichtigsten Erfindungen der letzten Jahrzehnte und warum?*
- *Welchen Stellenwert hat Fortbildung für Sie?*
- *Welche Produkte/Erfindungen sind zukunftsweisend und warum?*
- *Welches (Fach-)Buch haben Sie zuletzt gelesen?*

Antworthinweis

Heutzutage sinkt die Halbwertzeit neuen Wissens immer mehr. Technologien, wissenschaftliche Erkenntnisse und Methoden entwickeln sich ständig weiter und wer nicht ‚am Ball bleibt' wird in der Arbeitswelt schnell abgehängt. Die Bereitschaft zum lebenslangen Lernen ist unverzichtbar, und dementsprechenden Wert legen Unternehmen darauf.

Eine lernbereite Person

- Bildet sich beständig fort
- Liest regelmäßig Fachliteratur
- Hat Spaß am Lernen
- Ist vielseitig interessiert
- Ist auch über das tagesaktuelle Geschehen informiert

Erläuterte Frage

Wie halten Sie sich in Ihrem Gebiet auf dem Laufenden? Welche Fachzeitschriften lesen Sie regelmäßig? Welche Konferenzen besuchen Sie?

Antworthinweis

Von allen Akademikern, besonders jenen, die eine Beschäftigung im Bereich Forschung und Entwicklung anstreben, wird erwartet, dass sie stets auf dem neusten wissenschaftlichen Stand sind. Nach einer Promotion wird Ihnen dies vertraut sein und Sie können eine Reihe einschlägiger Fachzeitschriften und deren aktuelle Themengebiete nennen. Als Hochschulabsolvent ist dies aber ebenso wichtig. Überlegen Sie sich vorab, welche einschlägigen Fachzeitschriften für sie relevant sein könnten und lesen sie wenigstens die Zusammenfassungen (Summaries). Diese finden Sie meist im Internet und (fast) immer in der Bibliothek Ihrer Hochschule. Wenn Sie nun als Antwort auf diese Frage ein, zwei aktuelle Artikel aus einem guten Journal zitieren können, haben Sie überzeugt!

Führungskompetenz – Fragen

- *Haben Sie schon einmal geführt?*
- *Was zeichnet einen guten Vorgesetzten aus?*
- *Wie motivieren Sie andere und sich selbst?*
- *Wie gehen Sie mit starken Mitarbeitern und wie mit schwachen um?*
- *Welche Arten von Führungsstil kennen Sie und welches ist Ihrer?*
- *Wie treffen Sie wichtige Entscheidungen?*
- *Wie integrieren Sie schwierige Mitarbeiter?*
- *Mussten Sie schon einmal unpopuläre Entscheidungen treffen? Wie gehen Sie damit um?*
- *Nach welchen Kriterien würden Sie Ihre Mitarbeiter auswählen?*
- *Warum ist Ihre Bürotür offen oder geschlossen?*
- *Beschreiben Sie eine Situation, in der Sie eine Aufgabe an jemanden delegieren mussten. Wie sind Sie vorgegangen?*

- *Gabe es einmal eine Situation in der Sie als Vorgesetzter ein Kritikgespräch führen mussten?*
- *Beschreiben Sie eine Situation, in der Sie sich auf Ihr Team verlassen mussten, um ein Projekt zu vollenden.*
- *Wie stellen Sie sicher, Mitarbeiter ihren Entwicklungsbedürfnissen entsprechend zu fördern?*
- *Schildern Sie bitte eine Situation, in der Sie ein Kollege/Mitarbeiter wegen persönlicher Probleme angesprochen hat. Wie haben Sie reagiert?*
- *Was tun Sie, um emotionale Strömungen und Machtbeziehungen im Kreis ihrer Mitarbeiter zu erkennen?*
- *Stellen Sie sich vor, einer Ihrer Mitarbeiter würde plötzlich in seiner Leistung absacken. Wie reagieren Sie darauf?*
- *Sie erfahren über Dritte von einem Konflikt in Ihrer Abteilung. Wie gehen Sie vor, um die Situation zu klären und zu entspannen?*

Auch kann es vorkommen, dass Sie Ihre Führungsqualifikationen in einem Rollenspiel unter Beweis stellen müssen. Mehr dazu finden Sie auf Seite 195.

Antworthinweis

Führung ist ein wichtiges Thema und Führungskompetenz eine wertvolle Qualifikation. Aus diesem Grund sind Sie, falls Sie in Ihrem bisherigen Leben schon Führungserfahrungen sammeln konnten, in einer glücklichen Lage. Auch wenn Sie in Ihrem eigentlichen Beruf vielleicht noch keine Führungsposition hatten, hatten Sie vielleicht im nebenberuflichen oder privaten Bereich Führungsaufgaben. Haben Sie Jugendgruppen geleitet, Studierende betreut, Praktikanten angeleitet oder ein Projekt geleitet? Na bitte, das sind Führungserfahrungen! Aber auch wenn Sie als Hochschulabsolvent bis zu diesem Zeitpunkt noch wenig oder keine Führungsverantwortung hatten und daher vielleicht nicht auf eigene Erfahrungen zurückgreifen können, ist es wichtig, dass Sie sich über das Thema Führung Gedanken machen. Dies gilt insbesondere dann, wenn Sie sich auf eine Position bewerben, die Führungsaufgaben beinhaltet. Aber auch wenn Sie beispielsweise für ein Traineeprogramm ausgewählt werden sollen, das anfangs noch keine Führungsposition darstellt, wird auf Ihr Führungsverhalten großen Wert gelegt. Schließlich geht es dem Unternehmen darum, die besten Führungskräfte von morgen zu finden.

Kennen Sie die gängigen Führungsstile und Führungsmethoden?

Haben Sie die Fähigkeit, sich in die Rolle eines Vorgesetzten hineinzudenken?

Besitzen Sie genug Einfühlungsvermögen, um das Vertrauen Ihrer Mitarbeiter zu gewinnen?

Haben Sie aber auch den Mut, das Durchsetzungsvermögen und das Fingerspitzengefühl, unangenehme Dinge zur Sprache zu bringen und Ihren Forderungen Nachdruck zu verleihen?

Das folgende kleine Glossar zum Thema Führung soll Ihnen helfen, die richtigen Antworten zu finden:

Glossar Führung

Führungsstil = Verhaltensmuster eines Vorgesetzten gegenüber seinen Mitarbeitern.
– Man klassifiziert:
– Autoritärer Führungsstil
– Laissez-Faire-Führungsstil
Kooperativer Führungsstil (dieser wird empfohlen)
In der Regel wird heutzutage in fast allen Unternehmen ein kooperativer Führungsstil erwartet. Gespräche, Abstimmung und vor allem gegenseitiger Respekt zwischen Führungskräften und Mitarbeitern stehen bei diesem Ansatz des kooperativen oder partnerschaftlichen Führungsstils im Vordergrund.
Wer diesem Stil folgt,
– trifft als Führungskraft Entscheidungen gemeinsam mit den Mitarbeitern
– erhöht dadurch deren Motivation und Selbstständigkeit
– fördert die Leistungsbereitschaft
– lässt genug Freiraum für Kreativität und neue Ideen
– gibt wichtige Informationen weiter
– befürwortet eine transparente und offene Kommunikation
– zeigt Einfühlungsvermögen. Nur so gelingt es ihm, das Vertrauen seiner Mitarbeiter aufzubauen.
– behandelt seine Mitarbeiter als Partner und nicht als Befehlsempfänger

- erarbeitet mit seinen Mitarbeitern gemeinsame Regeln, die eine gute Arbeitsleistung ermöglichen
- nimmt die Standpunkte und die Argumente der Mitarbeiter ernst
- bringt ihnen auch in Kritik- oder Konfliktsituationen Wertschätzung entgegen
- versteht es ebenso, Aufgaben zu verteilen und zu delegieren
- erkennt die Entwicklungsbedürfnisse der Mitarbeiter und fördert sie entsprechend ihrer Möglichkeiten

Typische Führungsinstrumente sind:
- Anerkennung
- Zielvereinbarungen
- Delegation
- Mitarbeiter-Gespräche zur Zielvereinbarung und Bewertung der Zielerreichung
- Teambesprechungen
- Leistungsgerechte Entlohnung und Mitarbeiterbeteiligung

Zeigen Sie in Ihren Antworten, dass Sie sich über das Thema Führung informiert haben und dass Sie im Stande sind, verantwortungsvoll mit eigenen Mitarbeitern umzugehen. Betonen Sie eigene Führungserfahrungen und zeigen Sie Bereitschaft, dazu zu lernen.

VI. Fragen zu spezielleren Themen

1. Fragen zu Ihrer privaten Situation

Bei Auskünften über Ihr Privatleben sind Sie nicht zur Wahrheit verpflichtet. Ihre überstandene psychische Krankheit, der untreue Freund oder Ihre Erlebnisse bei politischen Demonstrationen mögen zwar faszinierend sein – bei Ihrem künftigen Arbeitgeber können Sie damit vermutlich jedoch nicht punkten. Generell unzulässig sind Fragen nach Ihrer politischen Meinung, Ihren privaten Plänen wie z. B. Ihren Heiratsabsichten und Ihrem Kinderwunsch, eventuellen Vorstrafen, laufenden Ermittlungsverfahren sowie Parteizugehörigkeit. Näheres dazu finden Sie im Kapitel „Verbotene Fragen" und andere rechtliche Grundlagen auf Seite 187 ff.

Sollten Sie dennoch gefragt werden, ist es sicher günstiger, sich nicht empört dagegen zu verwehren, sondern stattdessen solche Angaben zu machen, die Ihnen nicht schaden können.

2. Fragen, die eher Frauen als Männern gestellt werden

Kategorie A – Fragen

- *Was haben Sie mittelfristig für (private) Pläne?*
- *Was macht Ihr Mann beruflich?*
- *Wann wollen Sie eine Familie gründen und Mutter werden?*
- *Wer versorgt Ihr Kind, wenn es einmal krank ist?*
- *Was sagt Ihre Familie zu diesem Wechsel?*

Anmerkungen zu Kategorie A

Wenn Sie eine Frau sind, fühlen sich manche Arbeitgeber berufen, Ihnen mit Fragen zu Ihrem Privatleben auf den Zahn zu fühlen.

Was sie damit eigentlich wissen wollen ist:

Werden Sie demnächst schwanger? Fallen Sie dann womöglich länger aus?

Werden Sie kündigen und wegziehen, falls Ihr Mann die Stadt wechselt? Bleiben Sie wegen familiärer Verpflichtungen (krankes Kind?) ständig daheim?

Diese Fragen sind dem Interviewer jedoch verboten, daher versucht er seine Antworten auf Umwegen zu bekommen.

Eines ist ganz klar und auch dementsprechend rechtlich geregelt: Wie auch immer Ihr Privatleben und Ihre familiären Pläne aussehen, es geht den Arbeitgeber nichts an. Völlig verdenken kann man sein Interesse jedoch nicht. Stellen Sie sich einmal folgende Situation vor:

BEISPIEL: *Sie führen ein kleines Unternehmen und Sie haben die Stelle der hauptverantwortlichen Geschäftsführerin vor acht Monaten neu besetzt. Nachdem Sie die neue Kollegin mit hohem Einsatz eingearbeitet*

> *und auf teure Fortbildungen geschickt haben, fängt sie gerade an, wirklich einsatzfähig zu werden. Genau zu diesem Zeitpunkt eröffnet sie Ihnen freudestrahlend, dass sie ein Kind erwartet und erwähnt, dass ihr Gynäkologe ihr schon gesagt hätte, dass sie sich lange vor der Geburt schon sehr schonen müsse. Wann sie wieder einsteigen werde, könne sie jetzt natürlich noch nicht sagen, daher wisse sie nicht, für wie lange Zeit eine Vertretung gesucht werden solle. Den Arbeitsplatz möge man ihr aber auf jeden Fall frei halten.*

Absolut nachvollziehbar, verständlich und richtig für die Arbeitnehmerin. Für Sie als Unternehmerin jedoch eine schwierige Situation. Würden Sie bei der nächsten Stellenbesetzung nicht auch nach privaten Plänen fragen?

Natürlich ist es nicht gerecht, Frauen Berufsausfälle aus familiären Gründen zu unterstellen.

Erstens gehört zu jeder Mutter auch ein Vater (nur dass dieser meist ziemlich unbehelligt weiter seine Karriere verfolgt). Zweitens gibt es sehr viele äußerst engagierte Mütter, die Kinder und Beruf sehr wohl mit hohem Einsatz kombinieren. Drittens wird nicht jede Frau Mutter.

Und viertens: Geht nicht derzeit ein großes Wehklagen durch die Gesellschaft, es gäbe zu wenige Kinder?

Für welchen Weg Sie sich auch entscheiden: Es ist Ihr Weg und er ist berechtigt. Sehen Sie ihrem Arbeitgeber sein Interesse nach, aber wahren Sie Ihres. Bei Auskünften über Ihr Privatleben sind Sie nicht zur Wahrheit verpflichtet. Sicherlich wäre die Äußerung Ihres brennenden Kinderwunsches nicht eben karrierefördernd.

Auch mit der Aussage, dass Ihr Partner eventuell nach Tokyo versetzt wird und Sie dafür schon fleißig japanisch lernen, würden Sie Ihren potenziellen Arbeitgeber vermutlich nicht für sich gewinnen.

Antworthinweis

Aus diesen Gründen empfiehlt sich in jedem Fall folgender Antworthinweis:

In Ihren Antworten sollten stets folgende zentralen Punkte zu finden sein:

(1) Sie sind ehrgeizig und freuen sich sehr auf die neue berufliche Herausforderung, die eine ganz klare Priorität in Ihrem Leben einnimmt.

(2) Ihr Partner oder Ihre Familienmitglieder stehen absolut hinter Ihnen und Ihrer beruflichen Entscheidung!

(3) Alles in Ihrem Privatleben ist stabil und rosarot und Sie haben weder Sorgen noch Belastungen! (Selbst wenn Sie in Realität auf bessere Zeiten hoffen.)

(4) Falls Sie Kinder haben, ist die Betreuung derselben durch Kita, Oma und sonstigen Institutionen und Anverwandten doppelt und dreifach abgesichert. (Selbst wenn all jene leider 900 Kilometer weit entfernt anzutreffen sind und Sie noch nicht wissen, wie Sie hier zurechtkommen werden.)

Und dann gibt es noch die Fragen, die in die Kategorie B fallen:

Kategorie B – Fragen

- *Wir haben eine von Männern dominierte Unternehmenskultur: Können Sie sich durchsetzen? Weshalb glauben Sie das?*
- *Dies ist ja nun eine sehr technische Tätigkeit. Fühlen Sie als Frau sich dafür geeignet?*
- *An diese Sache muss man sehr sachlich herangehen. Als Frau sind Sie vielleicht manchmal zu emotional...*
- *Als weibliche Führungskraft werden Sie es mit unserem Männerteam vielleicht nicht leicht haben....*
- *Etc.*

Anmerkungen zu Kategorie B

Man könnte diese Fragen auch anders formulieren:

Das Männerteam wird Sie womöglich anfangs nicht ernst nehmen. Kommen Sie damit zurecht? Können Sie sich gegen die ‚Platzhirsche' durchsetzen? Sind Sie selbstbewusst, durchsetzungsstark, analytisch denkend, technisch versiert etc. etc. etc. genug? Ärgerlich, diese Fragen? Durchaus! Aber immer noch leider ab und an Realität. Auch hier gilt: Bleiben Sie gelassen und lassen Sie sich keinesfalls provozieren. Oft ist diese Art von Fragen nicht abwertend gemeint, sondern eher ungeschickt formuliert. Beantworten Sie die Fragen sachlich und betonen Sie dabei Ihre Stärken und Fähigkeiten. Geht es darum, von einem Männerteam anerkannt zu werden? Beschreiben Sie entsprechende positive Erfahrungen. Steht ihr technisches Verständnis oder andere, als ‚typisch männlich' angesehene Qualifikationen in Frage? Belegen Sie Ihre Kompetenzen durch gut gewählte Beispiele. Vielleicht möchte Ihr Fragesteller aber einfach nur wissen, ob Sie sich in einem Männerteam wohl fühlen. Wenn dies so ist – erzählen Sie ihm einfach von Ihrer guten und erfolgreichen Zusammenarbeit mit früheren männlichen Kollegen oder Kommilitonen und Sie werden den Fragesteller sicher überzeugen können.

3. Fragen in Englisch oder einer anderen Fremdsprache

Aufforderung

Let's switch to English!

Wenn gute Fremdsprachenkenntnisse für die neue Stelle wichtig sind, müssen Sie diese oft schon im Vorstellungsgespräch beweisen. Viele Interviewer steigen von einem Satz zum anderen in die geforderte Fremdsprache (meist Englisch) um – wenn sie nicht gleich von Anfang an das Gespräch in ihr führen. Bereiten Sie sich ernsthaft darauf vor. Polieren Sie Ihre Fremdsprache(n) so oft Sie können. Falls Sie erst jetzt, d. h. kurz vor dem Gespräch dazu kommen, hilft Ihnen folgende Notfallstrategie:

Erarbeiten Sie in der gewünschen Fremdsprache Ihre Selbstpräsentation mit Ihren Kompetenzen, Ihrem bisherigen Werdegang und Ihrer Motivation für die neue Stelle. Bereiten Sie sich darauf vor, über Ihr Studium, Ihre Praktika, das Unternehmen und vor allem über die anstehenden Aufgaben zu sprechen. Ein ebenso beliebtes Thema für eine fremdsprachliche Präsentation ist Ihre Studienabschlussarbeit. Vermutlich werden Sie dazu eine Reihe von (Fach) Vokabeln nachschlagen müssen. Tun Sie es jetzt und lernen Sie diese auswendig. Jede Branche und jedes Tätigkeitsfeld hat in jeder

Sprache ihr eigenes Fachvokabular. Wenn Sie dieses beherrschen, kann Ihnen in der Regel nicht viel passieren. Nichts ist jedoch verheerender, als wenn Ihnen die zentralen Begriffe für Ihren Vortrag fehlen. Ist die geforderte Sprache englisch, hilft es sehr, die englische Übersetzung der Unternehmenshomepage (falls vorhanden) durchzuarbeiten. Wenn das Zielunternehmen keine englischen Seiten hat, suchen Sie bei der Konkurrenz. Lesen Sie Fachtexte in der geforderten Sprache. Ebenso wichtig ist ein Trainingspartner, der Ihnen geduldig zuhört, Ihre Sprachfehler korrigiert und Ihnen zudem die Standardinterviewfragen stellt.

Höchstwahrscheinlich haben Sie die Sprachkenntnisse theoretisch parat, sind aber vielleicht nicht daran gewöhnt, sie einzusetzen. Üben Sie, üben Sie, üben Sie, dann werden Sie nicht kalt erwischt. Mit Mut zur Lücke und flüssigem, wenn auch vielleicht nicht ganz korrektem Sprachgebrauch kommen Sie im Vorstellungsgespräch mit Sicherheit weiter, als wenn Sie sich, trotz guter Kenntnisse, nicht trauen, frei zu sprechen.

4. Unangenehme Fragen

Frage

Was spricht gegen Sie als Bewerber für diese Aufgabe?

Antworthinweis

Hier möchte der Interviewer sowohl Ihre realistische Selbsteinschätzung, Ihre Kritikfähigkeit – aber vor allem anderen: Ihre Belastbarkeit testen. Bleiben Sie sachlich und gelassen. Versuchen Sie eine ausgewogene Antwort zu finden. Sie brauchen keine Gegenargumente gegen sich selbst ins Feld zu führen. Bieten Sie, nach wohl kalkuliertem Zögern, höchstens einen negativen Punkt an, den Sie sich vorher genau überlegt haben und der Ihnen im Grunde nicht wirklich schadet. Idealerweise wäre es eine Schwäche, die vorab schon angesprochen und von Ihnen gut entkräftet wurde. Heben Sie dann noch einmal hervor, was für Sie spricht. Mit einer Antwort, in der Sie sowohl Selbstvertrauen zeigen als auch eine gewisse

Selbstkritik, liegen Sie richtig. Mehr zum Umgang mit kritischen Fragen finden Sie auf Seite 59.

Frage
Was machen Sie, wenn Sie die Stelle bei uns nicht bekommen?

Antworthinweis

Diese Frage ist ein Frustrationstest: Wie verarbeiten Sie Enttäuschung und inwieweit haben Sie sich selbst unter Kontrolle?

Bleiben Sie gelassen und bringen Sie zum Ausdruck, dass Sie eine Entscheidung gegen Sie als Kandidat zwar bedauern aber akzeptieren würden. Halten Sie Ihre Antwort aber im Konjunktiv und zeigen Sie verhaltenen Optimismus, denn diese Fragestellung ist bis jetzt nur rein hypothetisch. Wichtig ist, dass Sie Ihrem Gesprächspartner weder das Gefühl geben, verzweifelt auf die Stelle angewiesen zu sein, noch, dass Sie sich dazu hinreißen lassen, auszuplaudern, dass Sie mehrere Bewerbungsverfahren laufen, also noch weitere ‚Eisen im Feuer' haben!

Frage
Haben Sie sich noch bei anderen Firmen beworben?

Antworthinweis

Wenn Sie zum Beispiel nach Studienabschluss auf Stellensuche sind, wäre es ziemlich unrealistisch, wenn Sie sich nur bei einem Unternehmen beworben hätten.

Geben Sie also gegebenenfalls mit ruhigen Gewissen zu, dass es noch zwei-drei weitere Stellen gibt, bei welchen die Entscheidung noch aussteht. Aber: Am liebsten würden Sie hier arbeiten, weil....

Nun geht es darum, überzeugend ein paar Argumente zu nennen, die Ihrer Meinung nach diese Stelle besonders interessant machen. Und dies ist bitte weder das Gehalt noch die unmittelbare Nähe zur eigenen Wohnung! Statt dessen eignen sich hervorragend noch einmal Ihre Ausführungen zu Ihrer Bewerbungsmotivation.

Frage

Wie erklären Sie folgende Schwächen in Ihrem Lebenslauf....?

Antworthinweis

Bleiben Sie ruhig. Zum einen hätte man Sie ja nicht eingeladen, wenn Sie nicht potenziell geeignet wären. Zum anderen sind Fragen nach Schwächen oder Lücken im Lebenslauf vorhersehbar, daher können Sie sich vorab in Ruhe darauf vorbereiten. Begründen Sie so sachlich wie möglich, wie es zu dem in Frage stehenden Fakt kam und belegen Sie gleichzeitig, dass dieser ihre Eignung nicht mindert. Dabei können Sie folgendermaßen vorgehen:

Dabei können sie folgendermaßen vorgehen:

Greifen Sie das Problem auf und nennen Sie Gründe dafür.

Beschreiben Sie dann aber auch die Vorteile, die dies brachte, und ziehen Sie ein positives Fazit.

Ein Beispiel dazu finden Sie auf Seite 59.

Frage

Sie suchen ja schon ziemlich lange erfolglos nach einer Stelle. Wie kommt das?

Antworthinweis

Wenn Sie nach Ihrem Studienabschluss schon eine Weile erfolglos nach einer Stelle gesucht haben, oder aber aus anderen Gründen derzeit beschäftigungslos sind, müssen Sie mit Fragen zu diesem Thema rechnen.

Fangen Sie nun weder damit an, sich Asche auf's Haupt zu streuen oder – noch schlimmer – sich über die Ungerechtigkeit der Wirtschaft zu beschweren.

Viel Erfolg versprechender ist es, wenn nötig eine knappe und unemotionale Begründung der Arbeitslosigkeit zu geben (Studienabschluss, Ende eines befristeten Vertrags, Stellenstreichungen, der Versuch, sich selbstständig zu machen etc.) und sich in Ihrer Antwort eher darauf zu konzentrieren, was Sie in dieser Zeit getan haben.

Stehen Sie ruhig dazu, dass Sie schließlich eine Stelle suchen, von der Sie wirklich überzeugt sind und machen Sie ebenso deutlich, dass Sie die freie Zeit Gewinn bringend in Ihre Weiterbildung investiert haben.

> **ANTWORTBEISPIEL:** *Einige Male war ich bei interessanten Unternehmen in der engeren Auswahl, leider hat es dann doch nicht geklappt. In der Zwischenzeit habe ich sorgfältig nach interessanten Positionen recherchiert und mich nur dort gezielt beworben, wo ich auch wirklich sehr gut meine Kompetenzen einsetzen kann und möchte. Nebenbei habe ich einen englischsprachigen Kurs zum Thema Finanzplanung und Projektmanagement besucht.*

Frage

Aus welchem Grund haben Sie Ihre letzte Stelle aufgegeben?

Selbst wenn Ihre letzte Stelle für Sie den Inbegriff des Grauens darstellte – bleiben Sie stets diplomatisch und antworten Sie neutral. Wer seinen früheren Arbeitgeber schlecht macht, gilt als unloyal, potenziell schwierig und zu redselig. Falls Sie tatsächlich die negativen Seiten an Ihrer früheren Stelle erwähnen müssen, sollten Sie etwas Positives dagegen stellen.

Bei Fragen dieser Art ist es oft klug, ihnen eine andere Richtung zu geben. Sprechen Sie nur wenig von der Vergangenheit sondern antworten Sie vorwärtsgerichtet: Sie wollten wechseln, weil Sie für sich eine neue Herausforderung suchen. Sie möchten sich weiterentwickeln und zwar in die Richtung, die Ihr persönliches Karriereziel darstellt. Daraus resultiert Ihre Motivation, sich hier zu bewerben, denn … – und nun folgt Ihr Motivationsvortrag. (Siehe Seite 96).

5. Fragen zum Abschied

Frage

Was sind Ihre Gehaltsvorstellungen?

Antworthinweis

Oft und völlig berechtigt kommt es vor, dass der künftige Arbeitgeber nach Ihren Gehaltsvorstellungen fragt. Dieser Punkt ist für Sie als Bewerber natürlich immer heikel, denn, wer zu hoch pokert, ist in Gefahr, deshalb aussortiert zu werden. Verkaufen Sie sich dagegen zu billig, hält man Sie für unsicher oder schlecht informiert. Zudem könnten Sie, besonders wenn es sich um eine weiterführende Position handelt, dadurch schlechter eingestuft werden.

Bei Einstiegspositionen, vor allem bei Trainee- oder ähnlichen Einstiegsprogrammen steht das Erstgehalt zwar vorab meist fest, dennoch möchte der künftige Arbeitgeber erfahren, ob Sie Ihren Marktwert kennen. Sie sollten daher wissen, was üblicherweise Arbeitnehmer in Ihrer Position verdienen. Recherchieren Sie vorab zum Beispiel bei Gewerkschaften, im Internet und in einschlägigen Magazinen (Capital, Managermagazin, Wirtschaftswoche etc.). Auch das Career Center Ihrer Hochschule oder Freunde und Bekannte, die in der betreffenden Branche arbeiten, sind gute Informationsquellen. Merken Sie sich die Bruttosumme als Jahresgehalt und als Monatsgehalt. Und denken Sie auch an so genannte Fringe Benefits, eben an all die Leistungen, die Sie eventuell über den Brutto-Jahreslohn hinausgehend erhalten. Viele Firmen bezahlen zum Beispiel vermögenswirksame Leistungen, beteiligen sich an der Lebensversicherung, geben einen Zuschuss zur Berufskleidung, übernehmen Fahrtkosten oder stellen einen Dienstwagen etc. Gleiches gilt für Ihr derzeitiges Gehalt, falls Sie schon eines beziehen. Auch wenn Sie schon vorher eine Stelle hatten, brauchen Sie das ehemalige bzw. derzeitige Gehalt nicht anzugeben, da der künftige Arbeitgeber normalerweise nicht das Recht hat, sich daran zu orientieren. (Ausnahmen gibt es beispielsweise im Öffentlichen Dienst, da dort die Gehaltsstufe gleichzeitig den Dienstgrad zeigt). Sollte dennoch danach gefragt werden, empfiehlt es sich aber, die Antwort jedoch nicht komplett zu verweigern sondern einen Gegenvorschlag mit Ihren Gehaltserwartungen zu machen und dazu zu sagen, dass Sie sich bei dem zukünftigen Gehalt nicht verschlechtern möchten.

Eine Orientierung könnte Ihnen die Studie des Personalberatungsunternehmens Staufenbiel geben, die Sie in der folgenden Abbildung sehen.

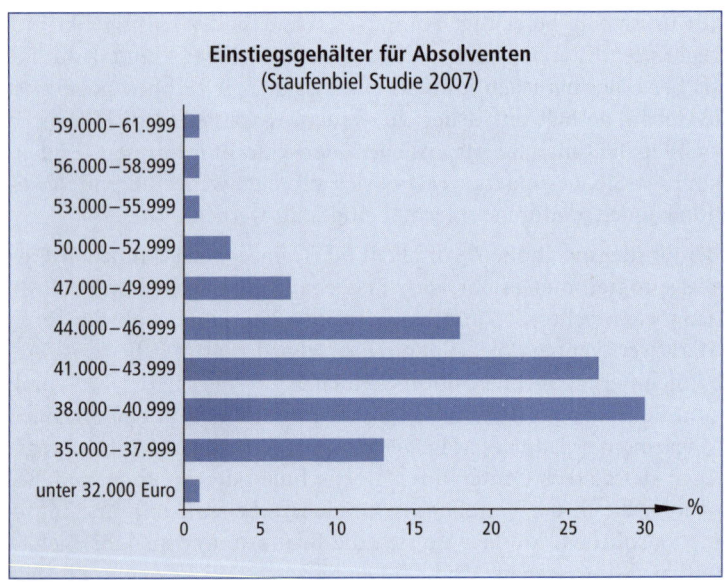

Abb. 8: Einstiegsgehälter für Hochschulabsolventen. (Staufenbiel, 2008)

Glücklich schätzen können sich Ingenieure und Informatiker. Beide Berufsgruppen verdienen im Schnitt auch als Berufseinsteiger mehr als 40 000 Euro. Etwas geringere Einstiegsgehälter bekommen Juristen sowie Wirtschafts- und Naturwissenschaftler. Geistes- und Sozialwissenschaftler müssen mit deutlich weniger rechnen, bei jedem dritten Unternehmen bekommen sie nicht mehr als 35 000 Euro. Im Durchschnitt liegen die Einstiegsgehälter bei den meisten Unternehmen zwischen 38 000 und 41 000 Euro.

> **Frage**
>
> *So, dies wäre es von unserer Seite. Haben Sie noch etwas auf dem Herzen?*

Antworthinweis

Dies ist eine der harmlosesten Abschlussfragen, die Sie, falls alle Ihre eigenen Fragen beantwortet sind und alle Modalitäten abgeklärt sind, auch einfach verneinen können. Andererseits ist dies eine Gelegenheit, nochmals Interesse am künftigen Arbeitgeber und an der Stelle selbst zu bekunden.

VII. Ihre Fragen – ‚Das Bewerberinterview'

In fast jedem Interview werden Sie etwa nach zwei Drittel der vorgesehenen Zeit gefragt, ob auch Sie Fragen an den potenziellen Arbeitgeber haben. Und natürlich haben Sie! Denn zum Einen gibt es sicherlich Punkte, die Sie genauer wissen möchten, wenn Sie darüber vorab in Ruhe nachgedacht haben.

Gibt es Aufstiegsmöglichkeiten? Wird Ihre Weiterentwicklung gefördert? Wie sind die Perspektiven des Unternehmens? Interessiert Sie das? Eben, und darum sollten Sie die Gelegenheit nutzen, durch geschickte Fragen den Wert, den diese Arbeitsstelle für Sie hätte zu prüfen.

Zum Anderen sind Ihre Fragen aber auch für Ihre potenziellen Vorgesetzten aussagekräftig. Gern gesehen sind natürlich ‚kluge' Fragen, die Ihre Eignung erkennen lassen und Fragen, die Ihre Motivation zeigen.

Kluge Fragen sind solche, die erkennen lassen, dass Sie sich über das Unternehmen und die Arbeitsstelle sorgfältig informiert haben, und die zeigen, dass Sie mit diesen Informationen etwas anfangen können. Wenn Sie beispielsweise erfolgskritische Punkte aus dem Geschäftsbericht, aus der Arbeitsplatzbeschreibung oder aus den Informationen, die Sie im Gespräch erhalten haben, heraus greifen und hinterfragen, zeigen Sie, dass Sie mitdenken und relevante Informationen erkennen und nutzen können. Achten Sie im Gespräch darauf, welche Punkte Ihren Gesprächspartnern wichtig sind, welche sie betonen oder besonders ausführen. Gehen Sie in Ihren Fragen darauf ein. Damit treffen Sie die Prioritäten Ihrer Interviewer und damit sozusagen ins ‚Schwarze'.

Echtes Interesse signalisieren Sie, indem Sie Fragen stellen, die sich eher auf Ihre Aufgaben, Verantwortlichkeiten und Erfolgsmöglichkeiten beziehen, als auf Ihre ‚Entlohnung' wie zum Beispiel die Höhe Ihres Gehalts oder Ihr Urlaubsanspruch. (Diese Informationen dennoch zu bekommen ist die Kunst des geschickten Bewerbers.)

Fragen Sie also beispielsweise nach Ihren wichtigsten Aufgaben und Ihren Leistungszielen und bewerten Sie diese positiv.

Eine Auswahl guter Themen, die sowohl Ihnen wichtige Informationen liefern als auch den gewünschten Eindruck hinterlassen, sind folgende:

- Die zukünftige Tätigkeit: z. B. die wichtigsten Aufgaben, die Möglichkeit, eigene Ideen, Kompetenzen und Stärken einzubringen, typische Arbeitsabläufe

- Die Tätigkeiten Ihres Vorgängers: z. B. Gab es einen Vorgänger oder ist es eine neu geschaffene Stelle? Wie sind die Erwartungen an die Weiterführung?

- Verantwortung und Handlungsspielraum: z. B. Entscheidungskompetenzen, mögliche Entscheidungssituationen, Befugnisse und Vollmachten

- Arbeitsbedingungen: z. B. Reisetätigkeit, Auslandseinsätze, Arbeitszeiten, andere Besonderheiten

- Ziele und Aufgaben übergeordneter Einheiten: z. B. Leistungsziele der Abteilung, Zusammenarbeit mit anderen Bereichen

- Hierarchische Einordnung: z. B. Vorgesetzte Personen und Einheiten, Zuordnung, Mitarbeiter, Berichtspflichten

- Entwicklungsmöglichkeiten: z. B. Weiterbildungsmöglichkeiten, Entwicklungsmöglichkeiten innerhalb des Unternehmens, Förder- und Auswahlprogramme

- Das Unternehmen: z. B. Unternehmensziele, -philosophie, Entwicklung des Unternehmens, Produktplanung, Marktstellung

Nun kommen wir zu etwas heikleren Themen, die für Sie aber sicherlich ebenso wichtig sind. Diese sollten Sie, wenn sie denn von Ihnen angesprochen werden müssen, mit etwas Diplomatie und Geschick angehen. Oft ist es jedoch klüger zu warten, ob Ihre Interviewpartner sie nicht von selbst nennen und erläutern.

- Gehalt: z. B. Festgehalt, Zulagen, Sonderzahlungen, absehbare Gehaltsentwicklung

- Sozialleistungen: Urlaubsregelungen, Alters- und Krankenversorgung, Umzugskosten, Betriebskindergarten

- Status: z. B. Dienstwagen, Ausstattung, Standort

- Standort: z. B. Wohnungsmarkt, Schulen, Kulturangebot

Es ist sinnvoll, eine Reihe von Fragen vorzubereiten, die Sie im Interview stellen möchten. Bereiten Sie mehr Fragen vor, als Sie tatsächlich stellen können, da Sie vorab nicht wissen, welche Informationen Sie sowieso schon ungefragt während des Gesprächs bekommen. Nicht dass alle vorbereiteten Themen schon besprochen wurden und Ihnen so schnell nichts Neues einfällt! Kleben Sie aber nicht stur an Ihrer Liste, da sich manche neue Fragen aus dem Gespräch erst ergeben. Und natürlich überlegen Sie sich vorher, welche Fragen für Sie besonders wichtig sind und unbedingt geklärt werden müssen.

Wenn Sie mehrere Vorstellungsgespräche führen und sich zwischen verschiedenen Stellen entscheiden müssen, ist es wichtig, eine gute Vergleichsgrundlage zu haben. Achten Sie darauf, die Fragen, die Ihnen wichtig sind, bei allen Gesprächen zu stellen – gegebenenfalls natürlich abgewandelt oder angepasst. Machen Sie sich vorab auch schon Gedanken, wie eine für Sie informative Antwort aussehen könnte. Haben Sie alle Informationen bekommen oder sollten Sie noch einmal nachhaken? Ist die dargestellte Gegebenheit für Sie positiv oder negativ? Reicht die Antwort als Entscheidungsgrundlage?

Auf diese Weise bekommen Sie alle relevanten Daten von allen in Frage kommenden Arbeitsstellen und können später in Ruhe direkt nach Ihren Prioritäten vergleichen.

In unserer Beratungspraxis kommt immer wieder die Frage, ob man seine Frageliste schriftlich dabei haben darf, um sie abzulesen. Dürfen? Das schon, aber überlegen Sie sich selbst, ob ein Bewerber, der an einem leicht zitternden Blatt Papier klebt, so souverän wirkt, wie er das gerne hätte. Merken Sie sich lieber die wichtigsten Themen und formulieren Sie die Fragen frei. Wenn es gar nicht anders geht, ziehen Sie die vorbereitete Liste mit Stichworten erst ganz am Ende hervor und nutzen Sie sie als Gedankenstütze. Oft hilft auch allein das Wissen, dass Sie die Liste zur Not benutzen könnten.

9. Kapitel

Einstellungsinterviews in verschiedenen Branchen und für unterschiedliche Funktionen

Jede Branche hat ihre Eigenheiten und jedes Tätigkeitsfeld hat andere Regeln. Von einem Personalreferenten wird ein anderes Profil erwartet als von einer Unternehmensberaterin und eine Wissenschaftlerin stellt sich anders dar als ein Vertriebsmitarbeiter. Daher ist es auch nicht verwunderlich, dass jeder Bereich auch unterschiedliche Schwerpunkte in den Vorstellungsgesprächen setzt. Zwar kommt es in jedem Bereich auf die inzwischen bekannte Triade aus Motivation, Fachkompetenz und Persönlichkeit bzw. überfachliche Kompetenzen an. Dennoch gibt es bereichstypische Unterschiede darin, wie man die genannten Eigenschaften zu ergründen versucht.

Eine Auswahl davon stelle ich Ihnen im Folgenden vor:

I. Consulting/Unternehmensberatung

Typische Fragen / Aufforderungen

- *Warum Consulting? Warum dieses Unternehmen?*
- *Was sind die Tätigkeiten eines Unternehmensberaters?*
- *Was sind die drei wichtigsten Qualitäten eines erfolgreichen Beraters?*
- *Wie haben Sie diese erworben und eingesetzt?*
- *Wie unterscheidet sich unsere Beratungspraxis von der anderer Beratungsunternehmen?*

- *Ist Consulting Ihr langfristiger Berufswunsch?*
- *Beschreiben Sie mir ein Business-Problem und legen Sie dar, wie Sie es gelöst haben.*
- *Als Berater sind Sie sehr viel auf Reisen und übernachten in der Regel nur von Freitag bis Sonntag in Ihrem eigenen Bett. Wie stehen Sie zu einer solchen Lebensweise?*
- *Wie geht Ihre Familie/ Ihr Partner oder Partnerin damit um?*
- *Beschreiben Sie Ihren größten Erfolg.*
- *Was war Ihre größte Niederlage?*
- *Beschreiben Sie ein Problem, das Sie mithilfe Ihrer analytischen Fähigkeiten gelöst haben. Wie sind Sie dabei vorgegangen? Welche Methoden haben Sie angewandt?*
- *Welche Ihrer Qualifikationen sind für unser Unternehmen besonders nützlich?*
- *Wie viele Windeln werden in Deutschland pro Tag verbraucht? (Mehr zur Lösung von Brainteasern dieser Art auf Seite 233.)*
- *Bitte lösen Sie folgende Fallstudie... (Mehr zum Thema Fallstudien finden Sie auf Seite 228.)*

Anmerkung

Wer sich bei Consulting-Unternehmen bewirbt, wird nicht selten mit seltsamen Fragen konfrontiert: Man will wissen, warum Kanaldeckel rund sind oder wie viele Windeln in Deutschland pro Monat verbraucht werden. Lassen sie sich nicht aus dem Konzept bringen! Sehen Sie Fragen dieser Art als sportliche Herausforderungen an. Wichtig zu wissen ist: Hier geht es nicht um Ihr Fachwissen sondern um Ihre Kreativität und um Ihre Fähigkeit, logisch, analytisch, und zugleich um die Ecke zu denken. Berater werden ständig mit neuen Projekten und Fragestellungen konfrontiert. Daher sind Brainteaser eine Art Arbeitsprobe, die zeigt, wie Sie an ein komplexes Problem herangehen, wie Sie es strukturieren und nach Lösungswegen suchen. Entscheidend bei der Lösung von Brainteasern ist: Verlassen Sie eingefahrene Denkbahnen, nehmen Sie nichts als gegeben, hinterfragen Sie alles und suchen Sie ungewöhnliche Lösungen. Brainteaser können Sie meist ohne Fachwissen lösen: was Sie brauchen, ist logisches Denken und den Mut, ungewohnte Wege zu gehen. Wenn Sie nicht weiter wissen, beginnen Sie mit der Trial-and-Error-

Methode, arbeiten Sie mit einer Fallunterscheidung oder versuchen Sie einen einfachen Dreisatz. Wichtiger als komplexe Mathematik ist meist die Fähigkeit, ungewöhnliche Lösungswege zu beschreiten. Eine Schätzaufgabe beispielsweise erfordert keine genauen Lösungen sondern gute Strategien.

Und scheuen Sie sich nicht, Ihre Gedankenschritte laut auszusprechen. Schließlich will man an Ihren Denkvorgängen teilhaben und wissen, wie Sie auf Lösungen gekommen sind. Und wenn Sie wirklich nicht weiterwissen? Dann sprechen Sie mit Ihrem Interviewpartner! Fragen Sie ihn, wie Sie am besten vorgehen könnten und teilen Sie ihm Ihre eigenen Gedanken und Ideen mit. Darauf kommt es schließlich auch im Arbeitsalltag an: Berater arbeiten im Team, um gemeinsam Probleme zu lösen. Hier werden keine genialen Einzelgänger sondern intelligente Teamplayer gesucht! Mehr zum Thema Brainteaser erfahren Sie auf Seite 233.

Gleiches gilt bei der Lösung von Fallstudien. Als angehender Unternehmensberater sollen Sie beweisen, dass Sie praxisnahe Fälle verstehen, analysieren und mithilfe von logischen Schlussfolgerungen lösen können. Dabei kommt es darauf an, dass Sie Ihre Annahmen, Ihre Vorgehensweise und Ihre Schlussfolgerungen deutlich machen und verteidigen können.

Ebenso wichtig ist es, dass Sie die richtigen Fragen stellen: Wenn Sie irgendein Detail oder eine wichtige Information im Rahmen des vorliegenden Falls nicht mitbekommen haben oder wenn Ihnen ein Begriff oder eine Technologie unklar sind, zögern Sie nicht aus falschem Stolz, um Erläuterung zu bitten. Es ist entscheidend, dass Sie das Problem verstehen, bevor Sie mit Ihrer Analyse beginnen. Niemand erwartet von Ihnen, dass Sie alle branchen- oder unternehmensspezifischen Hintergrunde kennen, auf die der Fall sich bezieht, aber Sie sollten Ihre Fähigkeit, relevante Fragen zu stellen, unter Beweis stellen.

Da die Fälle von Unternehmensberatungen meist einen betriebswirtschaftlichen Hintergrund haben, empfiehlt es sich, bei der Lösung des Falles betriebswirtschaftliche Lösungsansätze im Kopf zu behalten.

Dazu gehören zum Beispiel:

- Marktposition: die vier Ks: Kunde, Konkurrenz, Kapazität, und Kosten
- Marketing: Produkt, Preis, Förderung, und Standort
- Die SWOT-Analyse: Strengths (Stärken), Weaknesses (Schwächen), Opportunities (Chancen) und Threats (Gefahren)
- Rentabilität: Kosten und Nutzen
- Das Prinzip Angebot und Nachfrage

Falls diese auf Ihren Fall jedoch nicht passen, lösen Sie sich davon und versuchen Sie etwas anderes. Mehr zu Fallstudien finden Sie auf Seite 228.

Ein weiterer Punkt, der häufig in den Interviews angesprochen wird, ist der Umfang und die Art der Arbeit eines Unternehmensberaters.

Man muss sich als angehender Consultant bewusst sein, dass man einen Beruf ergreift, der überdurchschnittlichen Einsatz und ebenso überdurchschnittliche Mobilität und Flexibilität erfordert. Häufige 70-Stundenwochen, nur selten Einsätze in der Heimatstadt aber teilweise sehr hohe Gehälter zeichnen diese Berufsgruppe aus.

Überlegen Sie sich vorab also gut, ob diese sicherlich sehr spannende aber auch meist sehr arbeitsintensive Herausforderung annehmen möchten und machen Sie Ihrem Gesprächspartner klar, dass Sie sich mit dieser Frage auseinander gesetzt haben und sie mit ja beantworten.

II. Human Resources / Personalwesen

Typische Fragen

- *Warum interessiert Sie der Bereich Human Resources?*
- *Interessieren Sie sich mehr für den Bereich Personalauswahl, Personalentwicklung oder Personalverwaltung? Warum?*
- *Welches sind die wichtigsten Aufgaben eines Human Resource Managers?*

- *Was sind die drei wichtigsten Qualitäten einer Human Resource Managerin?*
- *Wie haben Sie diese erworben und eingesetzt?*
- *Wie werden sich die Aufgaben einer Human Resource Managerin in Zukunft verändern?*
- *Welches sind die wichtigsten Herausforderungen, mit denen Sie im Personalwesen in den nächsten Jahren konfrontiert werden?*
- *Wie würden Sie den Wert des ‚Humankapitals' eines Unternehmens einschätzen?*
- *Wie kann die Personalabteilung den Wert eines Unternehmens steigern?*
- *Wie überzeugen Sie andere Menschen, etwas in Ihrem Sinn zu tun?*

Anmerkung

Da für den Personalreferent oder die HR Managerin der Umgang mit Menschen zur wichtigsten Arbeitsdisziplin gehört, ist die soziale Kompetenz eine der wichtigsten Anforderungen. Im Bewerbungsgespräch geht es um Ihre Sensibilität, Ihr diplomatisches Geschick, Ihren Humor und Ihr Menschenkenntnis. In internationalen Unternehmen ist es zusätzlich unverzichtbar, dass Sie über interkulturelle Kompetenz und Erfahrung verfügen. Wenn Sie zusätzlich Kenntnisse und Erfahrungen im Bereich Eignungsdiagnostik, Personalentwicklungsmethoden und Arbeitsrecht vorweisen können, machen Sie im Gespräch eine gute Figur.

III. Finanzwesen

Typische Fragen/Aufforderungen

- *Warum interessieren Sie sich für den Bereich Finanzwesen?*
- *Wie gut können Sie mit SAP umgehen?*
- *Wie steht der DAX heute?*
- *Kennen Sie den Kurs unserer Aktien? Unseren Marktwert? Unser Kurs-Gewinn-Verhältnis?*
- *Nennen Sie mir einen Artikel auf der Titelseite der heutigen Financial Times.*

- *Beschreiben Sie mir ein Unternehmen, in das Sie investieren würden.*
- *Wie wird die Eigenkapitalrendite berechnet?*
- *Definieren Sie die Begriffe Cash-Flow versus Reingewinn.*
- *Welches sind die Einflussfaktoren und Auswirkungen einer Akquisition auf das Kurs-Gewinn-Verhältnis des einkaufenden Unternehmens?*
- *Wie berechnet sich der Enterprise Value?*
- *Nennen Sie mir ein paar Gründe, weswegen zwei Unternehmen fusionieren würden.*
- *Können Sie mir ein Beispiel geben, wie Sie eine Problemstellung in einem Projekt dank Ihrer analytischen Fähigkeiten lösen konnten?*
- *Warum bewerben Sie sich nicht im Bereich Finanzdienstleistungen?*
- *Was wissen Sie über unsere Branche?*
- *Unsere Abteilung XY denkt über die Einführung eines neuen Produkts nach. Wie gehen Sie vor, um zu prüfen, ob dies rentabel ist?*
- *Was ist die Summe aller Zahlen von 1 bis 100?*
- *Warum sind Kanaldeckel rund? (Mehr zur Lösung der letzten beiden Aufgaben und anderen Brainteasern dieser Art auf Seite 233.)*

Anmerkung

Selbstverständlich erwartet man von Ihnen Fachkenntnisse und Fachinteresse. Es ist daher sicherlich sinnvoll, sich während der Bewerbungsphase über Branchenneuerungen und allgemeine Wirtschaftsentwicklungen auf dem Laufenden zu halten.

Auch kann es vorkommen, dass Sie mit kleineren Mathematikaufgaben konfrontiert werden. Da Sie dafür meist keinen Taschenrechner zur Verfügung gestellt bekommen, sind Sie auf Ihre Kopfrechenkünste angewiesen. Es empfiehlt sich dringend, die schriftlichen Grundrechenarten noch einmal zu üben und beim ‚Einmaleins' und im Kopfrechnen fit zu sein. Lösen Sie außerdem die eine oder andere Dreisatz-Aufgabe. Nichts ist frustrierender, als im Ansatz einer einfachen Rechenaufgabe alles richtig zu machen und dann auf der Zielgeraden zu stolpern.

Rechnen Sie außerdem mit Fragen zu Ihrem Interesse für Mathematik und Wirtschaft, Ihr Abstraktionsvermögen und Ihre Hartnäckigkeit in der Informationsbeschaffung. Ebenso wird Ihre Korrektheit im Auftreten und Handeln begutachtet.

IV. Marketing und Vertrieb

Vertrieb – Typische Fragen

Aufforderungen

- *Verkaufen Sie mir diesen Bleistift!*
- *Wie können Sie mir glaubhaft machen, dass Sie verkaufen können?*
- *Wie gehen Sie vor, wenn eine Sekretärin ihren Chef so abschirmt, dass Sie keinen persönlichen Gesprächstermin bekommen?*
- *Kennen Sie die Preise unserer Produkte? Können Sie Beispiele nennen?*
- *Erzählen Sie mir einen Witz!*
- *Welche Telefontechniken kennen Sie, um einen persönlichen Termin beim Kunden zu bekommen?*
- *Wie wichtig ist es beim Verkaufen, dem Interessenten alle Fakten offen zu legen?*
- *Was unterscheidet einen Berater von einem Verkäufer?*
- *Außendiensttätigkeiten bestehen aus Kundenbesuchen und aus der Erledigung von Formalien. Wie sieht für Sie eine ideale Aufteilung aus?*
- *Erledigen Sie Ihre Kundenbesuche lieber am Telefon oder durch persönliche Kontakte?*
- *Schildern Sie uns bitte eine Situation, in der ein Kunde besonders unhöflich und aggressiv agiert hat. Wie haben Sie darauf reagiert?*

Marketing – Typische Fragen

Aufforderungen

- *Was ist Marketing? Definieren Sie den Unterschied zwischen Marketing und Werbung.*
- *Was sind die Merkmale einer erfolgreichen Marketing-Kampagne?*

- *Wie haben Sie Ihre soziale Kompetenz entwickelt? Geben Sie mir Beispiele.*
- *Beschreiben Sie eine Situation, in der sie ein Problem kreativ gelöst haben.*
- *Welche Werbekampagne der letzten Jahre hat Sie besonders beeindruckt?*
- *Wie würden Sie eine Werbekampagne für eines unserer Produkte aufziehen?*
- *Können Sie mir Beispiele von guter und schlechter Werbung geben? Können Sie Ihre Auswahl begründen?*
- *Spielen Sie mir bitte einen 30-Sekunden-Werbespot über sich selbst vor.*
- *Was unterscheidet die Arbeit mit neuen Produkten im Vergleich zu etablierten Marken?*
- *Sie haben sich bestimmt mit unseren Produkten beschäftigt. Wo sehen Sie in der Werbung Schwächen, was würden Sie anders machen?*
- *Was unterscheidet einen Marketingmanager von einem Vertriebler?*

Anmerkung

Marketing und Vertrieb liegen im Unternehmen oft dicht beisammen und eine Karriere im Marketing fängt häufig im Vertrieb an. Auch wenn die einzelnen Tätigkeiten sich unterscheiden, gilt für beide: Introvertierte Personen haben in den Bereichen Marketing, Werbung und Vertrieb schlechte Karten. Hier zählen Teamgeist, Ideenreichtum und kommunikative Fähigkeiten. Dazu brauchen Sie Interesse am Kunden und ein Gespür für dessen Wünsche.

Besonderheiten Vertrieb

Vertrieb und Verlauf liegt nicht jedem – oft heißt es, zum Verkaufen muss man geboren sein. Das stimmt nicht ganz, denn Verkaufstechniken lassen sich lernen. Dennoch haben die meisten guten Vertriebsmitarbeiter eine ganz bestimmte Persönlichkeit. Sie besitzen das, was im Volksmund auch als Verkaufstalent bezeichnet wird. Die wichtigsten Eigenschaften eines Vertriebsmitarbeiters sind sicherlich Freude am Beraten und am Kontakt mit Menschen, Redegewandtheit und Überzeugungskraft. Da der Wettbewerbsdruck hoch ist, sollten auch mentale Stärke, Hartnäckigkeit und Konsequenz zu Ihren Stärken gehören. Eventuell prüft man Sie auch auf Ihre Frustrationstoleranz, was – dies liegt leider in der Natur der Sache – meist nicht sehr angenehm ist. Schlimmstenfalls könnte dabei einmal die eine oder andere Stressfrage zum Einsatz kommen.

Frage

Bis jetzt haben sie uns nicht überzeugt. Warum sollten wir Sie einstellen?

Keine Angst – Bleiben Sie gelassen. Steigen Sie weder auf die Provokation ein, noch geben Sie vorschnell auf. Eine solche Bemerkung dient einzig und allein dazu, um Ihre emotionale Stärke auf die Probe zu stellen. Belegen Sie ruhig und gelassen einfach noch einmal Ihre Stärken. Mehr zum Thema Stressfragen finden Sie auf Seite 55.

V. Management allgemein

Fragen/Aufforderungen

- *Beschreiben Sie eine Business-Strategie, die Sie entwickelt haben, und erzählen Sie, wie Sie sie in die Tat umgesetzt haben.*
- *Haben Sie schon einmal geführt?*
- *Was zeichnet einen guten Vorgesetzten aus?*
- *Welchen Führungsstil bevorzugen Sie?*
- *Beschreiben Sie eine Situation, in der Sie eine Aufgabe an jemanden delegieren mussten. Wie sind Sie vorgegangen.*
- *Gab es einmal eine Situation in der Sie als Vorgesetzter ein Kritikgespräch führen mussten? Wie sind Sie vorgegangen?*
- *Was kennzeichnet nach Ihrem Verständnis ein professionelles Projektmanagement?*
- *Beschreiben Sie eine Situation, in der Sie sich auf Ihr Team verlassen mussten, um ein Projekt zu vollenden.*

Anmerkung

Führungskräfte im Management haben üblicherweise ein sehr breit gefächertes Tätigkeitsfeld, da sie sozusagen Unternehmer im Unternehmen sind. Sie müssen sich also in allen Unternehmensbereichen auskennen, führen können und permanent Entscheidungen darüber treffen, wie sich das Unternehmen optimal entwickelt.

Häufig beginnt eine Karriere im Management als Assistent der Geschäftsleitung. Dabei bekommen Sie strategische Unternehmensentscheidungen aus erster Hand mit und können sich bei der selbstständigen Übernahme von Projekten bewähren.

Belegen Sie im Vorstellungsgespräch, dass Sie imstande sind, unternehmerisch zu denken, dass Sie bedacht aber dennoch entschlossen Entscheidungen treffen können und beschreiben Sie Ihre Team- und Führungserfahrung.

Bei der Auswahl des Management-Nachwuchses wird im Vorstellungsgespräch gerne einmal die sogenannte Postkorbübung durchgeführt.

Dieses, aus dem Assessment Center stammende Verfahren ist eine schriftliche Aufgabe und simuliert die Bearbeitung eines klassischen Posteingangskorbes eines Managers, allerdings unter verschärften zeitlichen Bedingungen. Sie müssen unter Zeitdruck etwa 15 bis 25 Schreiben bearbeiten, wie sie sich in Ihrem späteren Arbeitsalltag auf Ihrem Schreibtisch befinden könnten. Dabei müssen Sie eine Vielzahl von Informationen nach ihrer Priorität sortieren, Aufgaben an verschiedene Mitarbeiter delegieren, Zusammenhänge und Abhängigkeiten erkennen sowie Zeit- und Aktionspläne für die Erledigung der Vorgänge erstellen.

> **BEISPIEL:** *Sie sind Managerin in einem kleinen Unternehmen und befinden sich zwischen zwei Geschäftsreisen genau eine Stunde im Büro. Auf dem Schreibtisch liegt noch jede Menge unerledigter Arbeit, und gleichzeitig ereignen sich eine Anzahl kleinerer Katastrophen in ihrem Haushalt. Vielleicht kommt Ihr Mann unerwartet ins Krankenhaus, ihre Haushaltshilfe kündigt, der Klassenlehrer Ihrer Tochter droht mit dem Schulverweis, Zahlungsmahnungen und unerwartete Gerichtsbescheide flattern ins Haus…etc.*

Gefragt sind Ihre analytischen Fähigkeiten, Ihr Vermögen, komplexe Sachverhalte zu erfassen, Ihre Zielstrebigkeit und Ihre Entscheidungsfreude sowie Ihre Fähigkeit, Stress auszuhalten, denn Sie werden aufgrund des Zeitdrucks die Aufgabe nie zu hundert Prozent lösen können.

Neben der schriftlichen Bearbeitung des Postkorbes müssen Sie eventuell anschließend mündlich Rede und Antwort über Ihre Entscheidungen und Ihre Strategie stehen. In diesem Fall kommt es auch auf Ihren Umgang mit Kritik, Ihr Argumentationsgeschick und Ihren Mut, auch gegen Widerstand Ihre Entscheidungen zu verteidigen, an.

Typische Schriftstücke in einem Postkorb sind Geschäftsberichte, interne Mitteilungen, Kundenbriefe, Telefonnotizen, Rechnungen/Mahnungen, private Mitteilungen, Einladungen/Termine, Angebote und andere Dinge, die im Arbeitsalltag einer Führungskraft auftauchen können. Sie variieren in ihrer Dringlichkeit und Wichtigkeit und unterscheiden sich in Ihrer Glaubwürdigkeit und Komplexität. Manche Aufgaben lassen sich delegieren, andere sollten nur Sie ausführen. Einzelne Posten können sich widersprechen, einige Termine überschneiden sich und wieder andere sind nur irrtümlich bei Ihnen gelandet und betreffen Sie gar nicht.

Beispiel für ein Schriftstück

Brief

Von *Zeitschrift Wirtschaft und Karriere*

Sehr geehrte Frau Neumeier,

die Februar-Ausgabe unseres Magazins dreht sich um das Thema ‚Lebenslanges Lernen', in welcher wir verschiedene Bildungseinrichtungen vergleichen. Natürlich ist dabei Ihr Institut für uns von großem Interesse, daher möchten wir Ihre Akademie gerne in einem Bericht vorstellen und ein Interview mit Ihnen führen. Ich werde daher am 16. Januar um 14:00 Uhr zu Ihnen kommen. Bitte bestätigen Sie diesen Termin schnellstmöglich, da wir uns ansonsten um einen anderen Interview-Partner kümmern müssen.

Mit freundlichen Grüßen

Michael Mahler

Redakteur

Entscheidend bei der Bearbeitung der Postkorbaufgabe sind Ihr Zeitmanagement und Ihr Mut, schnell, Entscheidungen zu treffen. Auch wenn Sie aufgrund des Zeitdruckes nicht alles bis ins Kleinste durchdenken können, müssen Sie handeln. Besser, Sie treffen fünf zu 80 % durchdachte Entscheidungen als eine zu 100 % durchdachte. Machen Sie sich klar, dass Sie sich im Berufsleben oft in ähnlichen Situationen wieder finden werden. Die 100 % richtige Entscheidung oder Lösung gibt es in vielen Fällen nicht. Darin unterscheidet sich die Berufstätigkeit ganz entscheidend von der theoretischen Welt des Studiums, wo Sie normalerweise mit Aufgabenstellungen konfrontiert werden, für die es Musterlösungen gibt.

Mehr Informationen zum Bearbeiten von Postkorbübungen finden Sie meinem Buch *Assessment Center – Souverän agieren, gekonnt überzeugen.*

VI. IT, Telekommunikation

Typische Fragen

- *Auf welche Technologien haben Sie sich spezialisiert?*
- *Welche Programmiersprachen kennen Sie?*
- *Welche Herausforderungen kommen auf unsere Branche in den nächsten Jahren zu?*
- *Welches war Ihr größtes Projekt, das sie selbstständig durchgeführt haben?*
- *Was ist Ihre Erfahrung mit _____ (verschiedene Anwendungen, Abgeschlossene Projekte etc.)?*

Anmerkung

Ihre Einsatzbereiche als IT-Experte sind sehr unterschiedlich. Im Bereich Hardware entwickeln Sie beispielsweise Chips, als Software-Experte schreiben Sie Programme und im Dienstleistungsbereich kümmern Sie sich um die IT der Kundschaft.

Ganz allgemein punkten Sie im Vorstellungsgespräch natürlich mit einer Demonstration einschlägiger Fachkenntnisse verbunden mit Projekterfahrung. Dazu gehört vor allem neben den Standard-Anwendungen im Office-Bereich die Systemadministration. Bei den Programmiersprachen wünschen sich Arbeitgeber ein breites Spektrum mit zusätzlichen differenzierteren Spezialkenntnissen. Dies schlägt sich auch im Gehalt wieder: Während SAP-Berater derzeit besonders gut verdienen, müssen laut Personalmarktumfragen Mitarbeiter im Anwender-Support mit weniger Gehalt rechnen. Je nach Einsatzgebiet sind aber auch kaufmännische Kenntnisse und Erfahrungen wichtig und werden dementsprechend erfragt. Brauchen Sie als IT-Experte dafür weniger überfachliche Qualifikationen wie zum Beispiel soziale Kompetenz? Das wäre ein Trugschluss. Auch in dieser Branche ist mit exzellentem Fachwissen allein noch nichts gewonnen. Je nachdem in welchem Arbeitsfeld Sie sich bewerben, werden Sie Projekte leiten, Arbeitsteams führen und oder Kunden betreuen. Bereiten Sie sich also auch auf Fragen wie folgende vor.

Frage

Können Sie mir ein Beispiel geben, wie Sie erfolgreich einen Teamkonflikt gelöst haben?'

VII. Forschung und Entwicklung (in Wirtschaft und Industrie)

Typische Fragen

- *Bitte beschreiben Sie uns doch Ihre Master- oder Diplomarbeit/ Ihre Doktorarbeit. Mit welchen Methoden haben Sie gearbeitet?*
- *Können Sie uns Ihre Doktorarbeit vorstellen?*
- *Warum haben Sie promoviert?*
- *Warum haben Sie nicht promoviert?*
- *Warum streben Sie keine akademische Laufbahn an?*
- *Wo sehen Sie die Unterschiede zwischen einer universitären und einer außeruniversitären Tätigkeit in Ihrem Fachgebiet?*
- *Können Sie uns eines Ihrer Forschungsprojekte vorstellen?*
- *Haben Sie einmal schon einmal mit _____ (verschiedene Forschungsmethoden) gearbeitet?*

Anmerkung

Insbesondere Naturwissenschaftler aber auch andere Akademiker zieht es vielfach in den Bereich Forschung und Entwicklung. Dabei findet Forschung nicht nur an Universitäten und anderen Forschungsinstituten statt, sondern beispielsweise auch in der Industrie. Meist haben Forscher und Entwickler aber nach dem Diplom, Master oder Staatsexamen noch ein paar Jahre mehr an der Universität verbracht, um ihre wissenschaftlichen Qualifikationen mit einer Promotion zu belegen. Außer an einer Universität können Sie auch direkt in einem Unternehmen promovieren und sich dafür an einer Universität von einer Doktormutter oder einem Doktorvater betreuen lassen. Mehr zur Bewerbung auf eine Promotionsstelle finden Sie im nächsten Kapitel. Eine Promotion beweist Forschungserfahrung, -interesse und die Fähigkeit, selbstständig wissenschaftlich zu arbeiten und wird bei Bewerbern, die eine Führungsposition in einer Forschungs- und Entwicklungsabteilung anstreben, in der Regel vorausgesetzt. (Jene Naturwissenschaftler aber, die in einem Unternehmen oder einer Organisation eine eher betriebswirtschaftliche Tätigkeit (Vertrieb, Einkauf, Qualitätssicherung, Beratung etc.) anstreben oder eine verwaltende Position suchen, benötigen in der Regel keine Promotion.)

Wenn Sie sich nun in einem Unternehmen für Forschungs- und Entwicklungsaufgaben bewerben, ist es wichtig, dass Sie sich vorab Gedanken über Ihre Berufsziele gemacht haben, denn sie werden sicherlich danach gefragt.

Finden Sie für sich selbst heraus, ob Sie eine wissenschaftliche oder eine nichtwissenschaftliche Karriere anstreben und begründen Sie Ihre Entscheidung.

10. Kapitel

Bewerbungsgespräche in der Wissenschaft

Viele Hochschulabsolventen schließen ihrem Studium eine Promotion an, sei es, weil sie eine akademische Laufbahn mit Berufsziel Professur anstreben, weil ihr außeruniversitäres Berufsziel forschungsnah liegt oder weil sie sich auf einem Themengebiet besonders spezialisieren möchten.

In der Regel ist eine Promotion für Naturwissenschaftler ein größeres Thema als für die meisten anderen Absolventen. Laut dem statistischen Bundesamt promovieren 75 % aller Chemiker, 48 % aller Physiker und 47 % aller Biologen im Gegensatz zu nur 7 % aller Wirtschaftswissenschaftler und 8 % aller Sprach- und Kulturwissenschaftler.

Knapp 10 % aller Promovierten streben eine Professur an und qualifizieren sich anschließend durch Habilitation, Juniorprofessur oder Nachwuchsgruppenleitung dahingehend weiter. Nur etwa die Hälfte davon erreicht ihr Ziel und bekommt einen sogenannten Ruf, d. h. werden als Professor oder Professorin ernannt.

Eine akademische Laufbahn ist faszinierend und Umfragen belegen die hohe Zufriedenheit von Professoren und Professorinnen in ihrer Tätigkeit. Der Weg dorthin jedoch ist nicht gerade bequem. Sie werden vermutlich hart arbeiten, häufig umziehen, sich selbst um Ihre Finanzierung kümmern und hohe Unsicherheit über Ihre berufliche Zukunft aushalten müssen, um Ihr Ziel zu erreichen. Wenn Sie jedoch Ihren Ruf bekommen haben, genießen Sie die beneidenswerte

Freiheit, unabhängig und interessengeleitet forschen zu können. Hohe Leistungsmotivation, eine ausgeprägte Fähigkeit, selbstständig zu arbeiten, eine hohe Mobilität, Mut zum Risiko und die Bereitschaft, längere Zeit mit geringen und noch dazu unsicheren Finanzierungsmitteln auszukommen, sind entscheidende Voraussetzungen für die wissenschaftliche Karriere.

Viele Promovierte verlassen aber nach der Promotion die Universität, um in Wirtschafts- und Industrieunternehmen zu forschen oder steigen in anderen Bereichen in den nichtwissenschaftlichen Arbeitsmarkt ein. Viele höhere Führungskräfte sind promoviert und in einigen Branchen wie zum Beispiel im Bereich Consulting ist eine Promotion sehr erwünscht. Überlegen Sie sich daher gut, in welche Richtung Sie gehen wollen und welche Wege für Sie in Frage kommen.

Ob Sie nun eine langfristige wissenschaftliche Karriere anstreben oder nicht, es gibt viele sehr gute Gründe, in Wissenschaft und Forschung einzusteigen.

Wer sich auf eine Stelle in wissenschaftlichen Bereich bewirbt, zum Beispiel auf eine Promotionsstelle an einer Universität, sollte sich auf ein etwas anderes Verfahren einstellen, als es in der Wirtschaft üblich ist. Die Wissenschaft ist von anderen Kulturen und Mentalitäten geprägt und dortige Vorstellungsgespräche unterscheiden sich in einigen Punkten von Auswahlgesprächen in anderen Bereichen.

In der Wissenschaft haben fachliche Inhalte im Gespräch meist einen höheren Stellenwert, als dies in anderen Beschäftigungszweigen der Fall ist. Daher besteht hier ein Vorstellungsgespräch häufig aus zwei Teilen: einem Fachvortrag oder der Präsentation eigener wissenschaftlicher Arbeiten bzw. Forschungsvorhaben und dem eigentlichen Einstellungsgespräch.

Zudem ist ein starkes Forschungsinteresse, eigene Ideen, Selbstständigkeit und Durchhaltevermögen von entscheidender Bedeutung, da Forschungsarbeiten oft langwierig und mühsam sind, bevor Ergebnisse erzielt werden können. Manche bezeichnen Forschung daher eher als ehrenamtliches Engagement im Sinne des Erkenntnisfortschritts denn als Erwerbstätigkeit. In Bewerbungsgesprächen geht es also verstärkt auch um die Motivation und das Engagement des Bewerbers. Es ist wichtig, dass Sie zeigen, dass Sie für Ihre wissenschaftliche Fragestellung ‚brennen'.

Anders als in der Wirtschaft werden Bewerbungsgespräche in der Regel nicht von der Personalabteilung begleitet, sondern sehr oft ausschließlich von den wissenschaftlichen Vorgesetzten (v.a. Professoren) und eventuell den künftigen Kollegen geführt.

Daher sind die Gespräche in der Regel nicht standardisiert, sie folgen keinem Leitfaden, sondern werden sehr individuell geführt. Weitere Auswahlverfahren wie Assessment Center oder Tests kommen bisher eher selten vor. (Einige wenige Graduiertenschulen und Promotionskollegs beginnen derzeit damit, Assessment Center bei der Auswahl von Promovierenden einzusetzen.) Außerdem sind viele Personen in wissenschaftlichen Leitungspositionen nur wenig geübt bei der Einstellung von Mitarbeitern.

Erwarten Sie also kein ‚klassisches' Vorstellungsgespräch mit dem dabei typischen Verlauf, sondern stellen Sie sich auf unerwartete Fragen ein. Machen Sie sich also Gedanken über mögliche fachliche Fragen und überlegen Sie sich gut, wie Sie Ihr Forschungsinteresse, Ihre starke Motivation und Ihre Ideen und Visionen überzeugend darstellen können.

Dafür ist Ihre äußere Erscheinung von nicht ganz so entscheidender Bedeutung wie bei anderen Arbeitgebern. Natürlich sollten Sie gepflegt auftreten, brauchen Sich aber weniger Gedanken um die richtige Business-Garderobe zu machen. In der Wissenschaft besteht eher die Gefahr, ‚over- als underdresst' zu sein. Dabei unterscheiden sich die jeweiligen Fachkulturen jedoch stark. Auch wenn es vielleicht klischeehaft klingt, so kann man dennoch z. B. Wirtschaftswissenschaftlerinnen, Agrarwissenschaftler oder Wissenschaftlerinnen im psychologischen Bereich recht gut unterscheiden.

Sehen Sie sich also Ihre zukünftigen Kollegen an und orientieren Sie sich am jeweiligen ‚Geist' des Fachbereichs.

I. Die Kriterien im wissenschaftlichen Vorstellungsgespräch

Wissenschaftler, die eine Stelle besetzen wollen, haben meist genaue Vorstellungen über die Qualifikationen Ihrer Bewerber.

In einer großen Studie, in der 450 Personen in Leitungsfunktionen aus dem Wissenschaftsbereich u. a. zu ihren Vorstellungen über Vorstellungsgespräche und Einstellungskriterien befragt wurden, nannten knapp 30 Prozent die beim Gespräch gezeigte Motivation als das wichtigste Auswahlkriterium. Dies ist nicht verwunderlich, da für eine wissenschaftliche Laufbahn ein hohes Maß an Leistungsmotivation, Durchhaltevermögen, Interesse am Forschungsgegenstand sowie an der forschenden Tätigkeit an sich unabdingbar ist.

II. Motivation

Forschung

Wenn Sie beispielsweise promovieren möchten, fragen Sie sich vorher:

- Was erhoffe ich mir von einer Promotion?

Ein hohes Gehalt? Höheres Ansehen? Eine sichere Karriere? Nicht gut! Diese Gründe werden keinen Professor von Ihrer Eignung überzeugen, davon abgesehen, dass eine Promotion keines dieser Dinge garantiert.

- Warum möchte ich promovieren?

Aus Begeisterung für das Themengebiet, aus Interesse an wissenschaftlicher Forschungstätigkeit, weil Sie Ihre bisherige Forschungsarbeit (z. B. Ihre Masterarbeit) ausweiten und weiterführen möchten? Sehr gut!

Weil Sie auf dem nicht-wissenschaftlichen Arbeitsmarkt derzeit keine Chance sehen? Weil Sie gerne noch ein bisschen Ihr studentisches

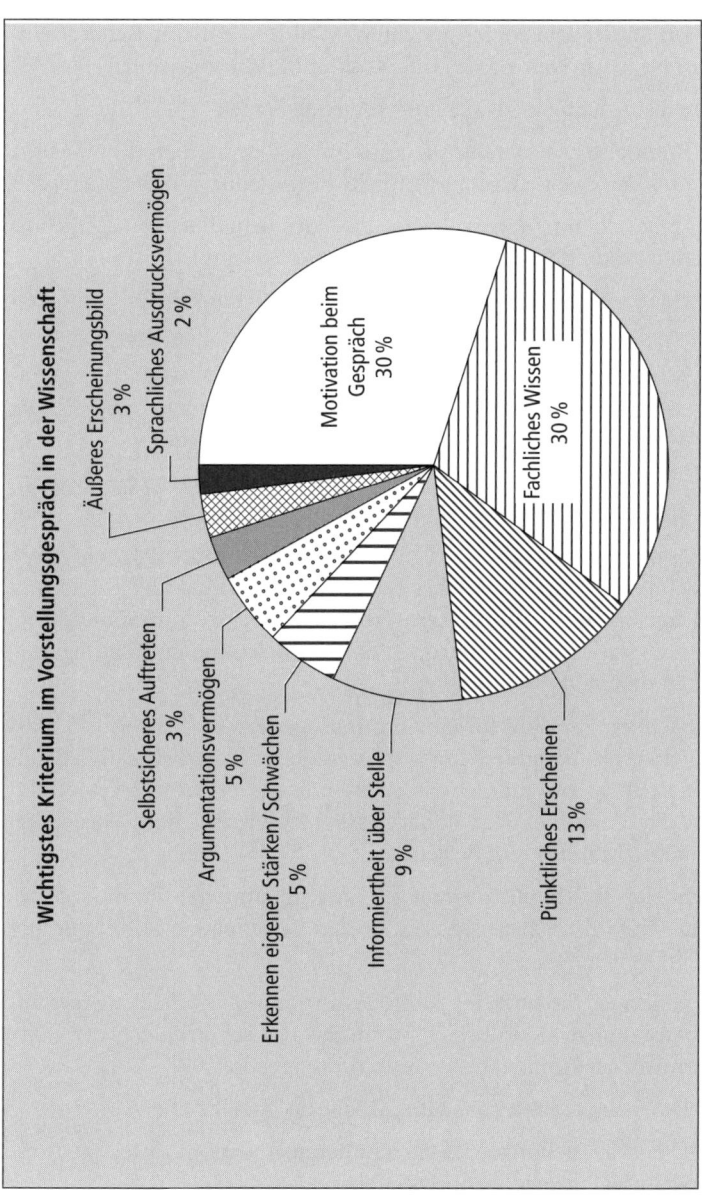

Abb. 9: Wichtigstes Kriterium im Vorstellungsgespräch in der Wissenschaft (Duden 2008)

Leben an der Uni führen möchten? Weil Ihnen nichts Besseres einfällt? Na, dann werden Sie hoffentlich mit Recht abgelehnt.

Genauso wichtig sind aber auch folgende Fragen:

- Brenne ich so sehr für die Forschung, dass ich bereit bin, Mühe und Zeit in eine wissenschaftliche Fragestellung zu investieren?

- Habe ich umsetzbare Ideen, die zu einem Forschungsergebnis führen können, das neu, originell und relevant ist?

- Habe ich die Geduld, Zähigkeit und die Fähigkeit, Schwierigkeiten und Durststrecken zu überwinden?

- Beherrsche ich den Faktenkanon und die Methoden meines Faches so souverän, dass ich sie produktiv auf meine Fragestellung anwenden kann?

- Bin ich in der Lage, mich selbst und meine Ideen so zu operationalisieren, dass daraus ein realistischer Arbeits- und Zeitplan wird?

Überlegen Sie sich also sehr gut, warum Sie prinzipiell promovieren möchten, warum Sie welches Forschungsthema gewählt haben und warum Sie gerade bei diesem Professor, diesem Promotionskolleg, dieser Graduiertenschule oder dieser Forschungseinrichtung forschen möchten.

Je nachdem, um was für eine Promotionsstelle es sich handelt, wird oft erwartet, dass Sie bereits ein definiertes Forschungsprojekt im Auge haben. Im anderen Fällen ist nur das Forschungsgebiet klar und Sie entwickeln Ihr konkretes Forschungsziel nach Anstellung gemeinsam mit Ihrem Betreuer.

In beiden Fällen gilt: Überzeugen Sie Ihre künftigen Promotionsbetreuer von Ihrer Begeisterung für den betreffenden Forschungsbereich!

Je konkreter Sie über Ihr künftiges Promotionsvorhaben Auskunft geben können, desto besser. Wenn Sie also schon folgende Punkte beantworten können, haben Sie ein Kurzexposé:

- Das Thema: Ich untersuche, arbeite an, forsche über….

- Die Fragestellung: …weil ich herausfinden möchte, wer/was/wann/wo/welche/warum/wie/ob…

- Die Begründung der Fragestellung: … um zu verstehen, wie, warum oder ob…

Dieses Kurzexposé stellen Sie von nun jedem Ihrer Freunde vor – so lange, bis es geschliffen klingt und jeder versteht, was Sie eigentlich tun wollen. Dies ist entscheidend, um Ihre künftigen Betreuer von Ihrer Idee zu überzeugen.

Lehre

Falls Sie sich auf eine Stelle bewerben, die auch Lehrtätigkeit beinhaltet, sollten Sie mit Fragen zu Ihren pädagogischen Erfahrungen und möglichen Seminarthemen, die Sie anbieten können, rechnen.

Sehen Sie sich die Themen der Lehrveranstaltungen Ihres künftigen Betreuers an. Was davon könnten Sie anbieten, was könnten Sie ergänzen? Überlegen Sie sich konkrete Themen, die Sie in Lehrveranstaltungen behandeln wollen.

Keine Angst vor der Lehre! Das erste eigene Seminar ist immer ein Sprung ins kalte Wasser, Sie werden mit der Zeit aber Routine bekommen und sehr wertvolle Erfahrungen machen. Zeigen Sie Ihrem Interviewer, dass Sie an eigenen Lehrveranstaltungen interessiert sind und Sie sich diese auch zutrauen!

III. Ihr fachliches Wissen – der Fachvortrag

Ebenso wichtig wie die Erläuterung Ihrer Motivation, ist die Präsentation Ihres fachlichen Wissens. Etwa bei jeder zweiten Stelle wird beispielsweise ein wissenschaftlicher Vortrag verlangt. Wenn Sie Glück haben – und das ist oft der Fall – halten Sie einen Vortrag über Ihre Abschlussarbeit. Nach dem Vortrag wird über das Thema meist ausgiebig diskutiert und Hintergründe werden erfragt. Sollte der Interviewer sich mit dem Thema auskennen, und dies ist vor allem dann anzunehmen, wenn Ihr Promotionswunsch in eine ähnliche Richtung geht, kann die Befragung schon ziemlich in die Tiefe gehen. Auch wenn die Master- oder Diplomarbeit noch nicht so lange zurückliegt, empfiehlt es sich, diese noch einmal genau anzusehen und zu durchdenken. Bereiten Sie sich vor auf Fragen zum Stand der Forschung, zu Ihrer Fragestellung, der Methode etc.

Dass Sie sich genau über den Forschungsbereich Ihrer künftigen Wirkungsstätte informiert haben, ist absolute Voraussetzung.

Es kann auch keinesfalls schaden, wenn Sie vor Ihrem Gespräch den einen oder anderen Artikel Ihres künftigen wissenschaftlichen Betreuers gelesen haben. Finden Sie heraus, welche Spezialgebiete dieser hat und recherchieren Sie ein bisschen.

So sind Sie für Fachfragen gewappnet und können Ihr Interesse und Ihre Motivation durch gezielte eigene Fragen beweisen.

Ein weiteres typisches Vortragsthema ist natürlich Ihr Forschungsvorhaben.

Wenn Sie schon ein definiertes Forschungsthema entwickelt haben, sollten Sie davon ein aussagekräftiges und überzeugendes Exposé vorstellen können.

IV. Das Exposé

Das Exposé beinhaltet Ihr Forschungsthema, den Stand der Forschung, das Ziel der eigenen Arbeit, Mittel und Methoden, um das Ziel zu erreichen sowie Ihren Zeit- und Arbeitsplan. Für das Vorstellungsgespräch sollten Sie einen Vortrag vorbereiten, der folgende Fragen beantwortet:

Wenn es Ihnen gelingt, Ihr Publikum davon zu überzeugen, dass Ihre Forschungsleistung nicht nur der Wissenschaft als solche, sondern auch dem Forschungsinstitut, bei dem Sie sich bewerben, einen Nutzen bringt, haben Sie viel gewonnen!

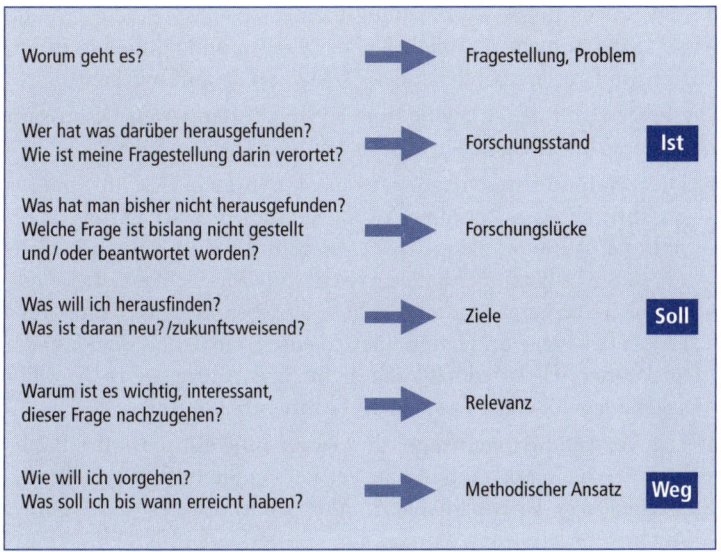

Abb. 10: Das Exposé

V. Die Diskussion nach dem Fachvortrag

Ihrem Fachvortrag folgt üblicherweise eine Diskussion, in der die Anwesenden Fragen stellen und in der Sie zu seinen Thesen und Ausführungen Stellung nehmen müssen.

Haben Sie keine Angst vor den Fragen! Als Wissenschaftler wird Ihnen diese Situation ständig begegnen – nutzen Sie die Fragen als Vorlagen, um tiefer in Ihr Themengebiet einzusteigen.

Auch hier zahlt es sich aus, wenn Sie recherchiert haben, mit wem Sie es zu tun haben und was dessen oder deren Spezialgebiet ist. Stellen Sie sich auf Ihre Zuhörer ein und versuchen Sie mögliche Fragen oder Kritikpunkte vorauszuahnen und vorab für sich selbst zu beantworten. Wenn Sie beispielsweise erfahren haben, dass einer Ihrer Zuhörer zu einem bestimmten Thema wissenschaftliche oder nichtwissenschaftliche Artikel veröffentlich hat, dann recherchieren Sie ein wenig. Lesen Sie (auszugsweise) über was er oder sie geschrieben hat. Jeder Mensch hat Spezialkenntnisse und Lieblingsthemen. Wenn Sie diese kennen, wissen Sie schon einiges über mögliche Fragen und können in Ihrem Vortrag und in der anschließenden Diskussion darauf eingehen.

Die Fragen, mit denen Sie in einer sachlich orientierten Diskussion konfrontiert werden, lassen sich folgendermaßen einteilen:

- Die **Verständnisnachfrage**, aus der hervorgeht, dass Ihre Zuhörer Ihnen folgen konnten: Wenn Sie die Antwort wissen, ist es optimal. Wenn Sie sie nicht wissen, geht die Welt aber auch nicht unter. Sie müssen nicht alles wissen. Eine Möglichkeit ist: Sie retten sich auf einen anderen Schauplatz, beantworten einen Teilaspekt der Frage und leiten über zu einem Gebiet, in dem Sie sich auskennen. Es ist jedoch auch nicht ehrenrührig, wenn Sie offen sagen, dass Sie diese Frage nicht beantworten können.

- Die **Verständnisnachfrage**, die darauf hinweist, dass Ihr Publikum Sie nicht verstanden hat: Vermeiden Sie unbedingt alle Anzeichen von Überheblichkeit. *Also, ich erkläre es noch mal....* Auch wenn Sie Ihren Vortrag für selbsterklärend halten – erläutern Sie den relevanten Zusammenhang noch einmal.

- Der **Co-Vortrag**: Viele Zuhörer stellen scheinbar eine Frage, halten aber dabei einen eigenen Vortrag, um ihre Kompetenz zu zeigen. Bedanken Sie sich, greifen Sie ein Stichwort aus dem Monolog des vermeintlichen Fragestellers auf und gehen erneut auf Ihre wesentlichen Punkte ein.

Leider können Ihnen natürlich auch kritische Fragen begegnen – haben Sie keine Angst davor. Gerade im wissenschaftlichen Bereich begegnet Ihnen oft unverblümte fachliche Kritik, die vielfach ohne Wertschätzung geäußert wird. Dies ist ein sehr deutsches Phänomen und muss nicht böse gemeint sein. Oft möchte der Kritiker durch das Aufzeigen von Schwachstellen in einem Fachvortrag seine eigene Expertise hervorheben. Auch hier gilt wieder: Bleiben Sie gelassen und unterstellen Sie Positives.

Hören Sie zu und lassen Sie sich Zeit mit Ihrer Antwort. Erkennen Sie Bewertungen als Meinungen.

Und das Wichtigste ist: Nehmen Sie Kritik nicht persönlich! Nicht Sie als Person werden kritisiert sondern nur bestimmte Punkte Ihrer Präsentation.

Sehen Sie kritische Fragen und Anmerkungen als Hinweise, die durchaus wohlwollend gemeint sein können. Bedanken Sie sich und gehen Sie positiv auf die Kritik ein:

Ja, das ist ein strittiger Punkt, der mir auch schon Kopfzerbrechen bereitet hat...

Ja, die Argumente sind mir bekannt, üblicherweise halte ich Folgendes dagegen...

Starten Sie keinen patzigen Gegenangriff sondern begegnen Sie den Argumenten sachlich und ruhig.

Mehr zum Thema Präsentation und Diskussion finden Sie auf Seite 207 ff.

VI. Die Fragen im wissenschaftlichen Vorstellungsgespräch

Die Fragen in einem Vorstellungsgespräch im wissenschaftlichen Bereich lassen sich üblicherweise in folgende Kategorien ordnen:

- Ihre Motivation
  - In Bezug auf die ausgeschriebene Position
  - In Bezug auf eine wissenschaftliche bzw. nichtwissenschaftliche Laufbahn

- Ihre fachliche Qualifikation
- Ihre pädagogischen Eignung
- Mögliche Lehrerfahrung
- Eventuelle Publikationen (Vielleicht können Sie Daten aus ihrer Diplom- oder Masterarbeit publizieren?)
- Mögliche Erfahrung bzw. Wissen zum Thema Einwerbung von Stipendien und Drittmitteln (keine Angst, die wenigsten Absolventen können hier schon etwas vorweisen)
- Ihre Zielsetzung und Erwartungen
- Und natürlich ganz allgemein Ihr Forschungsinteresse

Bereiten Sie sich auf folgende Fragen vor und finden Sie Ihre ganz persönlichen Antworten. Tragen Sie anschließend die Antworten einem Freund oder einer Freundin vor. Ist sie überzeugt? Sind Sie überzeugt? Dann werden Sie auch Ihr Publikum überzeugen.

Laufbahnfragen

- *Welchen Verlauf hat Ihre berufliche bzw. akademische Laufbahn bis jetzt genommen?*
- *Was wollen Sie in Zukunft erreichen? Welche Schritte planen Sie?*
- *Was waren Ihre beruflichen bzw. akademischen Ziele und Wünsche nach Ihrem Studienabschluss bzw. Ihrer Promotion?*
- *Wie haben sich diese Ziele und Wünsche über die Zeit weiterentwickelt?*
- *Gibt es in Ihrer Laufbahn einen bestimmten Zeitpunkt, an dem Ihnen klar wurde, dass Sie eine wissenschaftliche Karriere anstreben?*
- *Warum wollten Sie eine (bzw. keine) wissenschaftliche Laufbahn einschlagen?*
- *Haben sich die Gründe bzw. Motivationen für diesen Wunsch im Lauf der Zeit verändert?*
- *Welche Alternativen sehen Sie zu einer Karriere in der Wissenschaft?*
- *Gab es Momente, in denen Sie besonders stark schwankten zwischen einer wissenschaftlichen und einer nichtwissenschaftlichen Laufbahn?*
- *Wie schätzen Sie generell die Durchlässigkeit zwischen universitären und außeruniversitären Tätigkeitsfeldern in Ihrem Gebiet ein?*
- *Wo sehen Sie die Unterschiede zwischen einer universitären und einer außeruniversitären Tätigkeit in Ihrem Fachgebiet?*
- *Ist die Frage, ob universitäre oder außeruniversitäre Laufbahn, für Sie heute entschieden?*
- *Hypothetisch gesprochen: welche Umstände könnten Sie dazu bewegen,*
  - *an der Universität/dem Forschungsinstitut zu bleiben?*
  - *von der Universität/dem Forschungsinstitut wegzugehen?*
- *Wie passen in Ihrem Fall akademische bzw. berufliche Laufbahn und Ihre private/familiäre Situation zusammen?*

Fragen nach Forschungsinteressen

- *Wie sehen Ihre Forschungsinteressen aus?*
- *Wo sehen Sie Anknüpfungspunkte zu unserem Forschungsschwerpunkt?*

Fragen zum Bereich Lehre

- *Welche Lehrveranstaltungen/Tutorien etc. haben Sie bisher gehalten?*
- *Wie sind Sie evaluiert worden?*
- *Haben Sie hochschuldidaktische Veranstaltungen besucht? Welche?*
- *Welche Themen würden Sie gerne in Zukunft in Lehrveranstaltungen anbieten?*

Fragen zum Bereich Drittmitteleinwerbung

- *Haben Sie Erfahrung bei der Einwerbung von Stipendien oder Drittmitteln?*
- *Welche Fördermittel kommen für Ihre Forschungsprojekte in Frage?*

Wie auch immer das Ergebnis des Vorstellungsgesprächs ist:

Wenn Ihr Herz für die Forschung schlägt, werden Sie einen Weg finden. Promovieren oder als ,Post-Doc' forschen, können Sie nicht nur auf einer Stelle, sondern auch zum Beispiel mit einem Stipendium. Fragen Sie Ihren Wunschbetreuer nach den Möglichkeiten. Viele Universitäten haben eigene Beratungs- und Förderinstitutionen, die Ihnen auf dem Weg in die Wissenschaft weiterhelfen können.

Mehr Informationen dazu finden Sie zum Beispiel auf folgenden Seiten:

- http://www.asd.uni-konstanz.de
- http://www.kisswin.de
- http://www.academics.de

11. Kapitel

„Verbotene Fragen" und andere rechtliche Grundlagen

Gerade unerfahrene Bewerber haben oft das Gefühl, im Bewerbungsprozess vor dem gewünschten Arbeitgeber als Bittsteller aufzutreten und vollkommen ausgeliefert zu sein. Dieser Eindruck ist gerade in wirtschaftlich schwierigen Zeiten verständlich, denn jeder versucht natürlich einen möglichst guten Eindruck zu hinterlassen, um den gewünschten Arbeitsplatz zu bekommen. Ein Teil der Unsicherheit wird sicherlich durch die Unkenntnis vieler Arbeitssuchender über die Personalauswahlmethoden der Unternehmen verursacht.

Machen Sie sich bewusst: es ist keineswegs so, dass nur Sie auf dem Prüfstand stehen! Schließlich sind immer noch Sie es, der entscheidet, ob Ihnen das Unternehmen so weit zusagt, dass Sie dort überhaupt arbeiten wollen.

Außerdem hat auch das Unternehmen größtes Interesse daran, von Ihnen positiv beurteilt zu werden, da ansonsten das Image einen empfindlichen Schaden nehmen könnte. Gehen Sie also selbstbewusst und auch durchaus kritisch an Ihr nächstes Vorstellungsgespräch heran, lassen Sie sich nicht alles gefallen und haben Sie den Mut, einen potenziellen Arbeitgeber, der bei Ihnen einen schlechten Eindruck hinterlassen hat, abzulehnen.

Es gibt gewisse rechtliche Beschränkungen bei der Auswahlprozedur durch das Unternehmen, auf die wir im Folgenden näher eingehen werden.

I. Die Informationspflicht des Unternehmens

Jedes Unternehmen hat prinzipiell das Recht, seine Mitarbeiter nach deren Eignung für die geforderten Aufgaben und Tätigkeiten auszuwählen. Dafür dürfen Personalauswahlverfahren in Form von Vorstellungsgesprächen, Tests oder anderen Methoden eingesetzt werden. Voraussetzung ist allerdings, dass diese Bewertung nur hinsichtlich der Fähigkeiten und der Eignung der Bewerber für den zu besetzenden Arbeitsplatz oder Arbeitsbereich erfolgt. Die Verfahren müssen also tätigkeits- und arbeitsplatzbezogen sein. Dabei ist das Unternehmen verpflichtet, die Teilnehmer über den Zweck und den Umfang eines Auswahlverfahrens im Voraus zu informieren.

Dies ist besonders dann sehr wichtig, wenn während des Auswahlprozesses auch psychologische Tests eingesetzt werden, wie es in einem Vorstellungsgespräch manchmal der Fall ist.

Informieren Sie sich also im Vorfeld genau, was während des Vorstellungsgesprächs auf Sie zu kommen wird, damit Sie sich gut vorbereiten können.

II. Die Übernahme der Kosten

Da Sie zu einem Vorstellungsgespräch normalerweise anreisen und oft übernachten müssen, entstehen nicht unerhebliche Kosten. Diese werden generell vom Unternehmen übernommen, wenn nichts anderes vereinbart ist. Nur wenn das Unternehmen Sie nicht explizit eingeladen hätte, blieben die Kosten an Ihnen hängen. Das Unternehmen hat jedoch die Pflicht, Sie ausdrücklich darüber zu informieren, falls es die Kosten nicht übernehmen will.

Bei Bewerbungen im öffentlichen Dienst ist die Kostenübernahme allerdings leider nicht immer selbstverständlich.

Da es allerdings immer wieder vorkommt, dass aufgrund der Kostenübernahme Unstimmigkeiten entstehen, ist zu erwägen, dieses

Thema im Vorfeld abzuklären. Allerdings würde ich dies wirklich nicht während des Vorstellungsgesprächs tun! Wenn es sich um einen eher geringen Geldbetrag handelt, etwa weil Sie in der Nähe wohnen und daher nur einen kurzen Anfahrtsweg und keine Übernachtung benötigen, ist es sicher nicht dumm, die Zu- oder Absage abzuwarten und erst dann eine Erstattung zu erbitten. Ansonsten können Sie vorab im Sekretariat der Personalabteilung oder der einladenden Abteilung nachfragen.

III. Mitbestimmung des Betriebsrats

Um Diskriminierungen aufgrund von Alter, Geschlecht, Behinderung oder anderen Gründen zu vermeiden und um sicher zu stellen, dass der Arbeitgeber bei der Durchführung des Vorstellungsgesprächs keine Persönlichkeitsrechte des Bewerbers verletzt, hat der Betriebsrat des Unternehmens nach § 80 BetrVG die Pflicht, darüber zu wachen, dass der Arbeitgeber Recht und Gesetz einhält. Daher muss der Betriebsrat von Einstellungsverfahren immer in Kenntnis gesetzt werden.

So müsste ein Arbeitgeber beispielsweise vor dem Betriebsrat begründen, warum er einen bestimmten Bewerber einer ebenso geeigneten Bewerberin oder einem schwerbehinderten Bewerber vorzieht. Wenn das Unternehmen jedoch belegen kann, dass der ausgewählte Bewerber dem Anforderungsprofil am besten entspricht, genügt dies als Rechtfertigung.

Zur Durchführung dieser Rechte ist der Arbeitgeber verpflichtet, den Betriebsrat über das Vorstellungsgespräch und die Einzelheiten zu unterrichten.

IV. Zulässige und unzulässige Arbeitgeberfragen

Fragen

- *Sind Sie schwanger?*
- *Waren Sie schon mal im Gefängnis?*
- *Welche Partei haben Sie gewählt?*

Diese und ähnliche Fragen müssen Sie nicht (wahrheitsgemäß) beantworten. Schon vor Inkrafttreten des ‚Allgemeinen Gleichbehandlungsgesetzes' (AGG) im Jahr 2006 waren solche Fragethemen tabu. Nun ist die Rechtslage noch klarer. Das Gesetz besagt, dass keine Diskriminierungsmerkmale abgefragt werden: Unzulässig sind Fragen nach der Rasse, der ethnischen Herkunft, dem Geschlecht, der Religion, der Weltanschauung, einer Behinderung, dem Alter oder der sexuellen Identität eines Bewerbers. Juristisch gesehen ist es einem Personaler zwar nicht verboten, solche Fragen zu stellen. Sie könnten ihn aber nach dem Vorstellungsgespräch wegen Diskriminierung verklagen. Dies ist nicht nötig – lassen Sie einfach Ihre Fantasie spielen.

Prinzipiell gilt, dass Sie bei zulässigen Fragen dazu verpflichtet sind, wahrheitsgemäß und vollständig zu antworten. Anderenfalls könnte Ihr künftiger Arbeitgeber den zustande gekommenen Arbeitsvertrag wegen arglistiger Täuschung anfechten oder das Arbeitsverhältnis außerordentlich kündigen.

Auf unzulässige Fragen hingegen dürfen Sie auch bewusst falsche Antworten geben, um zu verhindern, dass der Arbeitgeber erfährt, was ihn rechtlich nichts angeht.

Die folgende Liste gibt Ihnen einen Überblick, welche Fragethemen zulässig und welche unzulässig sind.

Frage	Zulässig	Im Ausnahme-fall zulässig	Unzulässig
AIDS		x	
Beruflicher Werdegang	x		
Betriebliche Altersversorgung	x		
Gehaltshöhe		x	
Gesundheitszustand		x	
Gewerkschaftszugehörigkeit		x	
Heiratsabsicht			x
Nebenbeschäftigungen	x		
Persönliche Verhältnisse	x		
Religions- und Parteizugehörigkeit		x	
Schulabschluss/Bildungsweg	x		
Schwangerschaft		x	
Schwebende Strafverfahren		x	
Schwerbehinderung	x		
Verfügbarkeit des Bewerbers	x		
Vermögensverhältnisse		x	
Vorstrafen		x	
Wehr- und Zivildienst	x		
Wettbewerbsverbote	x		

Abb. 11: Unzulässige Arbeitgeberfragen im Vorstellungsgespräch (Quelle: AGR, Handbuch ArbeitGeberRechte)

Ob eine Frage im Einzelfall zulässig ist, ist davon abhängig, wie der künftige Arbeitsplatz definiert ist. Eine normalerweise unzulässige und nur in Ausnahmefällen zulässige Frage darf dann gestellt werden, wenn sie für Ihre Einsatzfähigkeit am Arbeitsplatz entscheidend ist. Bei berechtigtem Interesse von Seiten des Arbeitgebers gibt es die sogenannte Offenbarungspflicht.

So muss man zum Beispiel in Einzelfällen über Vorstrafen Auskunft erteilen. Dies gilt dann, wenn sie für die Ausübung der geforderten Tätigkeit bedeutsam sind. Wer zum Beispiel wegen Trunkenheit am

Steuer rechtskräftig verurteilt wurde, muss dies bei einer Bewerbung für eine Tätigkeit, bei der er selbst Auto fahren muss, auf Nachfrage zugeben. Wer eine Anstellung in einer Branche sucht, in der er offen mit Geldbeträgen in Berührung kommt, beispielsweise als Kassierer oder Bankangestellter, muss ungefragt angeben, sollte er bereits eine Vorstrafe wegen Diebstahls oder Veruntreuung erhalten haben. Nur über laufende Ermittlungen darf man schweigen (denn hier gilt: Im Zweifel für den Angeklagten). (ArbG Münster, 3 Ca 1459/92).

Nach aktuellen Erkrankungen darf der potenzielle Arbeitgeber fragen, wenn diese die aufzunehmende Arbeit beeinträchtigen würden. Das wäre der Fall, wenn der Bewerber nicht in gleicher Weise einsatzfähig wäre wie ein gesunder Kollege.

Ansteckende Krankheiten dürfen Sie ebenfalls nicht verschweigen, um Ihre Kollegen nicht zu gefährden. Wer zum Beispiel unter einer infektiösen Krankheit wie HIV leidet, muss dies unaufgefordert angeben.

Auch wenn absehbar ist, dass Sie in naher Zukunft (auch nur zeitweise) arbeitsunfähig werden könnten, müssen Sie dies auf Nachfrage mitteilen.

Allgemein nach dem Gesundheitszustand darf sich der Arbeitgeber prinzipiell erkundigen, wenn die Stelle, auf die sich ein Jobsuchender bewirbt, mit schwerer körperlicher Arbeit verbunden ist. Wer mit Lebensmitteln zu tun hat, muss sogar ein Gesundheitszeugnis abgeben.

Eine weitere Ausnahme vom AGG ergibt sich für Bewerber bei einem sogenannten Tendenzarbeitgeber. Dazu gehören Zeitungen, Verlage, Parteien und die Kirchen. Die Grundlage dafür ist die Annahme, dass diese ihrer Arbeit eine bestimmte politische, ethische oder religiöse Einstellung zugrunde legen. Daher können Sie bei diesen Arbeitgebern mit berechtigten Fragen nach einer möglichen Parteizugehörigkeit oder der Mitgliedschaft in einer Gewerkschaft rechnen. Sucht die Kirche beispielsweise eine Erzieherin für einen konfessionellen Kindergarten, darf sie nach der Religionszugehörigkeit der Bewerber fragen. Diese Ausnahmen sind jedoch sehr vorhersehbar und nachvollziehbar. Würden Sie sich z. B. einen Journalisten bei Ihrer Tageszeitung wünschen, der seine Freizeit mit dem Gesang allzu patriotischen Liedguts bei NPD-Parteifeiern verbringt? Grundsätzlich kann man sagen, dass man als Bewerber verpflichtet ist, den Arbeitgeber über Umstände und Besonderheiten zu informieren, die für die in Frage stehende Arbeitstätigkeit von Bedeutung sind – sofern das für den Bewerber erkennbar ist. Eine Ausnahme davon gilt jedoch: Normalerweise müssen Sie niemanden über eine geplante oder bestehende Schwangerschaft in Kenntnis setzen, auch wenn dies bedeutet, dass Sie für das Unternehmen durch Mutterschutz und eventuelle Elternzeit für eine gewisse Zeit ausfallen werden. Eine Ausnahme davon könnte höchstens sein, wenn die betroffene Frau Arbeiten verrichten soll, die von einer Schwangeren nicht ausgeführt werden dürfen oder können. Dies gilt insbesondere dann, wenn ein gesetzliches Beschäftigungsverbot für Schwangere besteht oder Gefahr für Leib oder Leben für Mutter und Kind anzunehmen ist.

Stellt der Arbeitgeber Fragen, die keinen Bezug zum Arbeitsverhältnis erkennen lassen, dürfen Sie ruhig Ihre Imagination bemühen und diese Fragen so beantworten, dass Ihre Antworten Ihnen nicht schaden. Bleiben Sie gelassen, souverän und lassen Sie sich etwas einfallen!

12. Kapitel

Weitere Aufgaben und Übungen

Viele Unternehmen kombinieren das klassische Vorstellungsgespräch mit weiteren diagnostischen Methoden, wie zum Beispiel dem Rollenspiel oder der Präsentation. Bei diesen Übungen beschreiben die Bewerber ihre Kompetenzen nicht nur wie im reinen Gespräch, sondern können sie den Beurteilern direkt demonstrieren. Auf diese Weise erhoffen die Arbeitgeber sich, ein umfassenderes Bild von den Bewerbern zu bekommen. Keine Angst davor – Sie bekommen die Gelegenheit, zu zeigen, was in Ihnen steckt. Auf Rollenspiele und Präsentationen kann man sich gut vorbereiten, um anschließend gekonnt eine eindrucksvolle erste Arbeitsprobe abzugeben.

I. Das Rollenspiel

Ein Rollenspiel ist typischerweise ein Zweiergespräch, bei dem Sie die Rolle einer Vorgesetzten, eines Kollegen oder einer Kundenberaterin innehaben. Ihr Gesprächspartner ist üblicherweise einer der Interviewer, mit dem Sie ein fiktives Personalgespräch, ein Kundengespräch oder ein kollegiales Konflikt- oder Verhandlungsgespräch führen. Hier können Sie Ihre Fähigkeit, mit Menschen umzugehen, Ihr Talent, eine Führungsrolle auch unter schwierigen Umständen einzunehmen oder Ihren Umgang mit Kunden unter Beweis stellen. Zeigen Sie, dass Sie mit den Regeln der Gesprächsführung, der Konfliktbewältigung und der Verhandlungsführung vertraut sind.

Vor Beginn des Dialoges bekommen Sie Informationen zu Ihrer Rolle und der dargestellten Situation, mit deren Hilfe, Sie sich auf das Gespräch vorbereiten können. Lesen Sie alle Informationen sehr sorgfältig durch und versetzen Sie sich in die vorgegebene Rolle hinein. Versuchen Sie auch, sich über die Ziele und Motive Ihres fiktiven Gesprächspartners klar zu werden. Was wird er wollen oder befürchten? In welche Richtung wird er argumentieren?

Legen Sie sich eine Strategie zurecht, mit der Sie das Gespräch führen möchten und bereiten Sie sich auf die möglichen Argumente Ihres Gegenübers vor.

Allgemeine Regeln der Verhandlungsführung und Konfliktlösung im Rollenspiel

Der wichtigste Grundsatz für jegliche Verhandlungs- und Konfliktsituation ist Ihr Bestreben, eine sogenannte Win-Win-Situation herzustellen.

Das bedeutet, dass beide Parteien sich um ein einvernehmliches Ergebnis, bei dem beide profitieren, bemühen. Kooperation hat hier also einen höheren Stellenwert als Konkurrenzverhalten oder Machtausübung.

Im Gegensatz dazu steht das Win-Lose-Szenario, bei der eine Partei auf Kosten der anderen Partei ‚siegt' und damit künftige Zusammenarbeit erschwert oder gar unmöglich macht. Diese Strategie hat weder im Berufsleben noch in einem Vorstellungsgespräch etwas verloren. Kein Unternehmen kann Mitarbeiter gebrauchen, die eventuelle Konkurrenten, Mitarbeiter oder potenzielle Kunden durch zu aggressive Verhandlungsführung nachhaltig verprellen. Im schlimmsten Fall führt eine solche Verhandlungsführung zu einem Lose-Lose-Ergebnis, bei dem der Konflikt so weit eskaliert ist, dass beide Seiten Nachteile erleiden.

■ Wertschätzen Sie Ihr Gegenüber und seine Argumente. Auch wenn Sie mit der Haltung oder den Handlungen Ihres Verhandlungspartners nicht einverstanden sind, ist es wichtig, dass Sie ihn als Person anerkennen und ihm das Recht zubilligen, eine eigene Meinung zu haben.

- Signalisieren Sie Verständnis für eine gegensätzliche Position, die Ihr Rollenspielpartner vermutlich vertreten wird. Wenn Sie zeigen, dass Sie die Meinung Ihres Gegenübers respektieren, auch wenn Sie anderer Meinung sind, entschärfen Sie potenzielle Konflikte.

- Unterstellen Sie Ihrem Gegenüber Offenheit und Entgegenkommen. Dies wirkt meist wie eine ‚Self Fulfilling Prophecy'.

- Machen Sie deutlich, dass Sie an einer einvernehmlichen Lösung interessiert sind. Ihr Gegenüber ist es vermutlich ebenfalls.

- Äußern Sie Zuversicht auf ein positives Gesprächsergebnis.

- Stellen Sie vor allem zu Beginn offene Fragen. Dies sind Fragen, die man nicht mit ja oder nein beantworten kann (siehe Seite 43 ff.). So erfahren Sie am Meisten über Ihr Gegenüber und sorgen gleichzeitig für eine offene Gesprächsführung.

- Versuchen Sie sich über alle Aspekte der Bedürfnisse, Ziele und Motive des Gegenübers klar zu werden. Dies ist Ihr Ansatzpunkt für Ihre Argumentation.

- Machen Sie Ihren Standpunkt deutlich und vertreten Sie in angemessener Weise Ihre Ziele.

- Suchen Sie zusammen mit Ihrem Gegenüber nach möglichen Kompromissen. Bedenken Sie: Ihr Ziel ist nicht ‚zu gewinnen' sondern zu einer einvernehmlichen Lösung zu gelangen, die beiden Parteien nützt.

- Zugeständnisse sollten dabei wechselseitig erfolgen, fordern Sie dies wenn nötig ein. Gehen Sie nach dem ‚Tit for Tat – Prinzip' vor. Das bedeutet, dass Sie mit einem Zugeständnis beginnen und damit ebenfalls ein Zugeständnis Ihres Gegenübers provozieren. Sollte kein Zugeständnis seinerseits erfolgen, bestehen Sie darauf, bevor Sie Ihrerseits den nächsten Kompromiss-Schritt gehen.

- Erzeugen Sie keine Aggressionen und Spannungen und versuchen Sie, wenn vorhanden, diese abzubauen. Mit einem Streit erreichen Sie außer einem schlechten Eindruck nichts. Um eine konstruktive Lösung zu finden, müssen beide Parteien gesprächsbereit bleiben.

- Drängen Sie einen Konflikt- oder Verhandlungspartner nie so weit in die Enge, dass er sein Gesicht verliert. Wenn Sie merken, dass beispielsweise Ihr Gesprächspartner im Mitarbeitergespräch wegen einer für ihn unangenehmen Situation sprichwörtlich an der Wand steht, drücken Sie lieber ein Auge zu und lassen ihm einen eleganten Ausweg. Sonst wird er sich mit allen Mitteln gegen Sie wehren und eine zukünftige Zusammenarbeit wird unmöglich.

Das Mitarbeitergespräch

In einem Mitarbeitergespräch wird gezielt Ihr Führungspotenzial im Umgang mit Mitarbeitern getestet.

Dabei interessieren sich die Interviewer für folgende Punkte:

- Haben Sie die Fähigkeit, sich in die Rolle eines Vorgesetzten hineinzudenken?

- Besitzen Sie genug Einfühlungsvermögen, um das Vertrauen Ihres Mitarbeiters zu gewinnen?

- Haben Sie aber auch den Mut, das Durchsetzungsvermögen und das Fingerspitzengefühl, unangenehme Dinge zur Sprache zu bringen und Ihren Forderungen Nachdruck zu verleihen?

Gefragt sind also Ihre Kommunikationsfähigkeit, Ihre Teamfähigkeit, Ihr Durchsetzungsvermögen und Ihr Konfliktverhalten.

Meist handelt es sich bei den Mitarbeitergesprächen um sogenannte ,Kritikgespräche', die eine Verhaltensänderung des Mitarbeiters bewirken sollen. Sie sollen die Gründe für ein nicht gewünschtes Verhalten ermitteln und ein gewünschtes Verhalten herbeiführen.

Da Sie vermutlich bis zu diesem Zeitpunkt noch keine Führungsverantwortung hatten und daher nicht auf eigene Erfahrungen zurückgreifen können, ist es wichtig, dass Sie sich auf ein solches Gespräch gut vorbereiten. Dies gilt insbesondere dann, wenn Sie sich auf eine Position bewerben, die Führungsaufgaben beinhaltet. Aber auch, wenn Sie für ein Traineeprogramm ausgewählt werden sollen, das anfangs noch keine Führungsposition darstellt, wird auf Ihr

Führungsverhalten großen Wert gelegt. Schließlich geht es dem Unternehmen darum, die besten Führungskräfte von morgen zu finden.

Typische Fehler

Bei ungeübten Bewerbern beobachtet man oft eine Reihe typischer Fehler, die Sie unbedingt vermeiden sollten:

- Das Gespräch hat den Charakter einer Schuldzuweisung. Dagegen wird sich der Mitarbeiter wehren und sich verteidigen. Ein Vertrauensverhältnis kann nun nicht mehr aufgebaut werden, so dass Sie kaum die Gründe für das Fehlverhalten ermitteln können. Auch eine gemeinsame Lösungsfindung wird sehr erschwert.

- Sie verhalten sich aus Streben nach einem harmonischen Gesprächsverlauf und aus Angst, zu autoritär zu wirken, zu nachgiebig. Dadurch gewinnen Sie zwar vielleicht die Sympathie Ihres Mitarbeiters, können Ihre Forderungen jedoch nicht durchsetzen. Ihrem künftigen Unternehmen ist mit einem solchen, zu weichen Verhalten nicht gedient. Eine gute Führungskraft bemüht sich zwar allen Mitarbeitern gerecht zu werden, das heißt jedoch nicht, dass sie es allen recht machen muss.

- Sie präsentieren Ihrem Mitarbeiter sofort zu Gesprächsbeginn die von Ihnen erarbeitete Ideallösung. Selbst wenn diese Lösung prinzipiell geeignet wäre, das Problem zu beheben, wird Ihr Gesprächspartner sich entmündigt fühlen und dementsprechend blockieren.

- Sie äußern Ihre Kritik nicht auf die Sache bezogen, sondern greifen Ihren Mitarbeiter als Person an. (*Sie sind zu langsam...* statt *Der Bericht ist leider nicht rechzeitig fertig geworden.*) Wenn Sie, statt konkret ein bestimmtes Verhalten zu nennen, verallgemeinernd eine Eigenschaft Ihres Gesprächspartners kritisieren, wird dieser mit Recht sehr empfindlich und vielleicht sogar aggressiv reagieren, was eine faire Lösungsfindung unmöglich macht.

In der Regel wird heutzutage in fast allen Unternehmen ein kooperativer Führungsstil erwartet, daher empfiehlt es sich, die folgenden Grundregeln für ein Führungsverhältnis zu berücksichtigen:

- Basis ist immer die offene Gesprächskultur, die von Verantwortung, Vertrauen und Fairness geprägt ist, in der Probleme gemeinsam gelöst werden und Vereinbarungen entwickelt und getroffen werden. Führen Sie deshalb die Gespräche immer im Sinne einer partnerschaftlichen Problemlösung.

- Zeigen Sie Einfühlungsvermögen. Nur so gelingt es Ihnen, das Vertrauen Ihres Mitarbeiters aufzubauen und die Hintergründe seines Verhaltens zu ermitteln.

- Behandeln Sie Ihren Mitarbeiter als Partner und nicht als Befehlsempfänger.

- Erarbeiten Sie mit Ihrem Mitarbeiter gemeinsam die Regeln, die eine künftig bessere Arbeitsleistung ermöglichen.

- Nehmen sie den Standpunkt und die Argumente Ihres Mitarbeiters ernst.

- Bringen Sie ihm auch in Kritik- oder Konfliktsituationen Wertschätzung entgegen.

- Erzeugen Sie keine Aggressionen und Spannungen und versuchen Sie, wenn vorhanden, diese abzubauen.

Um Ihren Mitarbeiter zu einer konkreten Verhaltensänderung zu bringen, sollten Sie folgendermaßen vorgehen:

- Nennen Sie nach einer freundlichen Begrüßung direkt den Grund Ihres Gespräches. Vermeiden Sie dabei jedoch Wertung und Schuldzuweisung.

- Beschreiben Sie konkret das zur Diskussion stehende Verhalten und fordern Sie eine Stellungnahme Ihres Mitarbeiters.

- Erst danach bewerten Sie sein Verhalten und äußern Ihre Kritik.

- Treiben Sie Ihren Mitarbeiter dabei jedoch nicht in die Enge, sondern versuchen Sie, durch offene Fragen (W-Fragen) und genaues, aktives Zuhören die Gründe für das Fehlverhalten zu erfahren. Bleiben Sie hartnäckig, falls Ihr Mitarbeiter Ausflüchte nutzt und kommen Sie freundlich aber bestimmt immer wieder zum Kern der Sache zurück.

- Achten Sie aber darauf, dass Ihr Mitarbeiter nicht ‚sein Gesicht verliert' sondern gehen Sie auf ein Einlenken seinerseits stets ein.

- Wenn Sie normalerweise mit diesem Mitarbeiter zufrieden sind, sagen Sie ihm dies in diesem Moment ruhig und betonen Sie, dass sich Ihre Kritik nur auf die genannten Punkte bezieht.

- Erläutern Sie die Konsequenzen des Fehlverhaltens für das Unternehmen und machen Sie Ihrem Gegenüber klar, was Sie in Zukunft von Ihm erwarten.

- Versuchen Sie nun gemeinsam, konstruktive Lösungsstrategien zu entwickeln, wie Ihr angestrebtes Ziel am besten zu erreichen ist.

- Treffen Sie eine klare Handlungsvereinbarung mit Ihrem Mitarbeiter.

- Fassen Sie das Gesprächsergebnis am Schluss noch einmal zusammen und weisen Sie darauf hin, dass Sie für Probleme jederzeit ansprechbar sind und dass Sie das weitere Vorgehen Ihres Mitarbeiters im Blick behalten werden.

Das Verkaufsgespräch

Bewerben Sie sich um eine Position im Bereich Marketing und Vertrieb, kann es durchaus vorkommen, dass Sie ein fiktives Verkaufsgespräch mit Ihrem Interviewer führen sollen.

Dies kann eingeleitet werden durch die Aufforderung:

Aufforderung

Verkaufen Sie mir diesen Bleistift (oder einen anderen Gegenstand)!

Oder aber Sie bekommen eine Rollenspielanweisung zu einem Verkaufsgespräch. Welche Form die Frage auch hat, das Prinzip einer Verkaufsverhandlung ist folgendes:

Wenn Sie in Ihrer Rolle als Anbieter von Waren oder Dienstleistungen ein erfolgreiches Verkaufsgespräch führen möchten, ist es wichtig, dass Sie das Vertrauen Ihres potenziellen Kunden gewinnen.

Versuchen Sie zu vermitteln, dass Sie die optimale Lösung für die Bedürfnisse Ihres Gegenübers bieten.

Ein typischer Fehler wäre es, zu Beginn des Gespräches unaufgefordert in einem Monolog die Vorzüge Ihres Produktes anzupreisen. Sie würden wahrscheinlich auf Widerstand stoßen. Ihr Kunde wird Ihnen erklären, dass er nicht gewillt sei, Ihr Produkt zu kaufen. Versuchen Sie also nicht ‚drauf los‘ zu verkaufen, sondern verwenden Sie einen großen Teil Ihres Gespräches auf die Erkundung der Bedürfnisse, Wünsche und Fragen Ihres Gesprächspartners.

- Am Anfang kommt es darauf an, das Eis zu brechen. Knüpfen Sie das Gespräch an erhaltene Informationen an.

- Signalisieren Sie dabei wirkliches Interesse an Ihrem Gegenüber, hören Sie aktiv zu und stellen Sie offene Fragen.

- Übernehmen Sie die Führung des Gespräches und motivieren Sie Ihren Gesprächspartner zum Reden.

- Nun kommen Sie zu einer Kurzvorstellung Ihres Angebots. Stellen Sie dabei klar den speziellen Nutzen Ihres Produktes für Ihren Kunden heraus.

- Wenn dieser erst einmal ablehnt, fragen Sie nach, wie die Wünsche Ihres Gesprächspartners noch besser getroffen werden könnten. Damit erhalten Sie wichtige Hinweise, wie Sie Ihre Angebotspalette zusammenstellen und in welche Richtung Sie argumentieren sollten, um Ihren Kunden zu überzeugen.

- Haben Sie keine Angst vor der Frage nach dem Preis, auch wenn Ihr Gegenüber in diesem Punkt vermutlich erst einmal Einwände hat. Diese können Sie mit vorbereiteten Argumenten entkräften. Machen Sie nicht den Fehler, Ihr Angebot unter Wert zu verkaufen.

- Besser ist es, Sie reduzieren Ihre Leistungen als Ihren Preis. Bringen Sie klar zum Ausdruck, dass Sie Ihren Preis für fair und redlich halten. Fragen Sie Ihren Kunden, welche etwaigen Preisvorstellungen er oder sie hat und erläutern Sie dann den Zusatznutzen, den er oder sie durch Ihr höherpreisliches Produkt hat. Sollte er wirklich nicht bereit sein, mehr zu bezahlen, passen Sie Ihr Angebotsumfang dem an.

II. Die Präsentation

Teil vieler Vorstellungsgespräche ist ein ausgearbeiteter Vortrag. Das Themenspektrum kann dabei ganz unterschiedlich sein. Als Thema eignet sich zum Beispiel Ihre Selbstvorstellung mit Lebenslauf und Ihren besonderen Stärken.

Aufforderung

Bitte stellen Sie anhand Ihres Lebenslaufes dar, warum Sie für unser Unternehmen geeignet sind.

Es kann auch ein allgemeines, *ad hoc* definiertes Thema sein, auf das Sie sich eventuell nur 15 bis 20 Minuten lang vorbereiten können.

Aufforderung

Welche Herausforderungen werden auf unsere Branche / unseren Arbeitsbereich in den nächsten Jahren zu kommen, und wie sollten wir darauf reagieren?

Typische Themen für diese Art Vorträge sind politische oder gesellschaftliche Probleme, zukünftige Entwicklungen oder berufliche Qualifikationen.

Bei einem Werbe- oder Verkaufsvortrag sollen Sie einem fiktiven Kundenkreis mit guten Argumenten ein Produkt vorstellen. Vielleicht handelt es sich aber auch um die Präsentation der Ergebnisse einer Fallstudie, die Sie zuvor bearbeitet haben und die Sie nun verteidigen müssen.

Die Interviewer können entweder Ihre Ausführungen lediglich beobachten, oder Sie mit gezielten, teilweise kritischen Fragen herausfordern.

Erwartet werden von Ihnen natürlich Kenntnisse und Erfahrungen mit Präsentationstechniken einschließlich des Umgangs mit Präsentationsmedien wie Flip-Chart oder Power-Point.

1. Grundsätzliche Überlegungen

Zu Beginn jedes gelungenen Vortrags stellen sich für den Redner folgende Fragen:

- Wie komme ich meinen Zuhörern nahe?
- Wie kann ich mit ihnen Kontakt aufnehmen?
- Wie kann ich sie überzeugen?

Sie überzeugen nur, wenn Ihre Zuhörer Sie verstehen und sich angesprochen fühlen. Dies zu erreichen, ist die erlernbare Kunst der Präsentation. Erlernbar ist sie, da sie auf einigen grundsätzlichen Prinzipien beruht. Wenn Sie diese Grundsätze verinnerlichen und möglichst oft üben, haben Sie es in der Hand, ein guter Vortragender zu werden.

Suchen Sie Anknüpfungspunkte zu Ihren Zuhörern durch das Aufzeigen von gemeinsamen Erlebnissen (z. B. ähnliches Studium), gemeinsamen Wertvorstellungen, Hinweise auf gemeinsame Expertise, Verweise auf bekannte fachbezogene Fakten etc. Wer seine Zuhörer auch emotional mitreißen will, wählt zudem eine konkrete, leicht verständliche, prägnante, zielorientierte, positiv besetzte Sprache. Kurze Sätze und kurze Worte transportieren stärkere Gefühle. Denn auch im Vorstellungsgespräch gilt die Regel, dass alles, was emotional anspricht, intensiver empfangen wird und sich besser einprägt.

In Ihrem Vortrags-Themengebiet sind Sie der Experte. Sie haben alle Informationen und wissen (hoffentlich) wovon Sie sprechen. Selbst, wenn Sie nicht alle Informationen lückenlos vor sich haben, verlieren Sie wahrscheinlich nicht den roten Faden.

Sie nicht – Ihrem Publikum geht es jedoch anders. Ihren Zuhörern ist neu, was Sie präsentieren. Es weiß noch nichts über das Ziel Ihrer Ausführungen.

Wenn Sie nicht Schritt für Schritt einen roten Faden aufbauen und Ihrem Publikum Orientierung daran bieten, damit Sie es Ihnen folgen kann, verlieren Sie es auf der Strecke.

Ihre Zuhörer sollen von Beginn an informiert sein, wohin die Reise geht und was Sie bezwecken. Auf dem Weg zum Ziel benötigt Ihr

Publikum immer wieder Meilensteine, die Zwischenergebnisse festhalten und die Richtung weisen. Sonst schweift es ab.

Und zusätzlich haben Sie es in der Hand, ob Ihre Zuhörer Ihnen überhaupt folgen wollen! Sorgen Sie dafür, dass Ihre Ausführungen lebendig sind! Unterfüttern sie graue Theorie mit Beispielen, Bildern und Metaphern. Unterhalten Sie Ihre Zuhörer!

Diese Grundsätze gelten für alle Arten von Vorträgen – auch für vermeintlich ernste fachliche oder wissenschaftliche Präsentationen. Sie müssen nicht wie ein Komiker über die Bühne toben, um einen anregenden und interessanten Vortrag zu halten, es gibt andere Wege. Natürlich passen Sie Ihre Rhetorik der Art des Vortrags an. Dennoch gilt auch für den ernsthaftesten aller Vorträge das Prinzip, dass Sie nur dann überzeugen können, wenn es Ihnen gelingt, das Interesse Ihres Publikums zu wecken und zu halten.

2. Der Aufbau einer Präsentation

Bevor Sie damit beginnen können, Ihren Vortrag zu formulieren, müssen folgende Fragen geklärt werden:

(1) Was will ich mit meinem Vortrag erreichen?

(2) Wer sind meine Zuhörer, wen will ich überzeugen?

(3) Welchen Inhalt will ich vermitteln?

(4) Mit welchen Mitteln will ich präsentieren?

Diese Überlegungen sind der Grundstock für Ihre Vorbereitung, denn diese Fragen bestimmen sowohl Sinn und Zweck als auch die Art Ihrer Ausführungen. Einen Werbevortrag über Anlagefonds vor einer (fiktiven) Zuhörerschaft von Großkunden einer Bank werden Sie anders aufbauen und präsentieren als eine kritische Pro/Kontra – Erörterung über Umweltschutzthemen vor einem Plenum von Studierenden.

Sehen Sie sich sehr genau die Aufgabenstellung an. Was soll das Ziel Ihres Vortrages sein? Was sollen die Zuhörer am Ende erinnern oder tun?

Verinnerlichen Sie die Aufgabe und fragen Sie sich selbst:

- Möchten Sie mit Ihrer Präsentation Ihre Zuhörer über etwas informieren?

- Möchten Sie zur Meinungsbildung beitragen?

- Oder soll ein Entscheidungsprozess angestoßen werden – beispielsweise über die Frage, ob Sie eingestellt werden oder nicht?

Je nach Art der Aufgabenstellung können Sie Ihre Zuhörer belehren, informieren, unterhalten, aufstacheln oder bewegen. Sie können etwas beweisen oder in Frage stellen oder Sie versuchen, das Publikum einfach nur für sich zu gewinnen.

Wichtig ist, dass Ihr Ziel für die Zuhörer transparent ist und erreicht und überprüft werden kann. Auf dieses Ziel aufbauend gestalten Sie die Dramaturgie Ihres Vortrages.

Die Konzeption

Viele Hochschulabsolventen machen den Fehler, ihr Publikum mit Informationen regelrecht zu überfluten. Sie legen Folie für Folie auf und referieren über eine Unzahl an Fakten, ohne darauf zu achten, ob sie ihre Zuhörer überhaupt damit erreichen.

Denn es gibt viele Möglichkeiten, seine Zuhörer zu frustrieren. Es ist aber ebenso möglich, eine Präsentation – mit denselben Inhalten – zu einem spannenden Erlebnis zu machen. Was zeichnet eine gute Präsentation aus? Die Zuhörer sollen in möglichst kurzer Zeit möglichst viel Neues erfahren, und zwar so, dass sie sich dabei nicht langweilen.

Die Aufgabe eines guten Referenten ist es also, für sein Publikum das Zuhören, Zusehen und Verstehen einfach und interessant zu machen.

Man kann eine gute Präsentation mit einem Theaterstück vergleichen, dessen Dramaturgie Sie sorgfältig gestalten sollten, um den gewünschten Effekt zu erreichen: Die Zuhörer von Ihren Ausführungen zu überzeugen.

Inszenieren Sie einen Spannungsbogen, der auf einen Höhepunkt zusteuert. Wählen Sie einen ansprechenden Einstieg, steuern Sie im Hauptteil mit rhetorischen und visuellen Mitteln auf Ihr Ergebnis zu, das Sie eindrucksvoll belegen und schließen Sie das Ganze als

Finale mit einem gekonnten Schluss. Visualisieren Sie dabei Ihre Kernaussagen, mit Farben, Symbolen und grafischen Hilfsmitteln.

Eines ist sicher, je besser Sie Ihre Präsentation aufbauen und strukturieren, desto effektiver können Sie den Eindruck hinterlassen, den Sie möchten.

Deshalb ist eine gute Konzeption Ihrer Präsentation sehr wichtig.

Ein guter Vortrag ist typischerweise nach folgendem Muster aufgebaut:

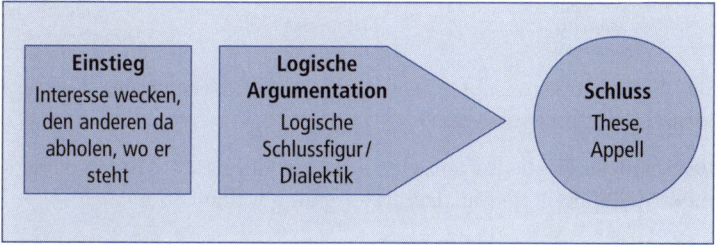

Abb. 12: Aufbau einer Präsentation

Die Ausarbeitung von Einstieg und Schluss

Der Einstieg: Eine gute Einleitung entscheidet über den ersten Eindruck, den Ihr Publikum von Ihnen bekommt und hat damit einen entscheidenden Einfluss auf den Erfolg Ihrer Präsentation.

Selbst wenn Sie im Hauptteil brillante Informationen für Ihre Zuhörer liefern, ohne einen interessanten Einstieg machen Sie es Ihrem Publikum schwer, konzentriert bei der Sache zu bleiben.

Der Einstieg muss Interesse wecken, die Aufmerksamkeit der Zuhörer auf das Thema lenken und das Publikum für den Redner einnehmen.

Nennen Sie das Ziel Ihrer Präsentation. Bauen Sie einen Spannungsbogen auf, indem Sie zum Beispiel gleich zu Anfang eine Behauptung oder Frage aufstellen, die sich durch die gesamte Präsentation hindurch zieht. Die endgültige Antwort in Form einer Zusammenfassung wird am Schluss betont. So könnten Sie bei der Präsentation einer Fallstudie beispielsweise in den Raum stellen:

> **BEISPIEL:** *Welche der vorgestellten Methoden erweist sich als die Wirksamste?*
> Sie antworten sich vorläufig selbst:
> *In meiner Präsentation diskutiere ich Pro und Contra, und in 20 Minuten wird die Antwort klar werden.*
> Oder falls Sie in einer Selbstpräsentation Ihre Eignung für die ausgeschriebene Stelle begründen sollen, könnten Sie beginnen mit:
> *Ich möchte Ihnen beweisen, dass ich durch meine Qualifikation und Motivation für Ihr Unternehmen wertvoll sein kann. Lassen Sie mich mit Ihnen gemeinsam wichtige Einflussfaktoren erörtern, um Sie am Ende meines Vortrags wie ich hoffe, zu überzeugen.*

Bei Fachvorträgen sollten Sie dann die Gliederung des Vortrags visualisieren und vorstellen.

Verschiedene Einstiegsarten: Der Einstieg muss zum Thema passen, daher sollte man die Einstiegsart sorgfältig wählen.

Der Frage-Einstieg: Durch Fragen stellen Sie einen guten Kontakt zum Publikum her.

Eine rhetorische Frage erregt Aufmerksamkeit und erzeugt Spannung

Eine echte Frage, die mit Ja oder Nein beantwortet werden kann, bindet die Zuhörer stark ein und provoziert sie.

Der Gliederungseinstieg: Dieser Einstieg ist Standart bei Fachvorträgen und wirkt seriös.

Die Gliederung kann auch mit einer anderen Einstiegsart kombiniert werden.

Der Provokations-Einstieg: Eine Provokation garantiert Ihnen die Aufmerksamkeit Ihrer Zuhörer.

Sie können Ihr Publikum überraschen, dürfen es jedoch keinesfalls beleidigen.

Wählen Sie dabei ein Thema, das zwar wachrüttelt aber auch allgemein akzeptiert wird.

Der Anekdoten-Einstieg: Mit einer persönlichen Geschichte oder einem humorvollen Zitat können Sie ein ‚leichteres' Thema beginnen.

Der historische Einstieg: Sie stellen einen Bezug Ihres Themas zur Vergangenheit her.

Dies kann sinnvoll sein, wenn Sie eine glaubhafte Verbindung zur Gegenwart herstellen können.

Der Nachrichten-Einstieg: Sie knüpfen Ihren Vortrag an ein aktuelles Thema an

Der Schluss

Der Schluss ist immer der Höhepunkt einer Präsentation und verankert den Inhalt im Gedächtnis der Zuhörer. Erst der richtige Schluss macht eine Präsentation gelungen. Daher sollte er von Beginn an geplant werden.

Die Formulierung des Schlusses sollte knapp, klar, überzeugend und motivierend sein. Wichtig ist, dass er sitzt und einen markanten, ‚knackigen' Abschluss Ihrer Rede bildet.

Lösen Sie den Spannungsbogen auf, indem Sie das Ergebnis einprägsam zusammenfassen.

Zählen Sie beispielsweise noch einmal die wichtigsten Punkte auf, die Sie als geeigneten Kandidat für die ausgeschriebene Stelle prädestinieren.

Wenn Sie die Zuhörer anfangs nach ihrer Meinung gefragt haben, fragen Sie sie jetzt noch einmal und geben Sie noch einmal die Antwort.

Schließen Sie mit einem Appell oder einer Handlungsaufforderung, die sich aus dem Ziel Ihrer Präsentation ergibt. Das Ende einer Selbstpräsentation könnte zum Beispiel lauten:

> **BEISPIEL:** *Ich hoffe, dass ich Sie als geeigneter Kandidat überzeugt habe und bitte Sie, mich bei Ihrer Auswahl zu berücksichtigen.*

Mit einem Einstiegs- und Schlussbild runden Sie Ihre Präsentation perfekt ab.

Verschiedene Ausstiegsarten: Dies sollte Ihr Ausstieg auf jeden Fall enthalten:

Die Wiederholung des Redeziels: Als wichtigstes Element Ihrer Präsentation nennen Sie sowohl am Anfang als auch am Ende Ihr Ziel.

Die Zusammenfassung: Die zentralen Themen und Argumente werden nochmals kurz genannt und visualisiert.

Dabei bildet das wichtigste Argument den Höhepunkt.

Der Schlussappell: Dies ist die Handlungsaufforderung, die sich aus Ihrem Präsentationsziel ergibt.

Weitere Möglichkeiten

Die Schlussdiskussion: Die Zuhörer werden aufgefordert Fragen zu stellen.

Damit kann der Redner überprüfen, ob sein Vortrag verstanden worden ist und ob weitere Fragen geklärt werden sollten.

Der positive Ausblick: Ein positiver Blick in die Zukunft erzeugt Optimismus und verstärkt die Aufforderung zum Handeln.

Der Hauptteil

Im Hauptteil machen Sie Ihre Kernaussagen, die Sie mit rhetorischen Mitteln beweisen und visuell darstellen.

Die Sammlung der Argumente: Sammeln Sie im Vorfeld Ihre schlagkräftigen Argumente, indem Sie zuerst in einem Brainstorming alle Gedanken zu dem angegebenen Thema notieren. Dazu ist es natürlich ideal, wenn Sie sich in den Wochen vor dem Gespräch durch die Lektüre von Fach- und Tagespresse über aktuelle Themen und Ereignisse schlau gemacht haben. Fangen Sie also unbedingt spätestens jetzt damit an, regelmäßig mindestens den Wirtschaftsteil einer guten, überregionalen Zeitung (wie z. B. die Frankfurter Allgemeine Zeitung, die Süddeutsche Zeitung, das Handelsblatt oder die Financial Times Deutschland) und möglichst eine einschlägige Fachzeitschrift zu lesen. Damit sind Sie gerüstet für eine Stellungnahme zu einem aktuellen politischen, wirtschaftlichen oder gesellschaftlichen Thema. Sorgen Sie außerdem dafür, dass Sie sich auf in der angestrebten Branche und natürlich in Ihrem Fachgebiet gut auskennen.

Filtern Sie jetzt aus Ihrer Sammlung an Argumenten die besten und schlagkräftigsten heraus und bringen Sie sie in eine Reihenfolge nach ihrer Wichtigkeit. Benutzen Sie branchen- und unternehmensübliche Schlagworte, die einen hohen Wiedererkennungswert für Ihre Zuhörer haben, um den gewünschten ‚Aha-Effekt‘ zu erzielen.

Typische Schlagworte ...

... für eine Bewerbung im Personalbereich

- *Balance Score Card*
- *Human Resource*
- *Eignungsdiagnostik*
- *Anforderungsanalyse*
- *Potentialanalyse*
- *Jobenrichment*
- *Arbeitszufriedenheit*
- *Anreizsysteme*
- *Tarifrecht*

Den Unternehmensbroschüren können Sie entnehmen, welcher Sprachstil in diesem Unternehmen üblich ist. Außerdem stoßen Sie immer wieder auf oft verwendete Schlagworte, die Sie schon während Ihrer Vorbereitung auf das Vorstellungsgespräch notieren und in der Präsentation verwenden sollten.

Wenn Ihre Präsentation in Wort und Stil zum Unternehmen passt, wirken Sie zugleich auf die Interviewer als ‚einer von uns‘.

Die logische Argumentation

Arbeiten Sie nun Ihre Kernaussagen, Ihre Argument dafür und die Beispiele, die Ihre Argumentation stützen, aus.

Stellen Sie sich dazu folgende Fragen:

- Warum ist das Thema für mich und die Zuhörer relevant?
- Wie ist die derzeitige Situation?
- Was sind die Gründe für die derzeitige Lage?
- Wie könnte die Situation in der Zukunft aussehen?
- Welche Maßnahmen sind für meine Zielsetzung geeignet?
- Was sind die Vor- und Nachteile dieser Maßnahmen?
- Welche Beispiele belegen meine Ausführungen?

Bauen Sie ihre Agumentationskette nun so auf, dass das Publikum logisch auf Ihre Schlussfolgerung zugeführt wird. Dazu gibt es eine Vielzahl rhetorischer Muster, von denen ich Ihnen im Folgenden eine Auswahl vorstelle.

Würzen Sie Ihre Ausführungen mit guten Beispielen aus der Praxis oder aus eigener Erfahrung, um Ihren Vortrag lebendig und anschaulich zu machen.

Achten Sie auch auf Ihren Kontakt mit Ihren Zuhörern, indem Sie diese gezielt ansprechen oder mit rhetorischen Fragen einbeziehen.

Argumentatorische Stilformen

Das Sachreferat: Wenn die Aufgabenstellung so ist, dass Sie Ihr Publikum einfach nur in einem Sachvortrag informieren möchten und weder Überzeugungsänderung noch Handlungsaufforderung bezwecken, wenden sie die Techniken eines Sachreferates an, wie Sie es vermutlich aus Ihrem Studium kennen.

Sie begrüßen Ihre Zuhörer, stellen das Thema und Ihre Gliederung vor und referieren Punkt für Punkt über Ihr Thema. Die Darstellung Ihrer Informationen ist vom Thema abhängig und kann beispielsweise chronologisch, nach Bedeutung oder nach Kausalzusammenhängen gegliedert sein.

Die Pro-Kontra-Diskussion: Sie bauen den Vortrag im Stil einer Erörterung auf, indem Sie Pro- und Kontraargumente gegeneinander abwägen und am Schluss Ihre Lösung vorstellen. Dabei bringen Sie Ihre Argumente am besten in folgender Reihenfolge:

- Schwächster eigener Vorschlag + Begründung

- Stärkstes Gegenargument + Widerlegung
- Stärkerer eigener Vorschlag + Begründung
- Zweitstärkstes Gegenargument + Widerlegung
- …
- …
- Stärkster eigener Vorschlag + Begründung
- Schwächstes Gegenargument + Widerlegung

Die Drei-Zeiten-Formel: Wenn Sie einen Überblick über die Entwicklung eines Sachverhaltes geben möchten, wenden Sie die Drei-Zeiten-Formel an. Nach dem Prinzip ‚gestern – heute – morgen' präsentieren Sie den Sachverhalt in der Vergangenheit, stellen die Gegenwart vor und entwickeln ein Szenario für die Zukunft.

Die Vier-Satz-Methode: In einer logischen Argumentationskette führen Sie das Publikum zu Ihrem Endergebnis, indem Sie nach folgendem Schema vorgehen:

Sie stellen Ihren Standpunkt vor

Dafür liefern Sie Ihre Begründungen. Je nach Anzahl der Begründungen präsentieren Sie Ihr stärkstes Argument entweder am Anfang oder am Schluss: Handelt es sich um nur wenige Argumente, bauen Sie die Spannung auf, indem Sie schwach anfangen und stark aufhören.

Sind es jedoch viele Argumente, die man sich schlecht alle merken kann, dann beginnen Sie mit dem zweitstärksten Argument, nennen dann die schwächeren Punkte bis Sie wieder mit dem stärksten Argument schließen.

Belegen Sie Ihre Ausführungen mit einem bzw. mehreren guten Beispielen.

Nun krönen Sie den Hauptteil Ihrer Präsentation mit Ihrer Schlussfolgerung.

Die Fünf-Satz-Methode: Eine sehr gute Methode, das Ergebnis einer Fallstudie zu präsentieren, stellt die Fünf-Satz-Methode dar.

(1) Sie beginnen damit, den konkreten Anlass für Ihre Überlegungen darzustellen.

(2) Schildern Sie die Ausgangslage des Falles.

(3) Nennen Sie nun Ihre Zielvorstellungen

(4) Erläutern Sie die von Ihnen erarbeiteten Methoden, die zu Ihrem Ziel führen.

(5) Schließen Sie mit Ihrer Schlussfolgerung und Ihrer Handlungsaufforderung.

Mit Hilfe folgender Übung können Sie Ihren Vortrag strukturieren:

Übung

Was ist das Thema Ihres Vortrags?

_____

_____

_____

Was wollen Sie mit Ihrem Vortrag erreichen? Was ist Ihr Ziel? (Natürlich ist Ihr Ziel, die angebotene Stelle zu bekommen. Überlegen Sie dennoch auf den Vortrag bezogen: Wollen Sie informieren? Überzeugen? Widerlegen? Oder etwas anderes?)

_____

_____

_____

Wer sind die Zuhörer? Sind es Fachexperten? Laien?

_____

_____

_____

Womit können Sie das Interesse Ihrer Zuhörer wecken?

_____

_____

_____

Machen Sie ein kurzes Brainstorming und formulieren Sie dann Wort für Wort den Einstieg in Ihren Vortrag.

_____

_____

_____

Welches ist ihre Botschaft? Worauf kommt es Ihnen an?
Formulieren Sie Wort für Wort die Botschaft, welche die Zuhörer mitnehmen sollen.

_____
_____
_____

Wie bauen Sie Ihre Argumente auf?
Sammeln und ordnen Sie Ihre Hauptargumente.

_____
_____
_____

Dr. Fox erzählt Unsinn: Myron L. Fox wurde den Teilnehmern des Weiterbildungsprogramms der University of Southern California School of Medicine als *„Autorität auf dem Gebiet der Anwendung von Mathematik auf menschliches Verhalten"* vorgestellt, der nun gleich einen Vortrag mit dem eindrucksvollen Titel *„Die Anwendung der mathematischen Spieltheorie in der Ausbildung von Ärzten"* halten sollte. Und tatsächlich beeindruckte Fox die Zuhörer mit seinem Auftritt derart, dass keiner von ihnen das Unglaubliche merkte: Der Mann war Schauspieler und hatte keine Ahnung von der Spieltheorie.

Was er getan hatte, war Folgendes: Er hatte aus einem Fachartikel über die Spieltheorie einen Vortrag entwickelt, der ausschließlich aus unklaren Behauptungen, erfundenen Wörtern und widersprüchlichen Argumenten bestand. Dies würzte er mit viel Humor und sinnlosen Verweisen auf andere Arbeiten. Initiatoren dieser Täuschung waren John E. Ware, Donald H. Naftulin und Frank A. Donnelly, die mit dieser Demonstration eine Diskussion über den Inhalt des Weiterbildungsprogramms anregen wollten. Man wollte herausfinden, ob es tatsächlich möglich ist, eine Gruppe von Experten allein mittels einer geschickten Vortragstechnik so zu täuschen, dass sie den inhaltlichen Nonsens nicht bemerken. John Ware übte stundenlang mit dem Schauspieler: *„Das Problem war, Fox davon abzuhalten, etwas Sinnvolles zu sagen."*

Der Schauspieler war sich sicher, dass er in kürzester Zeit enttarnt würde. Doch das Experten-Publikum hing an seinen Lippen und begann nach dem einstündigen Vortrag, fleißig Fragen zu stellen, die er so virtuos *nicht* beantwortete, dass niemand es merkte. Anschließend gaben alle zehn Zuhörer an, *„der Vortrag habe sie zum Denken angeregt"*, neun fanden zudem, *„Fox habe das Material gut geordnet, interessant vermittelt und ausreichend Beispiele eingebaut."* Dieses Phänomen, dass der Stil eines Vortrags über seinen dürftigen Inhalt hinwegtäuschen kann, hieß bald nur noch der ‚Dr.-Fox-Effekt'.

Die Los Angeles Times kommentierte: *„Diese Untersuchung hat Implikationen, die selbst ihre Autoren nicht bemerkt haben. Wenn ein Schauspieler ein besserer Lehrer ist, warum nicht auch ein besserer Parlamentarier oder sogar ein besserer Präsident?"* Sieben Jahre später wurde Ronald Reagan Präsident der Vereinigten Staaten. (Quelle: Die Zeit vom 16. September 2004)

Die sprachliche und nonverbale Gestaltung Ihres Vortrags

Genauso wichtig wie die Inhalte Ihrer Präsentation ist die Art, wie Sie diese servieren. Die Informationen müssen gut strukturiert, verständlich und interessant zubereitet werden, um ihrem Publikum zu schmecken. Beachten Sie dabei die wichtigste Grundlage einer gelungenen Präsentation, die KISS-Formel: ‚Keep It Short and Simple'.

Und zusätzlich entscheiden Ihr Auftreten und Ihre Körperhaltung, Ihre Vortragstechnik, Ihre Sprache, und Ihr Kontakt zum Publikum über die Wirkung Ihres Menüs. Zeigen Sie auch Ihre Persönlichkeit, indem Sie eigene Gedanken und Meinungen nennen, persönliche Erfahrungen einbringen und hinter dem Gesagten stehen.

Die Verständlichkeit

Sprechen Sie einmal folgenden Text laut vor sich hin:

Während die Persönlichkeitspsychologie eben die Gesamtheit aller Dispositionen im Auge hat, beschäftigt sich die Differentielle Psychologie mit der inter- und intraindividuellen Variation von Persönlichkeitsdispositionen, wobei jedoch häufig lediglich eine einzige individuelle Verhaltensdisposition wie etwa Beispiel Intelligenz, Neurotizismus, Gewissenhaftigkeit etc. Gegenstand der Betrachtung ist.
(Schneewind, 1992)

Und jetzt überlegen Sie sich, wie ein Vortrag klingt, der 15 Minuten lang auf diese Weise weiter geht. Könnte das Publikum folgen?

Wollte das Publikum folgen? Wäre das Publikum beeindruckt? Sicherlich nicht!

Schriftsprache versus gesprochene Sprache

Die gesprochene Sprache muss sich auch im Fachvortrag von der Schriftsprache unterscheiden, da ein gehörter Vortrag anders verarbeitet wird als ein gelesener Text. Die Zuhörer können keinen Satz zweimal lesen bzw. hören und haben keine Möglichkeit, sich lange mit einem Kapitel zu beschäftigen. Was Sie sagen muss klar und eingängig sein. Denken Sie daran: Sie sind für das Verständnis der Zuhörer verantwortlich.

Bauen Sie also um: **Achten Sie also auf einen klaren Textaufbau.**

Worum geht es? Hauptaussagen in obigem Beispiel

- Die Persönlichkeitspsychologie und die Differentielle Psychologie unterscheiden sich.

- Die Persönlichkeitspsychologie betrachtet alle Persönlichkeitsmerkmale gemeinsam.

- Die Differentielle Psychologie untersucht die Unterschiede der Persönlichkeitseigenschaften zwischen den verschiedenen Menschen und auch die unterschiedliche Kombination von Persönlichkeitsmerkmale bei den einzelnen Menschen.

- Die Differentielle Psychologie beschäftigt sich häufig mit einzelnen Persönlichkeitsmerkmalen, wie zum Beispiel Intelligenz.

Wären Ihnen diese Aussagen beim ersten Hören des Ursprungstextes klar gewesen?

So machen Sie Ihren Vortrag verständlich:

- Übersetzten oder erklären Sie Fachjargon, wenn Sie vor Laien vortragen. Den Begriff *Persönlichkeitsdispositionen* kann man zum Beispiel für Laien zum besseren Verständnis mit *Persönlichkeitsmerkmal* übersetzen. Hilfreich ist zusätzlich ein Beispiel (in diesem Fall *Intelligenz*).

- Verzichten Sie auf Imponierworte – nur wer Ihre Ausführungen versteht, kann sich von Ihrer Kompetenz überzeugen.

- Vermeiden Sie Schachtel- und Bandwurmsätze. Formulieren Sie kurze Sätze. Dabei sollte jeder Satz nur eine Aussage enthalten bzw. jede Aussage oder Idee bekommt einen eigenen Satz. Nur so kann das Publikum den einzelnen Punkten folgen.

- Setzen Sie die Satzaussage dicht zum Satzgegenstand. Um wen oder was geht es? Was hat dieser Satzgegenstand getan bzw. was ist damit geschehen?

- Gehen Sie logisch und geordnet vor. Holen Sie Ihre Zuhörer da ab, wo sie stehen und führen Sie sie Schritt für Schritt mit Ihren Aussagen an Ihr Ziel.

- Gliedern Sie Ihren Vortrag und stellen Sie zu Beginn Ihre Agenda vor. Orientieren Sie Ihr Publikum auch während des Vortrags immer wieder an Ihrer Gliederung.

- Achten Sie dabei darauf, dass Sie – gerade bei komplexen Ausführungen – Ihre Zuhörer nicht ‚verlieren'. Wiederholen Sie Kernaussagen mit anderen Worten, nehmen Sie bei neuen Themen Bezug auf Bekanntes.

- Verwenden Sie nicht zu viele komplizierte Fachwörter, ohne sie kurz zu erklären. Sie können nicht von allen Interviewern Ihr Fachwissen erwarten.

- Versichern Sie sich ab und zu, ob das Publikum auch komplizierten Sachverhalten folgen konnte. Fragen Sie dabei jedoch nicht *Haben Sie das verstanden?* sondern benutzen Sie Formulierungen wie *Habe ich das für alle verständlich ausgedrückt oder soll ich näher auf diesen Punkt eingehen?*

- Würzen Sie Ihre Fakten mit interessanten Beispielen, unter denen Ihr Publikum sich etwas vorstellen kann.

- Verfallen Sie nicht in ausufernde Vorabklärungen und Abschweifungen, sondern halten Sie Ihre Aussagen und Beispiele kurz und interessant.

- Visualisieren Sie Ihre Kernaussagen.

- Erklären Sie Ihre Schaubilder und zeigen Sie sie lange genug, dass sie gelesen werden können. Lesen Sie sie jedoch nicht einfach Punkt für Punkt vor.

- Achten Sie auf Ihr Zeitmanagement. Am besten legen Sie Ihre Armbanduhr auf einen Platz, den Sie im Stehen gut einsehen können. Das erspart Ihnen den ständigen, viel auffälligeren Blick auf Ihr Handgelenk. Wenn Sie Ihre vorgegebene Redezeit weit unter- oder überschreiten, wird Ihnen das negativ bewertet.

Denken Sie daran: Das Publikum muss immer im Bilde sein.

Der Kommunikationspsychologe Friedemann Schulz von Thun hat in seinen ‚Vier Verständlichmachern‘ die Regeln für einen klaren, verständlichen Vortrag aufgestellt:

Er sollte einfach, prägnant, gut gegliedert und anschaulich sein. Dies erreichen Sie mit einer gut überlegten Gliederung, die Sie für das Publikum klar ersichtlich machen, einfachen, kurzen Sätzen, anschaulichen Beispielen und guter Visualisierung.

Einfachheit	++	+	0	–	–	Kompliziertheit
Gliederung – Ordnung	++	+	0	–	–	Unübersichtlichkeit
Kürze – Prägnanz	++	+	0	–	–	Weitschweifigkeit
Zusätzliche – Stimulanz	++	+	0	–	–	Keine zusätzliche Stimulanz

Abb. 12: Die vier Verständlich-Macher (Der dunkle Bereich ist der Idealbereich)

Die Visualisierung

Selbstverständlich erwarten die Interviewer von Ihnen, dass Sie die gängigen Präsentationsmethoden beherrschen und in Ihrem Vortrag sinnvoll einsetzen.

Die visuelle Unterstützung ist ein essenzieller Teil jeder Präsentation. Sie verstärkt das Interesse der Zuhörer, vor allem aber hilft sie dem Publikum, das Gesagte besser zu begreifen und zu behalten.

Auch für Sie als Redner hat eine gute Visualisierung Vorteile, denn sie zwingt zur Präzisierung. Sie müssen die Kernaussagen einer Botschaft herausarbeiten, um sie in Bilder fassen zu können. Zugleich dienen sie als roter Faden und Gedankenstütze, der Ihnen während Ihrer Rede Sicherheit gibt. Bilder und Grafiken ersparen langatmige Erklärungen, weil sie Zusammenhänge und Entwicklungen anschaulich machen – vorausgesetzt, der Betrachter erkennt, worum es sich handelt und kann mit dem Abgebildeten etwas verbinden. Und sie unterstützen die Erinnerung: Wenn das flüchtige Wort längst verklungen ist, bleibt die Idee als Bild im Kopf.

Als Visualisierungsmittel bietet man Ihnen vermutlich einen Flip Chart, eine Metaplan-Wand oder Notebook und Beamer an. Nutzen Sie, wenn Sie die Auswahl haben, die Methode, mit der Sie am besten vertraut sind.

Für welche Technik Sie sich auch entscheiden, die Visualisierung soll Ihre Rede nicht wiederholen, sondern unterstützen! Erstellen Sie keine Folien oder Papiere, auf denen Ihr Redetext Wort für Wort mitzulesen ist, sondern stellen Sie Ihre Kernaussage und die einzelnen Schritte Ihrer Ausführung dar. Präsentieren Sie diese Inhalte als Bild, Grafik, Diagramm oder Animation.

Gestalten Sie jede Folie oder Flip-Chart–Bogen mit jeweils nur einem wichtigen Themenpunkt. Die Hauptidee springt dem Publikum damit sofort ins Auge und wird von kurzen Hintergrundinformationen unterstützt.

Den Text kürzen Sie zu Stichworten, die Sie übersichtlich geordnet in großer, fett gedruckter Schrift darstellen.

Falls Sie Folien benutzen, schreiben Sie diese nicht voll, sondern beschränken Sie sich auf höchstens 45 Worte insgesamt bzw. maximal 6–8 Worte pro Zeile. Schreiben Sie zudem auf keinen Fall mehr als 5–7 Zeilen.

Formulieren Sie Ihre Folien- oder Chart-Titel wie Schlagzeilen, die Ihre Gedanken mit einer gewissen dramatischen Wirkung zur Geltung bringen.

Verwenden Sie eine kontrastreiche, helle, gut lesbare und ausreichend große Schrift. Overhead-Folien haben einen hellen Hintergrund, für die Beamerdarstellung können Sie auch einen dunklen Hintergrund wählen.

Wichtige Schlagworte können Sie durch eine andere Farbe, Schriftgröße oder Schriftart besonders hervorheben. Dadurch springen sie besser ins Auge. Gehen Sie aber sparsam mit dieser Vorgehensweise um.

Überlegen Sie sich ein konsistentes Layout für alle Ihre Folien. Es hat sich zum Beispiel bewährt, auf jedem Blatt oder jeder Folie die Gliederung erkennbar zu machen. Verwenden Sie dazu auf jeder Seite ein Übersichtsframe.

Wenn Sie Folien verwenden, bleiben Sie bei einem Format: entweder horizontal oder vertikal. Eine horizontale Darstellung wirkt größer und ist in der Regel besser lesbar.

Insbesondere wenn Sie eine Power-Point-Präsentation vorbereiten, überladen Sie diese nicht mit zu viel Bewegung und Animationen. Eine gute, sparsam eingesetzte Animation wirkt lebendig, ein Zuviel davon einfach nur nervtötend.

Verweisen Sie während Ihrer Rede auf Ihr Anschauungsmaterial. Erklären Sie es kurz samt seiner Bedeutung für Ihre Ausführungen: *Diesen Zusammenhang verdeutlicht die folgende Grafik…* Geben Sie Ihrem Publikum Zeit zum Anschauen.

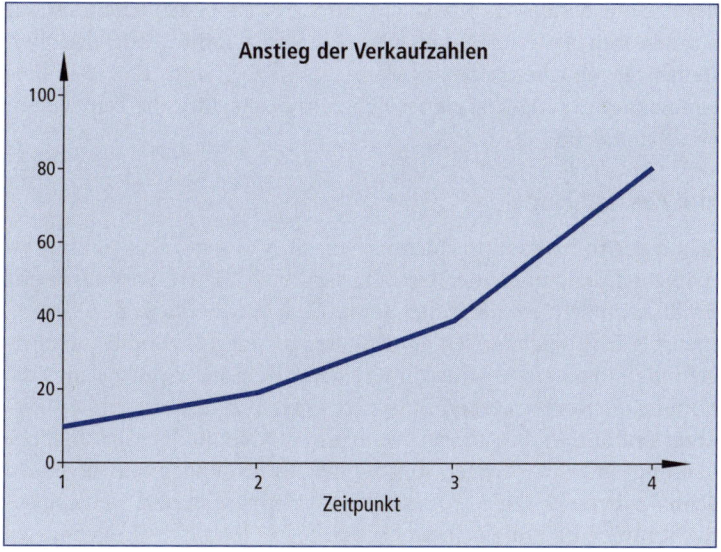

Abb. 13: Beispiel einer Verlaufs-Darstellung

Und ganz wichtig: Bleiben Sie in Augenkontakt mit Ihrem Publikum und wenden Sie ihm nicht den Rücken zu, während Sie Ihre Präsentation erläutern.Die meisten Grafiken und Diagramme werden bei der Darstellung von Zahlen verwendet.

Dies ist am leichtesten, wenn sie eine computergestützte Präsentation halten.

Aber auch wenn Sie mit dem Flip-Chart präsentieren, können Sie Zahlenverläufe von Hand anschaulich darstellen, zum Beispiel indem Sie eine mathematische Funktion grafisch skizzieren.

Arbeiten Sie mit einer Power-Point-Präsentation, können Sie ganz einfach mit Microsoft Excel oder einem ähnlichen Kalkulationsprogramm Ihre Diagramme erstellen.

Folgende Darstellungsformen haben sich aufgrund ihrer Einfachheit und Klarheit bewährt : siehe Abb. 14.

Wenn Sie eine prozentuale Verteilung darstellen möchten, verwenden Sie am besten das Kreisdiagramm. Für einen zeitlichen Verlauf eigenen sich das Säulen- oder das Liniendiagramm. Korrelationen stellen Sie üblicherweise mit dem Punktediagramm dar. Das Balkendiagramm hingegen eignet sich zum Beispiel für die Darstellung von Rangfolgen.

Ihre Ausstrahlung

Schon der römische Sprachlehrer Quintilian wusste, ,dass ein mittelmäßiger Inhalt unter der Gewalt eines vollendeten Vortrags mehr Eindruck macht als der vollendetste Gedanke, bei dem der Vortrag mangelt'. Entsprechend hat der Psychologe Albert Mehrabian herausgefunden, dass ein Vortrag, in welchem die Körpersprache und die Stimme der vorgetragenen Botschaft widersprechen, extrem an Wirkung einbüßt. In diesem Fall, wenn also z. B. ein Redner in schlapper Haltung und mit zittriger Stimme Erfolgsmeldungen von sich gibt, achten wir mehr (zu 55 %) auf die Körperhaltung und weniger auf die Stimme und nur zu einem kleinen Teil (7 %) auf die Inhalte.

Daraus folgt allerdings nicht der vielzitierte, aber trotzdem falsche Umkehrschluss, die Wirkung einer vorgetragenen Botschaft ginge grundsätzlich zu 55 Prozent von der Körpersprache, zu 38 Prozent

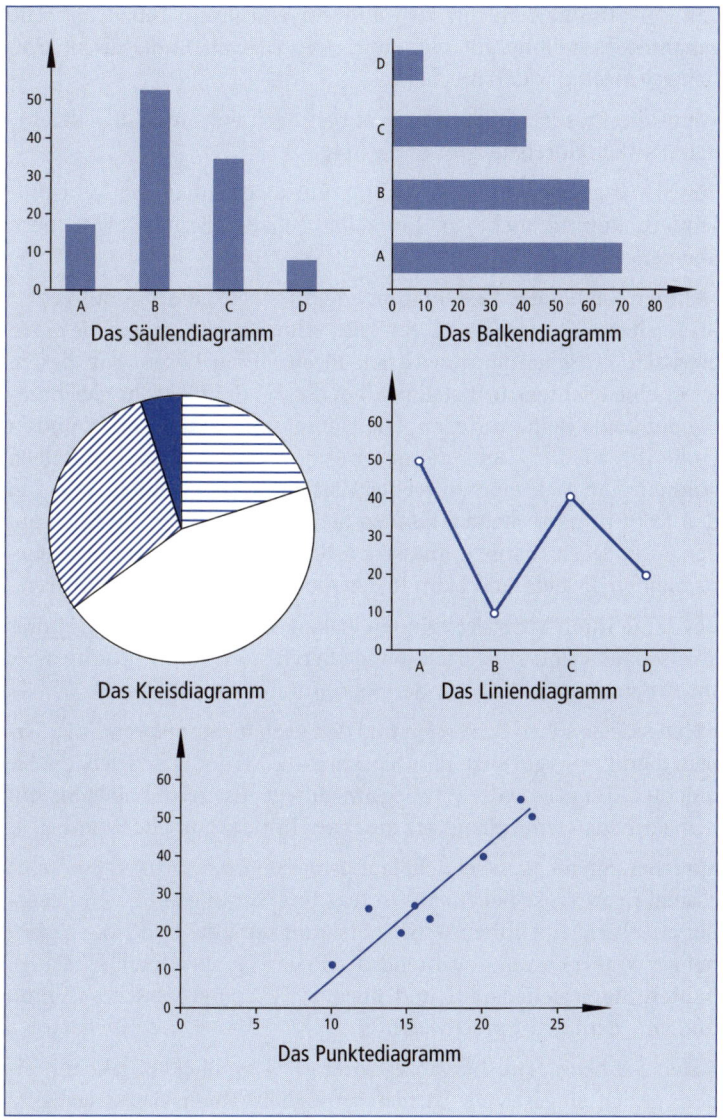

Abb. 14: Geeignete grafische Darstellungsformen

von der Stimme und nur zu 7 Prozent von ihrem Inhalt aus. Die genannte Verteilung gilt nur dann, wenn Inhalt und Präsentation sich gegenseitig widersprechen.

Wenn die Präsentation stimmig vorgetragen wird, entfaltet der Inhalt nämlich durchaus große Wirkung!

Für Sie ist aber gerade dies wichtig: Ein toller Inhalt, schlecht präsentiert, kommt nicht an. Ein toller Inhalt, stimmig präsentiert, überzeugt!

Nehmen Sie bei der Präsentation einen festen Stand mit aufrechter und sicherer Körperhaltung ein. Dies gelingt Ihnen, indem Sie einen gewissen Zwischenraum zwischen Ihren Füßen lassen. Am besten wirkt eine leichte Schrittstellung, bei der Sie das Gewicht gleichmäßig auf beide Beine verteilen. Die Hände sollten dabei offen und in Höhe Ihrer Hüften sein, damit Sie von Beginn an Gestik einsetzen können. Um sich eine aufrechte Haltung anzugewöhnen und um den Kopf ruhig zu halten, können Sie sich zur Übung ein Buch auf den Kopf legen, dann ‚gemessenen Schrittes‘ vor dem Spiegel herumlaufen, lächeln und beim Reden – dazu passend – gestikulieren.

Bevor Sie Ihren Vortrag beginnen, halten Sie inne, um Ihre Zuhörer anzuschauen und zu warten, bis sie bereit sind. Dann beginnen Sie Ihre Vortragseinleitung mit der Begrüßung Ihres Publikums.

Es hat sich bewährt, den ersten und den letzten Satz auswendig zu lernen, damit er so gut sitzt, dass Sie damit die Wirkung erzielen, die Sie möchten. Da gerade der Einstieg am aufregendsten ist, haben Sie mit dem vorbereiteten Anfangssatz die erste Hürde schon überwunden.

Sprechen Sie nicht zu schnell, laut genug und deutlich. Nehmen Sie einmal probeweise bei einem Vortrag Ihre Stimme auf einen Recorder auf. Viele von Ihnen werden erstaunt sein, dass sie trotz gegenteiliger Wahrnehmung während der Rede viel zu schnell sprechen. Achten Sie gezielt darauf und üben Sie ein angemessenes Tempo und eine deutliche Sprechweise.

Sehen Sie beim Sprechen Ihre Hörer an. Der Blickkontakt mit einem gezielt eingesetzten Lächeln ermöglicht Ihnen den Zugang zu Ihrem Publikum. Lächeln Sie jedoch nicht permanent, sondern dann, wenn es passt. (Beispielsweise wenn Sie ein Beispiel oder eine

Anekdote erzählen.) Oft wirken gerade Frauen kompetenter, wenn sie nicht lächeln. Durch eine permanent ernste Miene jedoch verschenken Sie Sympathiepunkte und wirken nicht besonders begeisterungsfähig.

Verstecken Sie sich nicht hinter Ihrem Laptop, Overheadprojektor oder einem anderen Präsentationsinstrument, sondern gehen Sie auf das Publikum zu. Achten Sie dabei jedoch darauf, dass Sie die Sicht auf Ihre visuellen Darstellungen nicht verdecken.

Machen Sie eine Pause, bevor Sie einen wesentlichen Punkt behandeln und sehen Sie die Hörer an. Damit können Sie die deren Aufmerksamkeit gezielt steuern.

Mehr zu Ihrer persönlichen Wirkung finden sie auf Seite 275.

Der Umgang mit Fragen und Einwänden Ihrer Zuhörer

Vermutlich wird man Ihnen spätestens nach Beendigung Ihrer Präsentation mehr oder weniger kritische Fragen stellen. Vielleicht fragt man Sie jedoch auch schon während dessen, um Ihre Reaktion auf Unterbrechungen dieser Art zu testen.

Sie haben in diesem Fall zwei Möglichkeiten:

Entweder verweisen Sie höflich aber bestimmt auf die Diskussion am Schluss Ihres Vortrages oder Sie beantworten die Frage sofort. Beide Möglichkeiten haben Vor- und Nachteile.

Die Fragen während der Präsentation zu beantworten, hat folgende Vorteile:

- Falsch verstandene Aussagen können sofort korrigiert werden.
- Die Fragen werden in dem Moment beantwortet, in dem sie für den Fragesteller wichtig sind.
- Die Präsentation wird lebendiger.
- Die Zuhörer sind stärker beteiligt.

Problematisch sind jedoch folgende Punkte:

- Ihr Zeitmanagement gerät durch Zwischenfragen ins Wanken.
- Vorzeitig gestellte Fragen bringen die Reihenfolge Ihrer Präsentation durcheinander.
- Sie laufen Gefahr, den roten Faden zu verlieren.

Beantworten Sie alle anfallenden Fragen erst nach Ihrem Vortrag, haben Sie den großen Vorteil,

- dass Sie Ihre Präsentation ohne Störung so wie Sie sie vorbereitet haben durchführen können. Dadurch kommt Ihre Dramaturgie besser zur Geltung.

Eventuell nachteilig ist zu sehen,

- dass nebensächliche oder nur unbefriedigt beantwortete Fragen den Effekt Ihrer Präsentation ‚verwässern' können. Dies können Sie jedoch vermeiden, wenn Sie in diesem Fall anschließend noch einmal alle wichtigen Punkte zusammenfassen, um die positive Wirkung Ihres Vortrags zu erhalten.

Im Allgemeinen empfiehlt es sich, nur dann Fragen während des Vortrags zu beantworten, wenn Sie sich wirklich sicher genug fühlen, nicht aus dem Konzept zu kommen.

Einfacher und durchaus angemessen ist es, die Fragenden freundlich auf das Ende Ihrer Ausführungen zu vertrösten. Dies dürfen Sie auch im Vorstellungsgespräch tun, denn während Ihrer Präsentation sind Sie am Zug und bestimmen den Ablauf.

Eventuell werden die Interviewer Ihre Nerven und Ihre Überzeugungskraft durch kritische Einwände prüfen.

Lassen Sie sich davon nicht verunsichern, sondern bleiben Sie ruhig. Ein souveräner Umgang mit Kritik beeindruckt immer.

Wenn der Einwand Sie überrascht, gönnen Sie sich ruhig erst eine Denkpause, bevor Sie darauf eingehen. Sie müssen nicht sofort eine Antwort parat haben.

Sinnvoll ist es auch, erst einmal in einem Teilaspekt zuzustimmen und Verständnis für die Zweifel des Gegenübers zu signalisieren, bevor Sie dann den Einwand behutsam widerlegen.

> **BEISPIEL:** *Ich kann verstehen, dass es im ersten Augenblick so aussieht, als ob der Plan nicht funktionieren würde. Unter den speziellen Umständen XY jedoch, die dazu führen, dass .... sieht die Sache ganz anders aus...*

Halten Sie Ihre Antwort dabei eher kurz, um dem Einwand nicht zu viel Gewicht zu geben.

Wenn sie das Gefühl haben, provoziert zu werden, reagieren Sie auf keinen Fall aggressiv, sondern fragen freundlich nach, was der Kritiker denn genau meint.

Eine Möglichkeit ist es auch, den Einwand aufzuschieben, indem Sie den Kritiker auf später vertrösten. Oft ist die Sache damit erledigt.

Mehr zum Thema *Umgang mit kritischen Fragen* finden Sie auf Seite 181 ff.

Die häufigsten Fehler bei Präsentationen

- Der Redner spricht zu seinem Flip-Chart oder der Projektionsleinwand und dreht den Zuhörern den Rücken zu.

- Der Vortragende legt sofort mit dem Thema los, ohne einen sachlichen und persönlichen Bezug zum Thema herzustellen.

- Der Referent bedient sich einer komplizierten Sprache mit vielen Fach- und Fremdwörtern, Abkürzungen und Schachtelsätzen.

- Er oder sie redet zu schnell oder (in seltenen Fällen) zu langsam.

- Der Vortragende liest den Vortrag komplett vom Manuskript ab.

- Der Vortrag wird nicht durch Beispiele und Vergleiche anschaulich gemacht.

- Die Gliederung der Präsentation ist entweder nicht vorhanden oder nicht erkennbar.

- Der Inhalt wird nicht visualisiert, sondern nur verbal vorgetragen.

- Die Folien oder Flip-Chart-Papiere sind so klein beschrieben, dass sie vom Publikum nicht gelesen werden können.

- Der Vortragende sucht keinen Kontakt zum Publikum, es fehlt an Blickkontakt, am Eingehen auf Zwischenfragen oder an Einbeziehung der Zuhörer durch Diskussionsanreize.

- Der Vortragende fasst am Ende der Präsentation die wichtigsten Punkte nicht zusammen.

III. Fallstudien und Brainteaser

Insbesondere Unternehmen, die Stellen im betriebswirtschaftlichen Bereich besetzen wollen, konfrontieren Bewerber im Vorstellungsgespräch gerne einmal mit kleineren Fallstudien oder Denksportaufgaben, sogenannten Brainteasern. Auf diese Weise erhoffen sich die Interviewer, etwas über das Fachwissen, das logische Denkvermögen, die Fähigkeit Probleme zu lösen, das strategisch-analytisches Denkvermögen, die Kreativität oder die Reaktion der Bewerber auf komplexe oder überraschende Sachverhalte, zu erfahren.

1. Fallstudien

Fallstudien bestehen oft aus konkreten, meist betriebswirtschaftlichen Aufgabenstellung, die Sie entweder auf der Grundlage schriftlichen Informationsmaterials oder einer mündlichen Aufgabenbeschreibung zu lösen haben. Sie werden mit einem mehr oder weniger komplexen Sachverhalt konfrontiert und haben die Aufgabe, bestimmte, in der Regel branchentypische Probleme zu lösen. Anhand fiktiver Rahmenbedingungen soll am Ende ein konkreter Handlungsplan entstehen. Sie erarbeiten Problemlösungen, erstellen Kosten-Nutzen-Analysen, schlichten Personalkonflikte, entwickeln Marketing- oder Kundenbindungssysteme oder erörtern die Erfolgschancen bei der Eroberung neuer Märkte.

Je nach zu besetzender Position gibt es natürlich auch Fallstudien mit anderen Aufgabenstellungen, wie zum Beispiel aus dem sozialen, dem juristischen, dem naturwissenschaftlichen oder einem anderen Bereich.

Wichtig bei der Bearbeitung der Fallstudie ist Ihr systematisches Vorgehen.

- Versuchen Sie sich, einen Überblick über die vorgegebene Situation zu verschaffen.

- Machen Sie eine schriftliche Aufstellung aller Aspekte der Aufgabe.

- Ordnen Sie Fakten und Daten und versuchen Sie dabei einen Sinnzusammenhang zu finden.
- Beginnen Sie nun mit der Suche nach Lösungswegen.
- Denken Sie laut und erklären Sie Ihre Vorgehensweise, so dass sie für die Interviewer nachvollziehbar ist.

Falls der vorliegende Fall einen betriebswirtschaftlichen Hintergrund hat, empfiehlt es sich, bei der Lösung des Falles betriebswirtschaftliche Lösungsansätze im Kopf zu behalten.

Dazu gehören zum BEISPIEL:
- Marktposition: – die vier Ks: Kunde, Konkurrenz, Kapazität, und Kosten
- Marketing: Produkt, Preis, Förderung, und Standort
- Die SWOT-Analyse: **S**trengths (Stärken), **W**eaknesses (Schwächen), **O**pportunities (Chancen) und **T**hreats (Gefahren)
- Rentabilität: Kosten und Nutzen
- Angebot und Nachfrage

Fallstudien Schmuck-Boutique: Beispielaufgaben

Ausgangssituation
Peter Karstensen hat nach seinem Diplom in Wirtschaftswissenschaften eine Reise durch Asien gemacht und möchte nun, fasziniert von der asiatischen Kunst, Kultur und Lebensart, nach seiner Rückkehr ein Handelsunternehmen für in Asien gefertigte Waren wie Kunst und Schmuck eröffnen. Das nötige Kapital (2 Mio. €) hat er von seiner Großmutter geerbt und nun steht seinem Anliegen außer einer guten Planung nichts mehr im Wege. Mehr noch als seine Begeisterung für die asiatischen Länder motiviert ihn natürlich der ökonomische Aspekt des Unternehmens. Er möchte sein Erbe in diesem Geschäft so einsetzen, dass er mindestens so viel Gewinn erwirtschaftet, wie sein Erbe durch eine Bankverzinsung bei einem Marktzinssatz von 4 % erbringen würde.

Beispielaufgabe 1 – Zielsetzungen
Zuerst muss Peter Karstensen seine Unternehmensziele konkretisieren. Helfen Sie ihm dabei, eine Zielhierarchie zu erstellen.

Lösung zu Beispielaufgabe 1: Zielsetzungen

Im Mittelpunkt steht für Karstensen der wirtschaftliche Aspekt seines Unternehmens. Er möchte einen Gewinn erwirtschaften, der mindestens einer derzeit durchschnittlich auf dem Kapitalmarkt übliche Verzinsung des Erbes pro Jahr entspricht. Dieser Zinssatz liegt zurzeit bei 4 %.

Eine mögliche Zielhierarchie für das Erreichen der 4 % Rendite könnte folgendermaßen aussehen:

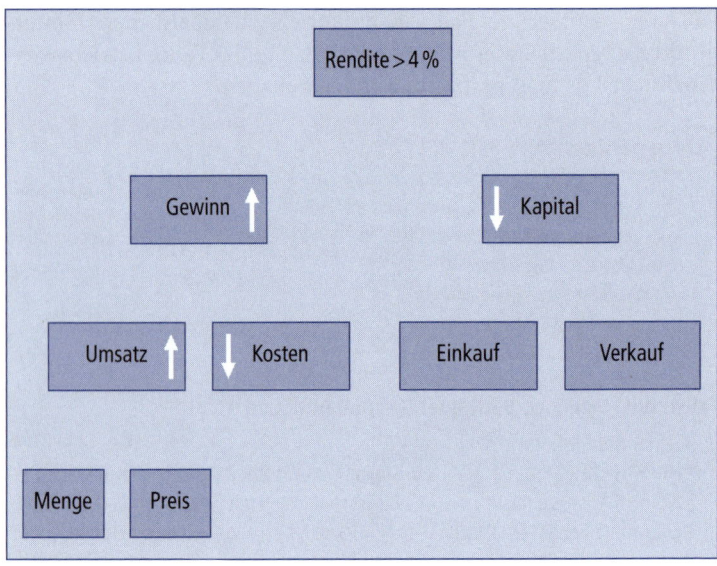

Abb. 15: Beispiel einer Zielhierarchie

Als mögliche Nebenziele könnte man eventuelle interessante Geschäftsreisen nach Asien oder den Wunsch, die asiatische Lebensart einem deutschen Publikum zugänglich zu machen, nennen.

Schmuck-Boutique

Beispielaufgabe 2 – Rechtsform

Die Wahl der Rechtsform ist eine wichtige Grundlage für den Bestand des Unternehmens. Peter Karstensen muss sich also für sein Unternehmen für eine passende Rechtsform entscheiden. Dabei sind ihm vor allem die Haftungsbedingungen aber auch die Mindestanzahl an Personen, die Leitungsbefugnis und die Finanzierungsmöglichkeiten wichtig. Welche Rechtsform ist für sein Unternehmen geeignet?

Lösung zu Beispielaufgabe 2: Rechtsform

Da Herrn Karstensen auf die Haftungsbedingungen achtet, sollte er keine Personengesellschaft, bei der er mit seinem gesamten Vermögen für etwaige Verluste haftet, gründen, sondern sich für eine Kapitalgesellschaft entscheiden.

Dabei eignet sich für ihn eine Gesellschaft mit beschränkter Haftung (GmbH).

Diese ist eine juristische Person mit eigenen Rechten und Pflichten, deren Gründung auch durch einen einzigen Gesellschafter möglich ist. (Ein-Mann-GmbH).

Zumindest zu Beginn ist er noch alleine in seinem Unternehmen, auch später möchte er vermutlich die Leitung inne haben. Als Geschäftsführer einer GmbH besitzt er die Leitungsbefugnis des Unternehmens.

Seit dem 1. 1. 1999 beträgt das gesetzliche Mindeststammkapital einer GmbH 25.000,00 Euro und der Betrag der Mindeststammeinlage 100,00 Euro. Diese Finanzierung ist von Herrn Karstensen leicht aufzubringen.

Schmuck-Boutique

Beispielaufgabe 3 – Die Auswahl und Einstellung von Mitarbeitern

Herr Karstensen möchte mittelfristig in seinem Unternehmen mehrere Mitarbeiter beschäftigen. Beschreiben Sie das Vorgehen zur Auswahl und Einstellung von Mitarbeitern

Lösung zu Beispielaufgabe 3: Die Auswahl und Einstellung von Mitarbeitern

(1) Anforderungsanalyse der zu besetzenden Positionen.

Herr Karstensen definiert genau, welche Tätigkeiten die einzelnen Mitarbeiter ausführen sollen und welche Kenntnisse, Fertigkeiten und Fähigkeiten sie dazu mitbringen müssen.

(2) Ausschreibung der zu besetzenden Stellen.

Es müssen Stellenanzeigen verfasst werden und eine geeignete Plattform für ihre Verbreitung (z. B. Stellenteil der Tageszeitung, online-Jobbörse etc.) gefunden werden.

(3) Auswahl der Bewerber

Herr Karstensen prüft dann die eingehenden Bewerbungsunterlagen anhand Anschreiben, Lebenslauf und Zeugnissen dahingehend, ob die in der Anforderungsanalyse erhobenen Anforderungen von den Kandidaten erfüllt werden.

Die geeigneten Bewerber werden eingeladen zu Vorstellungsgesprächen und eventuell zusätzlich durch Tests oder andere Personalauswahlverfahren (Fallstudien etc.) auf ihre Eignung hin überprüft.

Eine kleinere Fallstudie könnte folgendermaßen aussehen.

Beispielaufgabe Management

Wenn Sie Vorstandschef eines Unternehmens wären, wie viele Personen sollten Ihnen zuarbeiten und wer würden diese sein?

Lösung zu Beispielaufgabe Management

Klären Sie vorab: Um was für ein Unternehmen handelt es sich? Ist es ein Dienstleistungs- oder Produktionsunternehmen? Was sind die Unternehmensziele und Strategien?

Fangen Sie nicht mit der Lösung an, ohne die oben genannten Fragen zu klären oder einfach Ihre Annahmen zu nennen.

Als Einstieg empfiehlt sich daher ein

Es kommt darauf an…

Wer Ihre direkten Untergebenen sind, hängt von vielen Dingen ab und ist nicht nur eine Funktion Ihres persönlichen Stils. Die Unternehmensstruktur ist gewöhnlich bedingt durch die Strategie des Unternehmens. Entscheidend ist, wer für Verkauf und Gewinn verantwortlich ist. Achten Sie darauf, dass die Gebietsleiter jeder Produkt- oder Dienstleistungslinie Ihnen oder Ihrem Geschäftsführer direkt zuarbeiten und berichten. Versuchen Sie überflüssige Bürokratie zu vermeiden und achten Sie auf ein klares einfaches Verantwortungs- und Entscheidungssystem.

Generell gilt: Fallstudien sind für Sie eine gute Gelegenheit, zu beweisen, dass Sie praxisnahe Fälle verstehen, analysieren und mit Hilfe von logischen Schlussfolgerungen lösen können. Dabei kommt es darauf an, dass Sie Ihre Annahmen, Ihre Vorgehensweise und Ihre Schlussfolgerungen deutlich machen und verteidigen können.

Ebenso wichtig ist es, dass Sie die richtigen Fragen stellen: Wenn Sie irgendein Detail oder eine wichtige Information im Rahmen des vorliegenden Falls nicht mitbekommen haben oder wenn Ihnen ein Begriff oder eine Technologie unklar sind, zögern Sie nicht aus falschem Stolz, um Erläuterung zu bitten. Es ist entscheidend, dass Sie das Problem verstehen, bevor Sie mit Ihrer Analyse beginnen. Niemand erwartet von Ihnen, dass Sie alle branchen- oder unternehmensspezifischen Hintergründe kennen, auf die der Fall sich bezieht, aber Sie sollten Ihre Fähigkeit, relevante Fragen zu stellen, unter Beweis stellen.

2. Brainteaser

Frage

Wie viele Windeln werden jährlich in Deutschland verkauft?

Äääääh… – ja! Wüssten Sie die Antwort? Nein? Das brauchen Sie auch nicht. Dies ist einfach ein Beispiel für einen typischen Brainteaser, eine Denksportaufgabe mit der Interviewer im Vorstellungsgespräch einen Bewerber gerne herausfordern. Der Stellenanwärter soll aus dem Konzept gebracht werden und trotzdem seine Fähigkeit, logisch, analytisch, und zugleich um die Ecke zu denken, zeigen.

Wichtig bei der Lösung von Brainteasern ist: Verlassen Sie eingefahrene Denkbahnen, nehmen Sie nichts als gegeben, hinterfragen Sie alles und suchen Sie ungewöhnliche Lösungen.

Brainteaser können Sie meist ohne Fachwissen lösen. Was Sie brauchen, ist logisches Denken und den Mut, ungewohnte Wege zu gehen. Wenn Sie nicht weiter wissen, beginnen Sie mit der Trial-and-Error-Methode oder versuchen Sie einen einfachen Dreisatz. Wichtiger als komplexe Mathematik ist die Fähigkeit, ungewöhnliche Lösungswege zu beschreiten. Eine Schätzaufgabe beispielsweise erfordert keine genauen Lösungen, sondern gute Strategien.

Auf jeden Fall ist es sinnvoll, Ihre Gedankenschritte laut auszusprechen. Nur dann kann der Interviewer Ihren Lösungsweg nachvollziehen und eventuell sogar Hinweise geben, wenn Sie an einer Stelle nicht weiter kommen.

Hier kommen nun zwei Schätz-Aufgaben, bei welchen es auf eine gute Herleitung der Lösung geht. Bedenken Sie dabei, dass es oft keine richtigen oder falschen Lösungen gibt, sondern Ihre Arbeitsstrategie im Mittelpunkt steht. Zeigen Sie, dass Sie eine Strategie haben und diese auch durchhalten. Seien Sie selbstbewusst, selbst wenn Ihre Entscheidungen angezweifelt werden. Oft will man mit betont kritischen Nachfragen herausfinden, ob Sie auch gegen Widerstände zu Ihrer Arbeit stehen.

Beispielaufgabe Katzen

Wie viele Katzen gibt es in Deutschland?

Lösung zu Aufgabe Katzen

87.467 Katzen. Könnte das die richtige Antwort auf diese Frage sein? Selbst wenn dies so wäre (ist es nicht) – machen Sie nicht den Fehler und beantworten Sie eine solche Frage schlicht mit einer einzigen Zahl – das wird nicht erwartet. Worauf es ankommt, ist eine strukturierte Herleitung. Ein gutes Hilfsmittel für die Bearbeitung von Abschätzungsfällen eignet, ist der Logikbaum.

Einen Logikbaum entwickeln Sie folgendermaßen:

1. Ebene: Anzahl der Einwohner in Deutschland geteilt durch die durchschnittlichen Menschen pro Haushalt.

2. Ebene: Anzahl der Haushalte multipliziert mit dem Anteil der Haushalte mit Katzen. (Es genügt ein Schätzwert, der nicht unbedingt richtig sein muss.)

3. Ebene: Anzahl der Haushalte mit Katzen multipliziert mit der durchschnittlichen Anzahl an Katzen. (Viele Katzen werden zu zweit gehalten). Zusätzlich Anzahl an streunenden Katzen.

4. Ebene: Anzahl der Katzen, die in Haushalten leben, plus der Anzahl der Streuner.

5. Ebene: Anzahl der Katzen in Deutschland.

Treffen Sie nun realistische Annahmen und arbeiten Sie sich so zum Endergebnis nachvollziehbar vor.

Mit diesem Wissen gerüstet, versuchen Sie jetzt einmal die folgende Aufgabe:

Beispielaufgabe Golfbälle

Wie viele Golfbälle werden in den USA pro Jahr verkauft?
Sie besuchen einen Kunden, der Golfbälle in den Vereinigten Staaten verkauft. Sie hatten keine Zeit, um eine Marktanalyse zu machen und sitzen nun in Ihrem Flieger. Sie fragen sich, wie hoch der jährliche Bedarf an Golfbällen in den Vereinigten Staaten ist, und welche Faktoren die Nachfrage bedingen. Ihr Flugzeug landet in fünfzehn Minuten. Wie gehen Sie vor, um zu einer Lösung zu kommen?

Lösung zu Beispielaufgabe Golfbälle

Golfball-Verkäufe werden von Endnutzern, den Golfspielern gesteuert. Um die Zahl von Golfspielern zu bekommen, gehen Sie von einer Bevölkerungsanzahl von 300 Millionen aus, nehmen an, dass vor allem Menschen zwischen 20 und 70 potenzielle Golfspieler sind (über 2/3 der Bevölkerung, oder 200 Millionen), und schätzen, wie viel Prozent dieser Leute jemals lernt, Golf zu spielen (vielleicht 1/4). So kommen Sie auf 50 Millionen Spieler. Schätzen Sie jetzt die Häufigkeit des Erwerbs von Golfbällen. Wenn der durchschnittliche Golfspieler 20mal pro Jahr spielt dabei zwei Bälle verbraucht, sind es 40 Bälle pro Person. Multiplizieren Sie dieses Ergebnis mit den 50 Millionen Spielern.

So kommen Sie zu einem Ergebnis von 2 Milliarden Golf-Ball-Verkäufen pro Jahr.

Die nächsten Aufgaben erfordern eine andere Lösungsstrategie. Denken Sie um die Ecke! Überlegen Sie sich nicht nur die offensichtlichen Merkmale einer Situation, sondern versuchen Sie ungewöhnliche Lösungswege. Hier gilt: Machen Sie Gedankenexperimente, probieren Sie verschiedene Lösungswege gedanklich aus und achten Sie auf scheinbar unwichtige Details.

Beispielaufgabe fünf Hüte

Drei Gefangene werden in der Nacht vor ihrer angedachten Hinrichtung in ihrer Zelle vom Fürsten persönlich besucht. Er sagt zu ihnen:

„Wenn Ihr schlau seid, sollt Ihr leben. Deshalb gebe ich Euch eine Chance. Auf der Hinrichtungsstätte werdet Ihr hintereinander angebunden. Jeder von Euch bekommt einen Hut aufgesetzt. Zur Auswahl stehen fünf Hüte. Drei davon sind blau, zwei sind rot. Über die Reihenfolge der Farben sage ich Euch nichts. Jeder von Euch kann die Hüte vor sich sehen, nicht aber die hinter sich und nicht den eigenen. Sofern es einem von Euch gelingen sollte, mit Sicherheit die Farbe des eigenen Hutes zu nennen, wird man Euch alle wieder in Freiheit entlassen. Ihr habt nur einen Versuch. Ab sofort und auch morgen dürft Ihr nicht miteinander sprechen, ansonsten ist Euer Tod sicher."

Lösung zu Beispielaufgabe Fünf Hüte

Das Problem löst man am einfachsten mit Hilfe einer Fallunterscheidung:

(a) Die beiden vorderen Hüte sind rot. Der hinterste Gefangene sieht in diesem Fall zwei rote Hüte vor sich, weiß außerdem dass es keine weiteren roten Hüte mehr gibt und kann somit mit Sicherheit wissen, dass sein eigener Hut nicht rot ist. Er sagt laut *Blau!* und die drei sind frei.

(b) Der Hut des Vordersten ist rot, der des zweiten von vorne ist blau. Der dritte Gefangene von vorne kann keine Aussage treffen. Der zweite Gefangene von vorne sieht einen roten Hut vor sich, hört keinen Ruf *Blau!* von seinem Hintermann und kann somit mit Sicherheit wissen, dass sein eigener Hut nicht rot ist (sonst träfe ja Fall a ein). Er sagt laut *Blau!* und die drei sind frei.

(c) Der Hut des Vordersten ist blau. Der dritte und der zweite Gefangene von vorne können beide keine Aussage treffen. Der an vorderster Stelle Angebundene sieht zwar keinen einzigen Hut, hört aber keinen Ruf *Blau!* von einem der beiden anderen und kann somit mit Sicherheit wissen, dass sein eigener Hut nicht rot ist (sonst träfen ja Fall a oder b ein). Er sagt laut *Blau!* und die drei sind frei.

Beispielaufgabe Erleuchtung

Sie sitzen im Keller eines Hauses. Dort gibt es drei Kippschalter (1, 2 und 3). Oben im Haus stehen drei elektrische Lampen (A, B und C). Sie wissen, dass jeweils genau ein Schalter eine der Glühbirnen bedient. Alle Schalter sind ausgeschaltet und daher brennt keine der Lampen. Von unten können Sie nicht in den oberen Hausteil sehen und es würde auch bei brennenden Lampen kein Licht nach unten dringen. Leider wissen Sie nicht, welcher Schalter zu welcher Lampe gehört. Sie dürfen nur ein einziges Mal nach oben gehen, um nach den Lampen zu sehen, wie können Sie herausfinden, welche Lampe zu welchem Schalter gehört?

Lösung zu Beispielaufgabe Erleuchtung

Sie wissen, dass zu Beginn alle Lampen ausgeschaltet sind und kennen somit die ‚aus'-Stellung der Schalter. Nun legen Sie zwei der Schalter um, lassen die Glühbirnen in den Lampen eine Weile brennen, und schalten den einen dieser beiden Schalter wieder aus. Nun gehen Sie schnell nach oben und erkennen

(a) welche der drei Lampen eingeschaltet ist und somit zum nur einmalig betätigten Schalter gehört,

(b) welche der drei Lampen ausgeschaltet und warm ist und somit zum zweimalig betätigten Schalter gehört, und

(c) welche der drei Lampen ausgeschaltet und kalt ist und somit zum nicht betätigten Schalter gehört.

Die Lösung besteht in der Erkenntnis, dass Glühbirnen nicht nur hell, sondern auch warm werden.

Beispielaufgabe Kugeln wiegen

Sie bekommen 9 Kugeln und haben eine Waage zur Verfügung. Sie wissen, dass eine der Kugeln etwas schwerer ist als die anderen. Der Unterschied ist so gering, dass Sie nicht ohne Hilfsmittel erkennen können, welche der Kugeln es ist. Mit Hilfe der Waage können Sie es aber herausfinden. Wie gehen Sie vor?

Lösung zu Beispielaufgabe Kugeln wiegen

Auch dies lösen Sie mit Hilfe einer Fallunterscheidung. Zuerst nehmen Sie jeweils drei Kugeln und wiegen diese. Dabei gibt es zwei Möglichkeiten:

(1) Die schwerere Kugel ist nicht bei diesen sechs Kugeln und die Waage bleibt im Gleichgewicht. In diesem Fall nehmen Sie beim zweiten Wiegen nur die restlichen zwei Kugeln und die schwerere Kugel kann identifiziert werden.

(2) Im zweiten Fall befindet sich die schwerere Kugel unter den ersten sechs Kugeln und die Waage schlägt aus.

In diesem zweiten Fall nehmen Sie zwei der drei Kugeln und wiegen diese noch einmal.

Hier gibt es wieder zwei Fälle.

(1) Die Waage bleibt im Gleichgewicht. In diesem Fall wissen Sie, die schwerere Kugel ist die nicht abgewogene.

(2) Die Waage schlägt aus und sie kennen die schwerere Kugel ebenfalls.

Wo auch immer die Kugel sich befindet: In allen möglichen Fällen müssen Sie nur zweimal wiegen, um die schwerere Kugel zu finden.

Und nun noch ein paar kleine klassische Brainteaser zum Abschluss:

Beispielaufgabe Kanaldeckel

Warum sind Kanaldeckel rund?

Mögliche Lösungen zu Beispielaufgabe Kanaldeckel

- Weil runde Kanaldeckel niemals in den Schacht fallen. Ein rechteckiger Kanaldeckel würde in der Diagonalen durch das Loch passen.

- Zum Tragen sind sie zu schwer, so können sie gerollt werden.

- Runde Formen sind stabiler.

- Es ist leichter, ein rundes Loch zu graben / zubohren, als ein Quadratloch.

- Etc.

Beispielaufgabe Cola-Dosen

Warum sind Cola-Dosen zylindrisch?

Mögliche Lösungen zu Beispielaufgabe Cola-Dosen

- Damit erreicht man maximales Volumen mit dem gegebenen Material.

- Eine runde Dose ist stabiler als eine eckige.

- Die Gefahr, sich an den Dosenrändern zu verletzen, ist geringer als bei eckigen Dosen.

- Etc.

Beispielaufgabe Würfel

Wenn ich einmal zwei Würfel werfe, wie hoch ist die Wahrscheinlichkeit einen Sechserpasch zu bekommen?

Lösung zu Beispielaufgabe Würfel

Die Wahrscheinlichkeit eines Sechserwurfes liegt für jeden Würfel bei 1/6. Daraus folgt sich die Wahrscheinlichkeit von zwei gleichzeitigen Sechserwürfen:1/6 X 1/6 = 1/36

Beispielaufgabe Summe

Was ist die Summe aller Zahlen von 1 bis 100?

Lösung zu Beispielaufgabe Summe

Teilen Sie die Zahlenreihe auf, addieren Sie 1 und 100 zu 101, 2 und 99 zu 101 etc.

Darauf folgt die Lösung 50 × 101 = 5050.

Die meisten Brainteaser lassen sich in zwei große Gruppen einordnen:

Bei der ersten Gruppe geht es um Ihre Kreativität. Dazu gehören Fragen wie die Beispielaufgaben *Kanaldeckel* und *Cola-Dosen*.

Aber auch Aufgaben wie ...

Wie wird der Haushalt in 20 Jahren funktionieren?
oder
Wie kann ich herausfinden, ob das Licht im Kühlschrank brennt, wenn die Tür zu ist?
fallen in diese Kategorie.

Es gibt hierbei keine exakte Lösung. Lassen Sie Ihren Ideen freien Lauf und gehen Sie ungewöhnliche Lösungswege. Wichtig sind Ihre Begründungen, die Sie mit Überzeugung vortragen. Sie werden sehen – die Beantwortung dieser Aufgaben erfordert eher Ihren Mut und Ihr Selbstbewusstsein als Ihr Wissen.

Die zweite Fragengruppe zielt auf das strukturierte und analytische Denkvermögen ab: Dies sind die Aufgaben, in denen Schätzungen abgegeben und Annahmen validiert werden müssen. Hierzu gehören beispielsweise die Aufgaben *Katzen* und *Golfbälle*. Die Vorgehensweise ist immer gleich: Das Problem wird eingekreist, indem man Schätzungen abgibt und logische Annahmen daraus zieht. Einige Brainteaser konzentrieren sich ganz auf die mathematischen Kenntnisse der Bewerber. Dies wären zum Beispiel die Aufgaben *Würfel* und *Summe.*. Wohl dem, der in Mathematik aufgepasst hat und allgemeine Rechenarten sowie die Dreisatzmethode noch nicht vergessen hat. Falls dies doch der Fall sein sollte – üben Sie! Das bekommen Sie schnell wieder hin.

13. Kapitel

Kommunikation, Rhetorik und Wirkung im Vorstellungsgespräch

I. Grundlagen der Gesprächsführung und der Kommunikation

Ein Vorstellungsgespräch beruht komplett auf Kommunikation. Nur durch ein Gespräch werden Ihre Kompetenzen, Ihre Motivation und Ihre Eignung für die Stelle ausgelotet. Aus diesem Grund lohnt es sich, einen tieferen Blick auf die Grundprinzipien, die Regelmäßigkeiten und auch die Fallstricke der Kommunikation zwischen zwei oder mehreren Menschen zu werfen.

Dabei beginnen wir mit der Frage: Was genau ist Kommunikation?

Grundlagen der Kommunikation

Das Grundmodell der zwischenmenschlichen Kommunikation gleicht dem Vorgang der elektronischen Datenübertragung. Auf der einen Seite befindet sich ein **Sender,** der etwas mitteilen will. Er codiert seine **Nachricht** in erkennbare Zeichen und sendet sie an den Empfänger, indem er zum Beispiel lächelt und begrüßende Worte spricht. Der **Empfänger** muss die Nachricht entschlüsseln. In der Regel stimmen gesendete und empfangene Nachricht größtenteils überein, so dass eine Verständigung stattgefunden hat.

Indem der Empfänger nun reagiert und damit seinerseits zum Sender der Antwort-Nachricht wird, kann der ursprüngliche Sender im Idealfall erkennen, wie sein Gegenüber die Nachricht verstanden hat, wie sie bei ihm angekommen ist und was sie bei ihm bewirkt hat. So kann der Sender halbwegs überprüfen, ob seine Sende-Absicht mit dem Empfangsresultat übereinstimmt. Eine explizite Rückmeldung der wahrgenommenen Nachricht nennt man **Feedback**.

1. Was enthält eine Nachricht?

Nun ist sicherlich jedem bekannt, dass in einer Nachricht mehr mitschwingt, als der reine Sachinhalt der gesprochenen Worte. Wenn Ihr Vorgesetzter Sie mit einem vorwurfsvollen: *Es ist zehn nach neun!* begrüßt, will er Sie vermutlich nicht über die Uhrzeit informieren, sondern deutlich machen, dass er sich über Ihre Verspätung ärgert. *„Jede Nachricht enthält ein ganzes Paket unterschiedlicher Aussagen und das macht den Vorgang der zwischenmenschlichen Kommunikation so kompliziert und störanfällig, aber auf der anderen Seite auch so vielseitig und spannend."* (Schulz von Thun)

Nach dem Modell des Kommunikationspsychologen Friedemann Schulz von Thun enthält jede Nachricht vier Seiten:

(1) Die reine Sachinformation (Sachinhalt),

(2) eine Aufforderung (Appell),

(3) eine Beziehungsauskunft (Beziehung) und

(4) eine Information über sich selbst (Selbstkundgabe).

Dies ist sowohl für das Senden als auch für das Interpretieren der Nachricht von Bedeutung. In der Abbildung 16 werden die vier Seiten einer Nachricht noch einmal verdeutlicht:

Der Sender schickt eine Nachricht, die Folgendes enthält:

1. Den **Sachinhalt**, der Informationen über die mitzuteilenden Dinge und Vorgänge in der Welt enthält: *Es ist zehn nach neun!*

Der Sachinhalt ist der Aussageninhalt, der den geringsten Interpretationsspielraum lässt. Oft wird jedoch nur scheinbar um einen Sachinhalt gerungen. In Wirklichkeit handelt es sich um ein Aushandeln der – oder in der aggressiveren Variante um einen Kampf um die – Beziehungsdefinition. Typische Machtkämpfe verdecken in der scheinbaren Diskussion, wer Recht hat, den Wettstreit, wer der Stärkere oder Mächtigere ist.

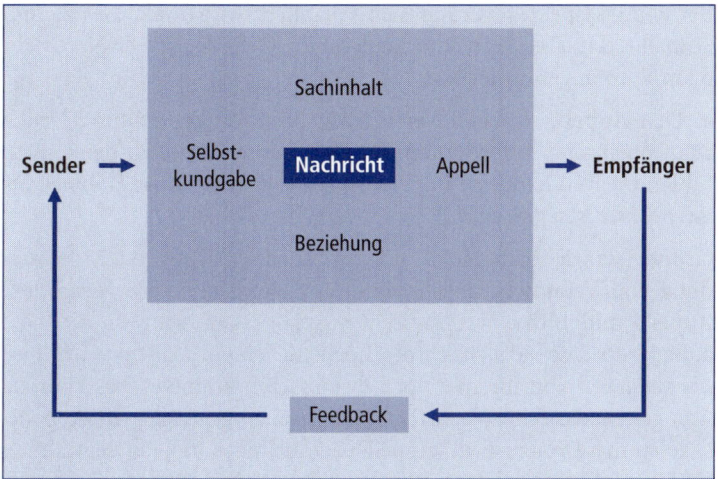

Abb. 16: Schulz von Thun: Die vier Seiten einer Nachricht

2. Die **Selbstkundgabe,** durch die der Sender etwas über sich selbst mitteilt – über seine Persönlichkeit und über seine aktuelle Stimmung (sei es nun in bewusster Selbstdarstellung oder in eher unwillkürlicher Selbstöffnung). In unserem Beispiel könnte Ihr Chef folgendes ausdrücken wollen: *Ich ärgere mich und fühle mich nicht ernst genug genommen durch Ihre Verspätung.*

Viele Menschen offenbaren sich nicht direkt, sondern nutzen Fassadentechniken, um sich anders (besser, unangreifbarer, höflicher etc.) darzustellen. Hinter der Phrase A*ch, ist das Dein neues Kleid* steckt vermutlich in Wirklichkeit die Botschaft *Es gefällt mir nicht.*

Persönliche Ich-Botschaften werden durch unpersönliche ‚*man*- oder *es*-Formulierungen' ersetzt: *Es war langweilig* statt *Ich habe mich gelangweilt.*

Oder aber Ich-Botschaften werden zu Du-Vorwürfen: *Du hörst mir nie zu* statt *Ich fühle mich nicht ernst genommen.*

3. Den **Beziehungshinweis,** durch den der Sender zu erkennen gibt, wie er zum Empfänger steht, was er von ihm hält und wie er die Beziehung zwischen sich und ihm definiert: *Wir haben eine Beziehung, in welcher Sie pünktlich sein sollten!*

Beziehungsaspekte drücken sich vor allem in Mimik, Gestik und Tonfall aus und steuern entscheidend die Gefühle, die die Nachricht beim Empfänger hinterlässt.

4. Den **Appell**, also den Versuch, in bestimmter Richtung Druck auszuüben, die Aufforderung, in gewünschter Weise zu denken, zu fühlen oder zu handeln: *Bitte entschuldigen Sie sich und kommen Sie das nächste Mal pünktlicher!*

Gründe wie Höflichkeit, Angst vor Zurückweisung oder Vermeidung von Verantwortungsübernahme veranlassen viele Menschen, Appelle und Bitten nur indirekt auszudrücken, statt sie offen zu äußern, so dass sie sich immer noch mit einem *Das habe ich doch nie verlangt!* von ihrem Appell distanzieren können. Dies kann so weit gehen, dass eine Nachricht sogar zwei entgegengesetzte Appelle, sogenannte Double-Bind-Appelle beinhalten kann. So sagt Ihnen Ihr Vorgesetzter vielleicht: *Na ja, das kann jedem passieren*, blickt Sie jedoch nach wie vor tadelnd an.

Die gesendete Nachricht, in unserem Beispiel *es ist zehn nach neun!*, hört nun der Empfänger der Nachricht und beginnt zu interpretieren. Dabei ist es natürlich kein Wunder, wenn nicht jede Absicht gleich erkannt wird. Auf welchem Ohr ist der Empfänger besonders empfindlich? Wie entschlüsselt er die Nachricht?

1. Mit dem **Sach-Ohr** versucht er den sachlichen Informationsgehalt zu verstehen. *Es ist zehn nach neun.*

2. Mit dem **Selbstkundgabe-Ohr** ist er diagnostisch tätig: Was gibt mein Gegenüber von sich preis, wie fühlt er oder sie sich? Auf unser Beispiel zurückkommend vermuten Sie durch die Bemerkung Ihres Vorgesetzten: *Oh, er scheint verärgert zu sein.*

3. Mit dem **Beziehungs-Ohr** interpretiert der Empfänger, was der Sender von ihm zu halten scheint und wie er die Beziehungsebene zu ihm sieht und fühlt sich entsprechend behandelt (gelobt, geschmeichelt, angegriffen, beschuldigt). Dieser Aspekt ist sehr emotional besetzt und bestimmt entscheidend den weiteren Verlauf der Beziehung zwischen Sender und Empfänger. Missverständnisse auf der Beziehungsseite der Nachricht gehören zu den Kommunikationsstörungen mit den weitreichendsten Folgen. *Er hält mich also*

für seinen Befehlsempfänger, der nichts anderes zu tun hat, als für ihn zu springen!

4. Mit dem **Appell-Ohr** hört er die Bitte oder die Aufforderung heraus, die er an sich gerichtet spürt. *Ich soll also nach seiner Pfeife tanzen!* Jeder Mensch nimmt diesen Druck sehr unterschiedlich wahr, viele Menschen, insbesondere Frauen, reagieren sehr stark auch auf subtile Appelle, während andere Menschen nur explizite Appelle als solche erkennen.

Bedenkt man diese Vielzahl von möglichen Bedeutungen und Interpretationsmöglichkeiten einer Nachricht, ist es eigentlich verwunderlich, dass Menschen überhaupt in der Lage sind, miteinander zu sprechen. Dass es im Regelfall dennoch funktioniert, liegt zum einen daran, dass Menschen eines Kulturkreises ähnliche Angewohnheiten haben, gewisse Dinge auszudrücken, zum anderen genügt es für ein alltägliches Gespräch, wenn nur etwa 70 Prozent der Bedeutung der Nachrichten richtig verstanden wird. Das wechselseitige Kommunizieren und das damit verbundene Feedback wirken wie ein Regelkreis der ständigen Bedeutungsmodifizierung, sodass beide Partner sich im wahrsten Sinne des Wortes verstehen.

Was aber passiert, wenn man nun nicht miteinander auskommt – sich eben nicht versteht? In vielen Fällen beruhen solche Situationen auf Missverständnissen.

Um dies zu verdeutlichen, sehen wir uns folgendes Beispiel an:

BEISPIEL: Der Chef spricht eine neue Mitarbeiterin in der voll besetzten Betriebskantine an: *Ist hier noch frei? Darf ich mich zu Ihnen setzen?*
Die Frau antwortet schlicht *Ja*, blickt jedoch verunsichert und versteift ihren Körper. Der Mann setzt sich hin, beugt sich zu ihr und beginnt eine höfliche Plauderei, indem er sie über ihre Arbeit befragt. Die Frau antwortet einsilbig, bis sie auf einmal aufspringt und mit einem: *Ich muss dringend wieder zur Arbeit!* den Tisch verlässt. Nehmen wir an, der Chef hätte mit seiner Plauderei nur Folgendes ausdrücken wollen:
Selbstkundgabe: *Ich möchte Sie als neue Mitarbeiterin gerne kennen lernen und ein wenig mit Ihnen plaudern.*
Beziehung: *Ich finde Sie sympathisch und wir können ein unverfängliches Gespräch führen.*

Appell: *Lassen Sie uns mit einem netten Gespräch die Zeit vertreiben!*
Die verunsicherte Mitarbeiterin hat, vielleicht bedingt durch schlechte
Erfahrungen, jedoch etwas völlig anderes gehört. Für sie lautete die Bot-
schaft des Chefs folgendermaßen:
Selbstkundgabe: *Ich will Sie auch in den Pausen kontrollieren.*
Beziehung: *Sie arbeiten nicht gut genug, machen zu viel Pause und
müssen daher kontrolliert werden.*
Appell: *Beeilen Sie sich, und dann zurück an die Arbeit!!*
Aus ihrer Sicht hat sie also völlig verständlich reagiert – für den Chef
kommt die plötzliche Flucht jedoch aus heiterem Himmel und verärgert
ihn. Ihm ist nicht klar, dass er den stummen Appell: *Lassen Sie mich in
Ruhe essen!* der sich in der Einsilbigkeit und der abweisenden Körperhaltung der Frau ausgedrückt hat, schlichtweg übersehen hat. Und ihr
ist nicht klar, dass man die vermeintliche Kontrolle ihres Gegenübers
auch als Höflichkeit interpretieren konnte.

2. Missverständnisse im Vorstellungsgespräch

Auch im Vorstellungsgespräch ist man vor Missverständnissen nicht
gefeit. In ihrer Anspannung interpretieren viele Bewerber harmlos
gemeinte Fragen als vermeintliche Provokation. Ein Paradebeispiel
dafür ist Folgendes (in den meisten Fällen harmlos gemeint):

Frage

Warum sollen wir Sie einstellen?
Ein verunsicherter Bewerber hört eher folgendes:
Warum in aller Welt sollten wir ausgerechnet Sie einstellen?
Bestehend aus:
Selbstkundgabe: *Ich will Sie sicher nicht einstellen!*
Beziehung: *Ich halte nichts von Ihnen und möchte Sie zudem mit
dieser Frage in Verlegenheit bringen..*
Appell: *Na los, rechtfertigen Sie sich!*

Verständlicherweise begibt der misstrauische Bewerber sich in die
Defensive und beginnt sich zu verteidigen. Dies wirkt natürlich
nicht gerade souverän und der erstaunte Interviewer rückt von seiner vielleicht ursprünglich guten Meinung ab. Und damit verur-

sacht die Reaktion des Bewerbers genau das, was er selbst befürchtet – der Interviewer beginnt ihn abzulehnen.

Sehr viel besser wäre es gewesen, der Bewerber hätte dem Interviewer im Zweifelsfall eine positive Absicht unterstellt und dementsprechend positiv geantwortet. Schließlich ist die Frage *Warum sollen wir Sie einstellen?* positiv bzw. neutral verstanden ein *Bitte begründen Sie noch einmal Ihre Eignung für unsere Stelle.*

Eine wunderbare Vorlage für Sie, sich optimal darzustellen!

Jeder Mensch hat seine ganz eigene Weise, sich mitzuteilen. Die einen sind, geprägt durch Kulturkreis, Geschlecht und Erziehung, nur sehr indirekt in ihrer Ausdrucksweise, öffnen sich kaum, sind zurückhaltend und fordern oder kritisieren nie etwas explizit, sondern lassen nur andeutungsweise ihre wahre Meinung durchklingen, während andere Menschen kein Blatt vor den Mund nehmen und sich nicht scheuen, offen alles auszusprechen, was sie ausdrücken wollen. Ebenso achten vor allem erstgenannte Personen vermehrt auf die ‚Zwischentöne' in der Kommunikation, erkennen Andeutungen und versteckte Botschaften, interpretieren jedoch leichter Dinge in eine Nachricht hinein, die der Sender so nicht mitteilen wollte. Dagegen stehen Jene, die kaum den berühmten ‚Wink mit dem Zaunpfahl' verstehen und nur reagieren, wenn etwas genau so gesagt wurde wie es gemeint war. *Wenn Du das so meinst, warum sagst Du es denn dann nicht?*

Jeder ist sich natürlich sicher, sich völlig verständlich ausgedrückt zu haben – und ebenso sicher, sein Gegenüber richtig verstanden zu haben. Man kommt gar nicht auf die Idee, dass die eigene Botschaft vom Gesprächspartner vielleicht falsch aufgefasst worden sein könnte, oder dass man selbst die Aussage oder Geste des Anderen missverstanden haben könnte. Viele Menschen reagieren standardmäßig nach denselben Mustern, ohne sich darüber im Klaren zu sein, dass es auf jede Äußerung unterschiedliche Interpretations- und Reaktionsmöglichkeiten gibt.

Oft ist dies der Beginn eines Konfliktes oder einer unterkühlten Beziehung, obwohl die Beteiligten ursprünglich beste Absichten hatten. Jeder kennt ähnliche Situationen, sowohl im Privatleben mit den Freunden oder gerade auch dem eigenen Partner, als auch im Arbeitsleben.

Gerade im Vorstellungsgespräch ist ein hohes Maß an Verständnis und eine gute Beziehung zu den Interviewern erfolgsentscheidend. Hier zeigt sich nicht nur Ihre Kommunikationsfähigkeit, sondern auch übergreifend Ihre Sozialkompetenz. Gerade diese stellt ein entscheidendes Kriterium für Ihre Eignungsbeurteilung dar.

3. Störungen vermeiden

Wie lassen sich Störungen der Kommunikation vermeiden oder zumindest vermindern?

Den ersten Schritt haben Sie schon getan, indem Sie sich durch die Lektüre dieses Kapitels mit den verschiedenen Störungsquellen in der Kommunikation auseinander gesetzt haben.

Wir haben gesehen, dass eine Nachricht keineswegs eindeutig ist, sondern eine Vielzahl möglicher Bedeutungen beinhalten kann. So ist es einleuchtend, dass dieses System der Kommunikation und damit der Interaktion störanfällig ist und schnell eine unerwünschte Eigendynamik entwickeln kann.

Dieses Wissen ermöglicht es zum Beispiel einem geschulten und einfühlsamen Vorgesetzten, in seiner Kommunikation besser auf die drei versteckten Seiten der Nachrichten seiner Mitarbeiter zu achten und darauf einzugehen. Seinerseits kann er oder sie versuchen so eindeutig zu kommunizieren, dass sein Team die eigene Nachricht richtig versteht. Eben diese Fähigkeit wird beispielsweise im Rollenspiel geprüft.

Schulz von Thun beschreibt dies so: Ein Sender hat **vier Zungen**, ein Empfänger hat **vier Ohren** für die vier Aspekte einer Nachricht. Als Sender sollte man lernen mit nur einer Zunge zu reden, als Empfänger hingegen mit allen vier Ohren zu hören. Beides kann man üben und erlernen.

4. Die Bedeutung des Feedbacks: Aktives Zuhören

Wie kann man nun vorgehen, um sicherzustellen, dass man seine Mitmenschen richtig versteht und ihnen somit zeigen, dass man sie ernst nimmt? Wie eingangs gesagt, besteht Kommunikation aus einem Kreislauf von Nachrichten zwischen zwei oder mehr Personen. Die leichteste Methode, Missverständnisse zu vermeiden, ist es, dem Sender zurückzumelden, wie man seine Botschaft interpretiert hat. Dies kann man tun, indem man aktiv zuhört. Im klassischen Gespräch nutzt man meist die Zeit, während der andere spricht, um sich zu überlegen, was man selbst gleich sagen will, wenn der Gesprächspartner mit seiner Aussage fertig ist. Besser ist es jedoch, die Zeit auch zu nutzen, um sich darüber klar zu werden, was der Andere sagen will.

Um nun richtig auf das einzugehen, was der Andere gesagt hat, hilft es, die verstandene Nachricht mit eigenen Worten zu wiederholen. Die Kunst dabei ist, zurückzumelden, was der andere zwischen den Zeilen zum Ausdruck bringt. So sagt in einem Rollenspiel Ihr fiktiver Mitarbeiter beispielsweise bei einer Forderung nach Überstunden oft nicht *Das ist mir zu viel und Sie sind ein Sklaventreiber*, sondern murmelt unwillig *Kein Problem*, weicht aber der Aufgabe aus und lässt sich nicht festlegen. Durch aktives Zuhören versucht man, diesen mitschwingenden Gefühlsanteil in Worte zu kleiden. Sie könnten nun sagen: *Ich weiß, ich verlange mehr als das übliche Maß von Ihnen und Sie haben vielleicht das Gefühl, das sei nicht gerechtfertigt, aber meine Bitte hat folgende Gründe....*

Er geht damit auf das ein, was den Mitarbeiter tatsächlich beschäftigt, statt ihn einfach nur anzuweisen.

Der Mitarbeiter wird vielleicht nicht sofort positiv reagieren und denken:

Das stimmt. Genau! Aber er nimmt wahr, dass er verstanden wird und muss seinen Unwillen nicht weiter demonstrieren. Das hätte er jedoch getan, wenn der Vorgesetzte sich über seine Unlust einfach hinweg gesetzt hätte. Jeder Mensch möchte ernst genommen und verstanden werden und ist nur dann zu einer Kooperation bereit.

Aktives Zuhören bedeutet:

- Zu versuchen, sich in den Gesprächspartner einzufühlen,

- beim Gespräch mitzudenken und

- dem Gesprächspartner Aufmerksamkeit und Interesse entgegenzubringen.

Durch verbale und nonverbale Aufmerksamkeitsreaktionen wird dem Partner gezeigt, dass man aufmerksam ist, dass man versucht, zu verstehen und dass man Interesse und Anteilnahme aufbringt.

Dabei können verschiedene Techniken des aktiven Zuhörens eingesetzt werden:

- Annahmesignale – Durch Gesten wie Nicken und Bemerkungen wie *mhm, ah, ja, das ist interessant* etc. signalisieren Sie Ihrem Gegenüber Aufmerksamkeit und Interesse.

- Paraphrasieren – Die Aussage wird mit eigenen Worten wiederholt. Dies ist eine Technik, bei der es sich lohnt, sie unbedingt vorab auszuprobieren. Versuchen Sie es bei privaten Gesprächen. Vielleicht kommen Sie sich vor wie ein Papagei, wenn Sie sich bemühen, das Gesagte Ihres Gesprächspartner dem Sinn nach zu wiederholen – Ihr Gegenüber aber wird sich verstanden und wertgeschätzt fühlen und das Gespräch als sehr angenehm empfinden. Fragen Sie ihn!

- Verbalisieren – Die Gefühle, die Emotionen des Gegenübers werden gespiegelt z. B. *Das begeistert Sie richtig, nicht wahr?* (Im Vorstellungsgespräch ist diese Technik jedoch nur sehr bedingt anwendbar.)

- Nachfragen – *Wie genau sind Sie da vorgegangen?*

- Zusammenfassen – Das Gesagte wird wie in einem Zeitungsartikel mit wenigen Worten zusammengefasst.

- Unklares klären – *Sie sagten, Sie könnten meine Begründung nicht nachvollziehen. Welche Aspekte meinen Sie genau?*

- Weiterführen – *Sie sagten Ihrem Kollegen, er hätte Sie nicht richtig instruiert, wie reagierte er darauf?*

Mithilfe dieser und ähnlicher Techniken können Sie frühzeitig Störungen in der Kommunikation klären, bevor diese zu Problemen in der Beziehung zu anderen Personen führen und Sie schaffen so auch mit verschlossenen Menschen eine offene, einfühlsame und in die Tiefe gehende Gesprächskultur.

Neben der Klärung durch aktives Zuhören ist aber noch eine zweite Verhaltensweise extrem hilfreich:

5. Unterstellen Sie Ihrem Gegenüber positive Absichten!

Niemand ist unglücklicher als ein misstrauischer Mensch, der anderen generell Übles unterstellt. Nicht nur er selbst lebt in einer dunklen Welt – auch andere werden sich schnell von ihm abwenden. Damit erzeugt sich der unglückselige Mensch genau die Welt, die er befürchtet.

Gerade im Vorstellungsgespräch sollten Sie grundsätzlich optimistisch und positiv denken und agieren. Aus der Defensive überzeugen Sie niemanden! In der Regel will Sie niemand provozieren und niemand möchte Ihnen Schlechtes. Selbst falls Sie wider Erwarten doch einmal in ein Stressinterview geraten sollten, wirkt nichts souveräner als ein absichtliches ‚positives Missverstehen' provokanter Fragen.

6. Die Beziehung – Engels- und Teufelskreise in der Interaktion

Jeder kennt sicherlich aus seinem Privat- oder Berufsleben Beispiele von Menschen, die Probleme miteinander haben und einer dem anderen ein Fehlverhalten vorwirft. Sehen wir uns folgendes Beispiel an: Nehmen wir eine Vorgesetzte, die auf einen Mitarbeiter schimpft, er höre ihr gar nicht zu, wenn sie ihm etwas erklärt. Er starre gelangweilt in die Gegend oder rede dazwischen, fast wie ein unwilliges Schulkind. Fragt man jedoch den Mitarbeiter, stellt dieser die Situation ganz anders dar. Er fühlt sich bevormundet und wie ein kleines Kind behandelt. Als Reaktion darauf geht er auf Abstand und nimmt die Erklärungen seiner Chefin nun gar nicht mehr an.

Trotz ursprünglich guten Willens beider Personen spitzt sich die Situation immer stärker zu, eine Zusammenarbeit wird immer unmöglicher, bis der Mitarbeiter schließlich kündigt. Dabei hat die Vorgesetzte sich so bemüht – immer eindringlicher hat sie versucht, ihren Mitarbeiter zu überzeugen, immer ausführlicher hat sie ihm das Vorgehen erläutert. Der Mitarbeiter hingegen hat sich immer mehr zurückgezogen, hat immer weniger auf die Vorgesetzte reagiert und wurde zum Schluss sogar richtiggehend trotzig.

Wer ist schuld? Wer hat angefangen? Die Frage nach dem Anfang ist in etwa so müßig wie die Frage nach der Henne und dem Ei. Einer reagiert auf den Anderen – sieht die Schuld bei ihm – und verstärkt darum das eigene Bemühen, um den Anderen zu ändern. Dies führt dazu, dass das Gegenüber als Gegengewicht wiederum seine Position verstärkt. Die kreisförmige Interaktion – in der Psychologie spricht man von einem System – entwickelt sich zu einer Spirale mit immer extremeren Verhaltensweisen, bis beide die Beziehung als äußerst unerfreulich erleben.

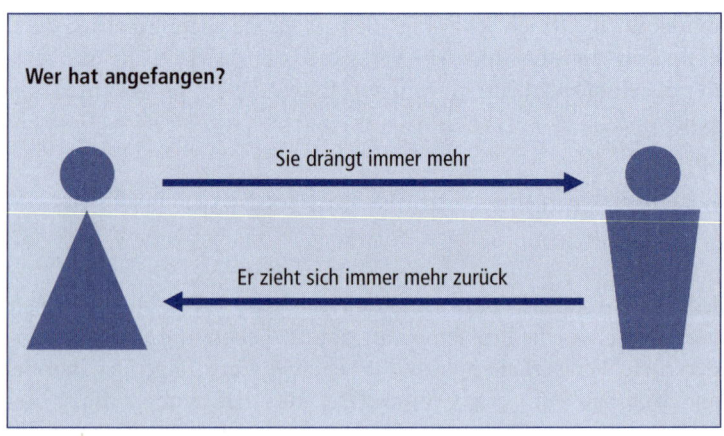

Abb. 17: Teufelskreis

Was kann man tun?

Für Außenstehende ist ein solcher Teufelskreis oft leicht zu erkennen. Befindet man sich jedoch mitten in einem solchen unheilvollen System, fällt der Überblick oft schwer. Im Vorstellungsgespräch wird eine solche Situation gerne mit Hilfe eines Rollenspiels simuliert. Dies kann entweder so geschehen, dass Sie als Vermittler den Konflikt zweier Mitarbeiter schlichten sollen, oder Sie befinden sich laut Rollenanweisung selbst in einem solchen Teufelskreis mit einem Vorgesetzten, einem Kollegen oder einem Mitarbeiter.

Der erste Schritt zur Lösung einer solchen Situation ist das bewusste Wissen über das Wesen menschlicher Interaktion. Dieses Wissen ermöglicht es, einen Moment inne zu halten, mental aus der Situation herauszutreten und sich zu fragen:

Was habe ich dazu beigetragen, dass die Situation so ist wie sie ist? – statt nur auf den Anderen zu schimpfen.

Der nächste Schritt ist, aktiv den Kreis zu durchbrechen und zu versuchen, mit dem Interaktionspartner über die Situation selbst zu sprechen.

Viele Kommunikationsprobleme können erst dann von den Beteiligten durchschaut und gelöst werden, wenn diese aus dem eingefahrenen System heraustreten und über ihre Art, miteinander zu reden, reden. Dies nennt man **Metakommunikation** (Kommunikation über die Kommunikation). Wenn Sie diese Technik im Vorstellungsgespräch anwenden können, zeigen Sie damit sehr gutes Gespür für kommunikative Phänomene, das Ihnen mit Sicherheit positiv angerechnet wird.

Um es jedoch von vorne herein nicht so weit kommen zu lassen, sollte man von Anfang an darauf achten, sein Gegenüber nicht in eine Defensivposition zu bringen, um keine Gegenreaktion zu provozieren. Die Vorgesetzte in unserem Beispiel hatte ihrem Mitarbeiter bewusst oder unbewusst signalisiert: *Ich bin die Lehrerin – Du der unwissende Schüler.* Diese Beziehungsdefinition wollte der Mitarbeiter nicht akzeptieren und wehrte ab. Unbewusst fiel er jedoch als Reaktion auf die quasi elterliche Fürsorge in die Rolle des trotzigen Kindes, was ein noch fürsorglicheres Verhalten der Vorgesetzten provozierte. Der Teufelskreis war geschaffen.

Das gleiche Beispiel ließe sich mit Kunden, Kollegen oder Freunden durchspielen.

> **Wichtig**
>
> Um eine solche Dynamik zu vermeiden, gilt stets Folgendes: Behandeln Sie Ihr Gegenüber als gleichberechtigten und wertgeschätzten Partner.

Für ein gutes Arbeitsverhältnis gilt es, den Kontaktpersonen Wertschätzung entgegenzubringen und sich weder als (menschlich) überlegen noch unterlegen zu präsentieren. Versuchen Sie ihn stets als gleichberechtigten Partner zu sehen. Auf diese Weise kann Ihr Gegenüber von Ihnen auch unangenehmere Anweisungen oder Wahrheiten akzeptieren, ohne abblocken zu müssen, um sein Gesicht zu wahren und wird als Reaktion Sie vermutlich ebenso als gleichberechtigten Partner behandeln. Das ist natürlich nicht immer leicht, dennoch stellt dies mit Sicherheit die fairste und wirksamste Methode dar, mit Menschen umzugehen.

In diesem Kapitel wurden einige Grundprinzipien der menschlichen Kommunikation und Interaktion angerissen, die Sie vielleicht anregen, dieses sicherlich sehr interessante Thema zu vertiefen. Dennoch denken Sie vielleicht nach der Lektüre der letzten Seiten: Oh Gott – worauf soll man denn alles achten wenn man kommuniziert, das wirkt doch völlig unnatürlich, wenn man jedes Mal über alle möglichen Kommunikationsregeln nachdenken muss, bevor man jemanden anspricht oder antwortet! Sie werden jedoch feststellen, je mehr Sie sich mit diesem Thema auseinander setzen, desto mehr Verständnis werden Sie für Menschen und Gesprächssituationen entwickeln und desto leichter fällt es Ihnen, Teufelskreise zu vermeiden und mit den unterschiedlichsten Menschen Einigung zu erzielen.

II. Durch Rhetorik überzeugen

Gute Redner benutzen rhetorische Mittel, um auf elegante Weise Interesse zu wecken und Ihr Publikum in die gewünschte Richtung zu lenken. Ihr Publikum sind in diesem Fall Ihre Interviewer und Ihr gewünschtes Ziel ist es, diese davon zu überzeugen, dass Sie genau der richtige Kandidat für die ausgeschriebene Stelle sind.

Rhetorische Stilfiguren haben den Sinn, die Aufmerksamkeit der Zuhörer auf bestimmte Inhalte zu richten, besondere Punkte hervorzuheben oder durch das Erzeugen von Spannung das Mitdenken der Adressaten anzuregen. Diese Stilmittel sind keine redetechnische Spielerei, sondern dienen dazu, den Sinn und Zweck der Aussagen des Vortragenden zu fokussieren.

Auch wenn Ihnen einige dieser Techniken vielleicht ungewöhnlich vorkommen mögen, es lohnt sich dennoch, die eine oder andere Stilfigur auch im Vorstellungsgespräch auszuprobieren. Sie werden damit vielleicht Ihre Zuhörer überraschen – geschickt eingesetzt können Sie mit diesen Techniken aber große Wirkung erzielen.

1. Rhetorische Stilfiguren

Um eine besondere Wirkung zu erzielen, verändern rhetorische Figuren den üblichen Sprachgebrauch. Diese Veränderungen entstehen im Wesentlichen durch vier verschiedene Vorgehensweisen, die miteinander kombiniert werden können:

- **Hinzufügen**: *Dies, und genau dies…*
- **Auslassen**: *Und (was machen wir) nun?*
- **Umstellen**: *Der Weg ist lang, und kurz der Wille.*
- **Ersetzen**: *Alma Mater* statt *Universität*

> ### Rhetorische Frage
>
> Dabei unterscheidet man
> - **Wortfiguren**, die den üblichen Sprachgebrauch verändern: *Sie ist etwas – vollschlank*
> - **Satzfiguren**, die vom üblichen Satzbau abweichen: *Einsam war's und weit die Strecke.*
>   *Sie kam, sie sah, sie siegte!*
> - **Argumentations- und Gedankenfiguren**, die Argumente und Gedanken neu ordnen. *Er folgte ihr auffällig unauffällig.*

Techniken zur Betonung bestimmter Sachverhalte

Wenn Sie in Ihrem Vortrag einen Punkt besonders hervorheben und betonen möchten, können Sie, um die Aufmerksamkeit Ihres Publikums zu wecken zum Beispiel:

> ### Rhetorik der Betonung
>
> - etwas nachdrücklich **betonen**: *Dies, und nur dies habe ich gemeint!*
> - einen **übertriebenen Ausdruck** verwenden: *Und wenn Sie tausend Jahre suchen...*
> - durch **bewusste Untertreibung** Aufmerksamkeit erzeugen: *Das Ergebnis war – sagen wir mal – suboptimal.*
> - **Worte** oder **Satzanfänge wiederholen** und auf ähnlichen Rhythmus achten: *Er war 19. Er war Laie. Er war unbekannt und dennoch begründete er die Theorie ...*

Verstärkt wird die Wirkung dieser Technik, wenn Sie am Ende des Spannungsaufbaus eine Art Pointe einbauen:

- *Sie hat in Harvard studiert. Sie hat in Japan promoviert. Sie hat in Zürich habilitiert. Und sie hat am meisten bei Aldi gelernt.*

Sprachliche Bilder

Eine besonders wichtige Rolle in der Rhetorik spielen sprachliche Bilder, da sie durch ihre emotionale Komponente eine große Wirkung erzielen. Bilder – und das gilt auch für Bilder, die im Kopf entstehen – bleiben im Gedächtnis. Man unterscheidet bei den bildhaften Mitteln zwischen dem **Vergleich,** der **Metapher** und der **Metonymie.**

Sprachliche Bilder

- Beim Vergleich werden zwei Bereiche miteinander durch das Wort *wie* verknüpft, und einige Merkmale des einen Bereichs auf den anderen übertragen: *Die Anwesenden umkreisten das Buffet wie hungrige Katzen.*
- Bei einer Metapher wird ein Ausdruck durch einen anderen ersetzt, wobei der ersetzte und der ersetzende Ausdruck mindestens eine gemeinsame Bedeutung haben: *In diesen Dingen ist sie ein Fuchs.*
- Umfasst ein gewähltes Bild mehr als ein Wort, nennt man dies Allegorie. Allegorien eignen sich gut dazu, eine abstrakte Idee durch etwas Gegenständliches auszudrücken: *Auf dem Theater der Welt sind alle Menschen Spieler: Mancher bekommt die Rolle eines Königs, mancher die eines Bettlers ...*
- Bei der Metonymie stehen ersetzter und ersetzender Ausdruck in einem reellen Zusammenhang, und nicht nur, wie bei der Metapher, in einer begrifflichen Beziehung: *Das Weiße Haus kündigte heute an....*
- Elegant wird der Gebrauch sprachlicher Bilder, wenn es Ihnen gelingt, originelle Vergleiche zu finden. Eine schöne Möglichkeit ist es auch, bekannte Bilder zu verwenden, um sie dann geschickt fortzusetzen: *In ihrem Vortrag traf sie den Nagel auf den Kopf. Leider stürzte daraufhin ihr ganzes Argumentationsgebäude ein.*

Eleganter Spannungsaufbau

Eine gute Rede spielt nicht nur mit Bildern sondern hat auch Rhythmus

Spannungsaufbau

- Um einen Spannungsbogen voranzutreiben, können Sie die Technik Gradatio verwenden. Sie besteht aus aufeinander aufbauenden Aussagen. Diese Methode wendet US-Präsident Barack Obama des Öfteren in seinen Reden an: *„One voice can change a room. If it can change a room, it can change a city. If*

> *it can change a city, it can change a state. And if it can change a state, it can change a nation, and if it can change a nation, it can change the word."*
>
> ■ Die **Anadiplose** stellt die Verkettung von Sätzen dar, indem das Ende des Satzes zu Beginn des folgenden wiederholt wird. Sätze werden dadurch zusammen gezogen und für die Zuhörer zu einem Ganzen verwoben, wobei sie aber an Kürze und Klarheit nichts einbüßen. Längere Sätze werden durch die Anadiplose zu einer logischen Einheit. G.W. Bush verwendete diese Form der Wiederholung in der Rede vom 20. April 2006: *„I hear the voices, and I read the front page, and I know the speculation. But I am the decider, and I decide what is best."*

Einbezug der Zuhörer

Äußerst wirkungsvoll, um Kontakt zu Ihrem Publikum herzustellen und die Zuhörer zum Mitdenken zu veranlassen sind:

> **Einbezug der Zuhörer**
>
> ■ **Rhetorische Fragen;** Beteiligen Sie Ihre Zuhörer mit genau platzierten rhetorischen Fragen. Neue Aspekte können Sie beispielsweise einleiten mit Fragen wie dieser:
> *Haben Sie schon einmal darüber nachgedacht, was geschieht, wenn…?*
> ■ **Pausen:** Arbeiten Sie gezielt mit der Wirkung von Pausen. Fehlende Pausen sind ein typischer Fehler von ungeübten Vortragenden. Nur durch Pausen können Sie wichtige Sachverhalte betonen und sozusagen nachklingen lassen. Machen Sie kurze Pausen nach rhetorischen Fragen und lange Pausen vor oder nach wichtigen Aussagen. Es schadet nicht, Ihr Publikum dabei mehr oder weniger bedeutungsvoll anzusehen.

Denken Sie daran: Ein Vortrag – selbst der nüchternste – ist neben der Informationsvermittlung immer auch eine Art Show. Er ist auf Wirkung bedacht. Dies gilt auch für die Situation in einem Vorstellungsgespräch.

III. Exkurs: Typisch Frau! Sprachliche Unterschiede zwischen Männern und Frauen im Einstellungsinterview

Es gibt zahlreiche Studien, die sich mit den Unterschieden zwischen den Geschlechtern in der Kommunikation befassen. Fast alle belegen, dass es tatsächlich eindeutige Unterschiede gibt. Natürlich handelt es sich dabei lediglich um Durchschnittswerte. Das heißt, man kann nicht jeden Mann in die eine und jede Frau in die andere Schublade stecken. Jeder Mensch, ob Mann ob Frau kommuniziert unterschiedlich. Dennoch gibt es einige Tendenzen, die ich im Folgenden vorstellen und diskutieren möchte.

Frauen verkaufen sich in Bewerbungsgesprächen oft schlechter als Männer. Dies belegt auch die Studie der Sprach- und Kommunikationswissenschaftlerin Dr. Daniela Wawra von der Universität Passau. Sie untersuchte den Sprachgebrauch von Frauen und Männern im Bewerbungsgespräch. Dabei zeigte sich, dass sich Männer und Frauen dabei deutlich unterscheiden.

Unterschiede bei der Benennung von Kompetenzen

Männer nennen deutlich mehr Kompetenzen, Frauen mehr Inkompetenzen. Zudem werten Männer ihre Kompetenzen häufiger auf, während Frauen diese eher abwerten. Männer werten nur ihre eigenen Inkompetenzen ab.

Damit stellen sich Frauen als weniger kompetent dar.

Sachlicher versus persönlicher Sprachgebrauch

Der Sprachgebrauch von Frauen ist insgesamt persönlicher, der der Männer sachlicher.

Frauen drücken Emotionen aus, verwenden öfter den Ausdruck *wir* und beziehen damit ihr Gegenüber mit ein und sie sprechen mehr Themen mit persönlichem Inhalt an.

Sicherheit

Männliche Bewerber verwenden mehr sprachliche Stilmittel, die Sicherheit ausdrücken.

Länge der Redebeiträge

Die Studie von Dr. Daniela Wawra belegt eindeutig: Männer sprechen im Einstellungsinterview mehr als Frauen. Sie sprechen generell in formellen Kontexten mehr als Frauen, wo das Sprechen dazu dient, den eigenen sozialen Status zu erhöhen. Aber heißt es nicht immer, Frauen würden mehr reden als Männer? Was ist mit dem Stereotyp der schwatzhaften Frau?

Weitere Studien stützen aber Wawras Ergebnisse. Die Soziolinguistin Deborah Tannen hat herausgefunden, *„dass, wenn Männer und Frauen gleich viel reden, die Leute den Eindruck haben, dass die Frauen mehr geredet hätten."* Und weiter:…*„dass es die Männer sind, die weitaus mehr reden…"* Dies tun sie dafür eher auf öffentlichen Schauplätzen, wie Konferenzen, oder geschäftliche Meetings.

Zahlreiche Untersuchungen zeigen, dass die Redebeiträge der Männer häufiger, und vor allen Dingen erheblich länger sind:

Durch Tonbandaufnahmen von Fachbereichssitzungen zum Beispiel wurde festgestellt, dass die Wortbeiträge der Männer 10,66 bis 17,07 Sekunden dauerten; die der Frauen jedoch nur 3 bis 10 Sekunden. Das heißt, dass die längsten Wortbeiträge der Frauen immer noch kürzer waren, als die kürzesten Wortbeiträge der Männer!

Gesprächsthemen

Männer wollen in Gesprächen vor allem Informationen vermitteln, während für Frauen der emotionale Bezug zu ihren Gesprächspartner/innen und eine positive Gesprächsatmosphäre das Wichtigste ist. Daher bevorzugen Frauen eher persönliche Gesprächsthemen, während Männer sachorientierter sprechen und auch häufiger als Frauen Themen wählen, die mit Dominanz, Leistung und Wettstreit verbunden sind.

Gesprächsstil

Frauen bedienen sich der Beziehungssprache, um Kontakte zu knüpfen, Gemeinsamkeiten hervorzuheben und Harmonie zu erzeugen.

Bei Männern dient die Sprache eher als Mittel zur Bewahrung ihrer Unabhängigkeit und zum Aushandeln ihres Status in einer hierarchisch geprägten Gesellschaft. Aus diesem Grund stellen Männer in der Öffentlichkeit ihr Wissen und ihre dialektischen Fähigkeiten zur Schau.

Daraus ergibt sich, dass Frauen zumindest in informellen Kontexten meist persönlicher, emotionaler, kooperativer, zurückhaltender und sensibler sprechen. Männer dagegen äußern sich in formellen und informellen Kontexten überwiegend autoritärer, aggressiver sowie wettbewerbsorientierter und hierarchieorientierter als Frauen.

Solidarität versus Status

Frauen bemühen sich, Solidarität zu ihren Gesprächspartnern aufzubauen. Männern dagegen kommt es eher darauf an, die eigene Macht auszubauen und den eigenen Status zu erhöhen. Da dies in formellen Kontexten eher möglich ist, wird deutlich, warum Männer in diesen Situationen, also auch in einem Vorstellungsgespräch tendenziell mehr reden als Frauen. Frauen dagegen sprechen, wie es die gängige Meinung auch sagt, in informellen, privaten Kontexten mehr als Männer, da dies ihr Kommunikationsziel, den Aufbau von sozialen Beziehungen, unterstützt.

Spiele von Männern und Frauen

Was ist die Grundlage all dieser Unterschiede?

Es ist das unterschiedliche Regelwerk der männlichen und weiblichen Kommunikation:

Man könnte meinen, Männer und Frauen spielen zwei unterschiedliche Spiele:

Das Spiel zwischen zwei Frauen heißt: **Wir sind gleichberechtigt.** *Ich stelle mich nicht über Dich. Wir betreiben beide Understatement. Ich spiele meine Macht und meine Erfolge herunter, Du tust es aber auch. Damit erreichen wir Konsens und Harmonie. Wenn Du aber gegen diese Regeln verstößt, nehme ich Dir das übel.*

Das zentrale Element dieses Spiels ist wechselseitige **Höflichkeit und Diplomatie.**

261

Dieses Spiel funktioniert, es ist sogar ein elegantes Mittel der Demokratie. Es funktioniert jedoch nur unter Frauen.

Das Spiel der Männer lautet nämlich völlig anders:

Wir befinden uns im Wettbewerb *um den größeren Einfluss. Ich demonstriere meine Kompetenz und meine Macht und Du natürlich auch. Wir handeln aus, wer der Anführer ist und wer das Sagen hat. Wenn Du dabei gewinnst, nehme ich Dir das aber nicht übel.*

In diesem Spiel zählen **Dominanz und Stärke.**

Prinzipiell stellt die Kommunikation zwischen Männern ebenso wie die zwischen Frauen kein Problem dar. Die Regeln sind klar, beide sprechen die gleiche Sprache.

Bei Gesprächen zwischen den Geschlechtern gibt es jedoch nicht selten Missverständnisse bzw. Unterschiede zwischen dem, was mit dem Gesagten ausgedrückt werden soll, und dem was verstanden wird.

Das Problem für Frauen ist, dass in der Geschäftswelt eher die männliche Kommunikationsweise dominiert. In der Regel führt im Berufsleben bei Männern, aber auch bei Frauen demonstrierte Macht und Entschlossenheit eher zum Erfolg, als höfliche Zurückhaltung.

Unabhängig von aller Art von moralischer Bewertung ist dies Grund genug für Frauen, Ihre Außenwirkung zu überdenken!

Im beruflichen Kontext wird der weibliche Kommunikationsstil häufig negativ bewertet, daher raten viele Bewerbungsratgeber zu einer ‚männlichen Sprechweise'. Dadurch werden Frauen auch wirklich als kompetenter eingestuft. Gleichzeitig beurteilt man sie allerdings auch häufig als aggressiver und unweiblicher.

Das Beste ist wie immer der goldene Mittelweg. Wenn Sie eine Frau sind, dürfen Sie das auch sein! Achten Sie aber dennoch darauf, nicht in die ‚Nettigkeitsfalle' zu treten.

Seien Sie ruhig charmant – aber auch bestimmt! Verstecken Sie sich nicht hinter einem Haufen *könnte, würde, hätte* und *vielleicht´s,* sondern sagen Sie, was Sie zu sagen haben. Achten Sie darauf, dass Sie sich nicht selber schlecht reden und Ihre Leistung nicht schmälern.

Floskeln wie *Ich glaube, dass* kann man sich abgewöhnen. Wie wäre es stattdessen mit *Ja, ich kann!*?

Verstellen Sie nicht Ihre Stimme, aber achten Sie auf Ihre natürliche Stimmlage, die mit Sicherheit sehr viel tiefer liegt, als das verlegene, aufgeregte Piepsen, zu dem manche Frauen in Stresssituationen neigen. (Mehr dazu finden Sie auf Seite 283 ff.). Achten Sie auch auf Ihre Körpersprache: Gerne freundlich und zugewandt, aber ganz sicher auch aufrecht und mit offenem Blick.

IV. Langweilen Sie Ihre Zuhörer nicht!

Ihr Anliegen im Vorstellungsgespräch ist es, Ihre Zuhörer mindestens eine Stunde lang mit Informationen über Ihre berufliche Eignung zu versorgen und sie von Ihren Argumenten zu überzeugen. Ihre Interviewpartner sollten möglichst die ganze Zeit aufmerksam und interessiert sein und alle wichtigen Punkte erfassen können. Sie selbst haben in der Hand, wie gut dies gelingen kann.

Halten Sie Ihre Redebeiträge anregend und verständlich!

Ihre Interviewer haben vor Ihnen vielleicht schon stundenlang den Ausführungen anderer Bewerber zugehört, haben sich konzentriert, haben versucht, die für die Stellenbesetzung wichtigen Informationen aus dem Redefluss herauszufiltern und wieder und wieder Selbstvorstellungen und Lebensläufe analysiert. Und nun kommen Sie.

Falls Sie nun mit monotoner Stimme, unstrukturiert und in Schachtelsätzen von Ihrem Leben erzählen, könnte man keinem Zuhörer verdenken, wenn seine Gedanken immer wieder zu interessanteren Themen abschweifen und er am Ende nur einen Bruchteil dessen erfasst hat, was Sie ihm eigentlich mitteilen wollten.

Um einen Redebeitrag verständlich und anregend zu gestalten, achten Sie auf die auf Seite 219 näher beschriebenen Grundsätze der Verständlichkeit:

- Formulieren Sie einfach statt kompliziert.
- Strukturieren Sie übersichtlich statt zusammenhanglos und gegliedert statt unübersichtlich.

- Sprechen Sie kurz und klar statt weitschweifig.
- Sprechen Sie anregend und anschaulich statt trocken.

Wenn Sie diese Kriterien nicht beachten, machen Sie es Ihren Zuhörern unnötig schwer.

Formulieren Sie zu kompliziert, sind die Hörer damit beschäftigt, Schwieriges zu entschlüsseln. Ist Ihre Rede unübersichtlich, muss Ihr Publikum sich einen logischen Pfad im Gewirr Ihrer Argumente suchen. Wenn Sie weitschweifig und langatmig bei Adam und Eva beginnen, stellen Sie die Geduld Ihrer Interviewer auf eine harte Probe und zwingen diese, Ihre Ausführungen zu filtern und Wesentliches von Unwesentlichem zu trennen. Dies alles ist anstrengend, frustrierend und demotivierend. Ist Ihr Vortrag zudem noch trocken und wenig anschaulich, verlieren Ihre Gesprächspartner leicht die Lust, sich mit Ihnen weiter auseinander zu setzen. Trotz guter Qualifikationen können Sie sich auf diese Weise leicht ins Aus manövrieren. Daher ist es so wichtig und sinnvoll, auf gute Verständlichkeit und anregende, anschauliche Sprache zu achten.

Vergleichen Sie folgende Ausführungen eines Bewerbers für eine Einstiegsposition als Personalreferent.

Variante A: ... *und dann absolvierte ich mein erstes Pflichtpraktikum, das wir machen mussten, das war also acht Wochen lang, bei Bosch von Februar – nein März bis Juni 2006. Ich wusste nicht so genau, ob das anerkannt wird, weil unser Prüfungsamt nichts dazu sagen konnte, obwohl ich immer wieder nachgefragt habe. Dort war ich in der Personalabteilung. Dann war ich in den Semesterferien bei Kaufland, weil ich Geld verdienen musste, ich habe nämlich während der vorherigen Semesterferien wegen der mündlichen Prüfungen gar nicht arbeiten können und das wird dann schwierig. Meine Eltern können mich nicht das ganze Studium hindurch komplett finanziell unterstützen, jetzt wo es auch noch Studiengebühren gibt. Und dann habe ich noch ein Praktikum bei Daimler gemacht, auch im Personal, wo ich drei Monate war, ich habe dafür ein Urlaubssemester genommen, weil ich das nicht in den Semesterferien machen konnte. Das war in Australien. Jetzt mache ich gerade meine Diplomarbeit....*

Variante B: ... *Ich habe durch zwei Praktika im In- und Ausland inten-sive Praxiserfahrungen in den Bereichen Personalauswahl und Personal-entwicklung sammeln können. Gleich nach dem Vordiplom hatte ich während eines zweimonatigen Praktikums in der Personalabteilung von Bosch Stuttgart die Gelegenheit, bei der Personalauswahl mitzuwirken. Ich war bei der Vorauswahl und den Vorstellungsgesprächen für Auszu-bildende dabei und durfte zweimal als Beobachter einem Assessment Center beisitzen. Es war sehr spannend, die Auswahl der künftigen Auszubildenden mitzuverfolgen und besonders die Assessment Center-Verfahren haben mich fasziniert. Deswegen habe ich dieses Thema für meine Abschlussarbeit gewählt und gemeinsam mit meinem Betreuer eine Gruppendiskussionsaufgabe konstruiert, die danach dann auch eingesetzt wurde.*

Um auch den Bereich Personalentwicklung kennen zu lernen und gleichzeitig meine Englischkenntnisse und meine interkulturellen Er-fahrungen zu verbessern, habe ich mich dann bei der Daimler AG in Australien beworben. Dort wurde ich für drei Monate in das Personal-entwicklungsteam aufgenommen und war an der Erstellung von Weiter-bildungsplänen und der Entwicklung eines Konzeptes für Mitarbeiter-gespräche beteiligt. Es war eine tolle Erfahrung, mit den australischen Kollegen zusammenzuarbeiten und in das Team so gut eingebunden zu werden. Ich durfte sogar am Ende ein Rhetorik-Seminar als Co-Trainerin begleiten, und das in englischer Sprache. Das war sicher die span-nendste Herausforderung, bei der ich inhaltlich und sprachlich am meis-ten gelernt habe.

Ich habe das erste Beispiel etwas überzeichnet, obwohl ich Ähn-liches durchaus auch schon in meiner Beratungspraxis gehört habe. Natürlich hilft die Ausführung A den Personalverantwortlichen wenig, um das Qualifikationsprofil des Bewerbers im Bereich Perso-nalwesen auszudifferenzieren. Einzig die mangelnde Eignung für die angebotene Stelle wird schnell deutlich.

Das zweite Beispiel (B) ist völlig anders. Der Bewerber achtet auf eine einfache, klare Sprache, gliedert seine Informationen, indem er im ersten Satz die relevanten Informationen ankündigt, um sie dann auszuführen. Relevant für die Personalverantwortlichen ist die Pra-xiserfahrung in den Bereichen Personalauswahl und Personalent-wicklung.

Die Beschreibung der beiden Praktika ist klar und anschaulich, die Informationen sind auf das Anforderungsprofil zugeschnitten. Zwar ist der zweite Text insgesamt etwas länger, er enthält jedoch sehr viel mehr einschlägige Informationen, so dass die Länge des Textes optimal ausgenützt wird. Durch die anschauliche Beschreibung und positive emotionale Bewertung der Praktikainhalte *Es war sehr spannend, die Auswahl der künftigen Auszubildenden mitzuverfolgen* wirkt die Ausführung lebendig und interessant.

V. Strategien, um das Gespräch zu steuern

Ihre Ausgangsposition

Ein Vorstellungsgespräch als Bewerber zu führen, gehört vermutlich nicht zu Ihren Lieblingsbeschäftigungen. Zwar sind Sie froh, eingeladen zu sein, aber wenn man Ihnen die Gelegenheit böte, das Interview einfach zu überspringen, würden Sie wahrscheinlich gerne zugreifen. Zwar ähnelt ein Vorstellungsgespräch in gewisser Weise einer mündlichen Prüfung, denn Sie bemühen sich ja, den Erwartungen Ihres Gegenübers so gut wie möglich zu entsprechen. Trotzdem gibt es einen entscheidenden Unterschied: Selbst wenn Sie sich gerade auf Ihre Traumstelle bewerben – Sie müssen die Stelle nicht um jeden Preis bekommen!

Das Schlimmste was Ihnen passieren kann, ist einfach nur, dass Sie die Stelle vielleicht nicht bekommen. Und wer sagt, dass dies so ein Unglück ist? Vielleicht wartet auf Sie woanders eine viel bessere und passendere Gelegenheit!

Ich möchte damit nicht ausdrücken, dass es sich nicht lohnt, sich anzustrengen. Es lohnt sich natürlich, aber denken Sie immer daran:

Sie müssen die Stelle nicht um jeden Preis bekommen!

Es kommt ebenso darauf an, ob Sie die Position überhaupt wollen. Und Sie sind kein hilfloses Opfer eines Verhörs, sondern Sie haben ebenfalls die Möglichkeit, das Gespräch zu steuern. Zudem haben Sie – anders als in manchen Prüfungen – hervorragende Möglichkeiten, sich auf das Interview vorzubereiten, dann Sie wissen, worauf es ankommt und wonach gefragt wird. Die meisten abgefragten Themengebiete können Sie, wenn Sie dieses Buch aufmerksam lesen, vorhersagen und dementsprechende Antwortstrategien entwickeln. Schließlich geht es um Sie, Ihre Kompetenzen und Ihre Eignung für die künftigen Aufgaben. Wenn Ihnen die Aufgaben und Anforderungen klar sind, können Sie Schritt für Schritt Belege für Ihre dementsprechenden Kompetenzen überlegen.

Das Bewusstsein für diese beiden Tatsachen:

- Sie müssen die Stelle nicht um jeden Preis bekommen! Sie können sich auch nach Alternativen umsehen.
- Sie können sich sehr gut auf das Gespräch vorbereiten.

ist sehr wichtig für Ihre Verhandlungsposition im Gespräch. Wahlmöglichkeiten und die Gewissheit, einer Situation nicht hilflos ausgeliefert zu sein, verleihen Stärke. Wer über keine Verhandlungsoptionen verfügt, steht mit dem Rücken an der Wand. Erst realistische Handlungsalternativen geben uns die Sicherheit, souverän zu verhandeln. Ebenso wichtig ist die Überzeugung, Einfluss auf eine Situation nehmen zu können.

An einem Beispiel sei das erläutert:

BEISPIEL: Eine selbstständige Erwachsenentrainerin bewirbt sich in Konstanz um einen Großauftrag bei einem größeren Unternehmen. Insgesamt sieht aufgrund der Wirtschaftskrise ihre Auftragslage sehr schlecht aus. Sie steht mit dem Rücken an der Wand und glaubt, um alles in der Welt diesen Auftrag bekommen zu müssen, da ihr sonst der wirtschaftliche Abstieg droht. Das aber ist die schlechteste Ausgangsposition für Verhandlungen.
Sie sollte zuerst mögliche Alternativen prüfen:
- Sie könnte sich auf dem Schweizer Markt orientieren, in der Hoffnung dort eine bessere Nachfrage vorzufinden. Dazu müsste sie vielleicht ihre Sprachkenntnisse verbessern, um ihre Trainings auch in englisch und französisch anbieten zu können, da dies in der Schweiz meist erwartet wird. Dies ist aufwendig aber durchaus lohnenswert und möglich.

- Sie könnte versuchen, eine Halbtagstelle in einem Bildungsinstitut zu bekommen und so die Rezession besser ‚überwintern' zu können und zugleich ihre kleineren Kunden weiter zu betreuen.
- Sie könnte versuchen, beispielsweise im Personalbereich eine feste Anstellung zu bekommen. Dafür müsste sie wahrscheinlich umziehen, was vielleicht nicht erfreulich aber durchaus denkbar ist.

Mit diesen realistischen Möglichkeiten in der Hinterhand kann die Trainerin nun selbstbewusst das Angebot bei dem Unternehmen abgeben und in Verhandlungen einsteigen. Nur wer die Möglichkeit hat, sagen zu können: *Ich steige aus!*, kann gleichberechtigt verhandeln. Bei einem Vorstellungsgespräch ist es nicht anders. Sie sind nicht auf die Einstellung angewiesen. Wenn Sie sich auf Ihre Möglichkeiten besinnen, haben Sie die Macht, jederzeit nein zu sagen. Mit dieser Haltung steigt nicht nur Ihr Selbstbewusstsein, sondern auch Ihre Erfolgschance.

1. Nehmen Sie Einfluss auf den Verlauf des Gesprächs

Zudem haben Sie durchaus die Möglichkeit, ein Gespräch – und das gilt auch für ein Vorstellungsgespräch – mehr oder weniger in eine gewünschte Richtung zu lenken.

Im Gegensatz zu einer Prüfung bietet ein Vorstellungsgespräch einen ganz erheblichen Vorteil: Sie wissen vorher, was ‚dran kommt'. Da Sie auf Ihre Eignung für eine Reihe spezifischer Aufgaben und Tätigkeiten geprüft werden, brauchen Sie nur das Wissen über diese Anforderungen, um die Fragethemen vorherzuahnen. Dann können Sie viele Interviewfragen voraussahnen und für sich schon einmal vorbeantworten.

Zudem geht es bei dem Bewerbungsgespräch in der Regel weniger um Faktenwissen – dieses kann man im Vorfeld den Zeugnissen entnehmen – sondern meist um schwieriger zu erfassende Persönlichkeitsmerkmale wie z. B. soziale Kompetenz, Leistungsbereitschaft oder Zuverlässigkeit. Da diese Eigenschaften abstrakter und nicht unmittelbar prüfbar sind, haben Sie als Bewerber durch geschicktes Gesprächsverhalten viel mehr Möglichkeiten, das Gespräch in gewünschte Bahnen zu lenken.

Dabei können Sie zwei unterschiedliche Strategien verfolgen:

Sicherlich gibt es für Sie als Bewerber zwei Arten von Interviewfragen:

Es gibt Fragen, die Sie leicht beantworten können und wollen, weil Sie sich damit gut präsentieren können.

Frage

Sie haben ja sehr interessante Praktika gemacht, erzählen Sie doch bitte etwas darüber.

Und dann gibt es noch unangenehme Fragen und Situationen, bei denen Sie eher schlecht dastehen:

Frage

Wie kam es, dass man Ihnen gekündigt hat?

Strategie A ist nun der Versuch, angenehme Fragen möglichst oft und unangenehme Fragen möglichst selten auftreten zu lassen.

Strategie B besteht darin, zu versuchen, aus angenehmen Fragen möglichst viel Nutzen zu erzielen und im anderen Fall den Schaden zu begrenzen.

Strategie A

Das erste Prinzip zur Befolgung der Strategie A ist trivialerweise eine gute Vorbereitung auf das Gespräch. Je besser man vorbereitet ist und je mehr Antwortstrategien man sich überlegt hat, desto weniger unangenehme Situationen wird es im Gespräch geben. Es gibt jedoch auch weitere Möglichkeiten Strategie A zu verwenden.

Sie können das Gespräch in begrenztem Umfang steuern. Je unstrukturierter das Interview ausfällt, desto mehr Möglichkeiten haben Sie, dies zu tun. Nicht selten stellt der Interviewer eine Frage, die in den Nachbarbereich eines Gebietes fällt, mit dem Sie vielleicht glänzen können. Wenn Sie beispielsweise nach einer bestimmten beruflichen Erfahrung gefragt werden, über die Sie leider nicht verfügen, könnte es sein, dass Sie gerne eine andere, mindestens ebenso wichtige Erfahrung gerne zum Besten geben möchten. Nun können Sie entweder direkt von Ihrer anderen Erfahrung berichten – auf die Gefahr hin, dass der Fragesteller auf die eigentliche Frage beharrt – oder aber Sie versuchen die eigentliche Frage so gut wie möglich zu beantworten und lassen dabei einen eindrucksvollen Hinweis auf das gewünschte Gebiet einfließen.

…die eben beschriebene Erfahrung habe ich während meines Praktikums in Tokyo, wo ich die Arbeitsgruppe XY geleitet habe, auch gemacht.

Höchstwahrscheinlich wird der Fragesteller auf diese neue ‚Fährte' eingehen und Sie zum Erzählen animieren. Dies tun Sie dann so ausführlich, wie es für Ihre Selbstdarstellung nützlich ist.

Eine andere Möglichkeit ist es, konkrete Fragen möglichst schnell auf eine allgemeine Ebene zu bringen, in der man sich auskennt. Werden Sie nach einem bestimmten Statistikprogramm gefragt, das sie nicht kennen oder beherrschen, referieren Sie über die Wichtigkeit statistischer Verfahren in ihrem Arbeitsgebiet. Geht es um die Beherrschung einer bestimmten Fremdsprache, die nicht zu Ihren Stärken gehört, schildern Sie Ihre internationalen Erfahrungen. Wenn Sie Glück haben, geht der Interviewer darauf ein. Dies geschieht dann, wenn Ihr Gegenüber Feuer fängt, falls dies nicht geschieht, kann es Ihnen zumindest nicht schaden und war einen Versuch wert.

Nicht immer sind Ihre Interviewer Experten in Ihrem Arbeitsgebiet. Wenn Sie das Gefühl haben, dass Sie ein Spezialwissen besitzen, das Ihr Gegenüber nicht in dem Maße hat, können Sie vielleicht auch dies als Möglichkeit nutzen, das Gespräch zu steuern. Fragen Sie z. B.

Soll ich diesen Punkt weiter erläutern?

Ein aufgeschlossener Fragesteller wird Sie vielleicht dazu auffordern, und ist meist positiv beeindruckt, wenn Sie mehr wissen als er.

Denn er hat schließlich das Gefühl, viel zu wissen und wenn Sie dann noch mehr wissen, hält er Sie für sehr kompetent.

Auch ist es sehr hilfreich, ein Lieblingsthema eines Interviewers zu treffen, in dem auch Sie sich auskennen. Dies können Themen aller Art sein. Sobald Sie beide so richtig ins Reden kommen, wird Ihr Gesprächspartner Sie sehr sympathisch finden, denn wahrgenommene Gemeinsamkeiten erzeugen Sympathie. Erkundigen Sie sich daher, wenn Sie die Möglichkeit dazu haben, nach den Fachgebieten, Aufgaben und Interessen Ihrer Fragesteller und informieren Sie sich über etwaige gemeinsame Themen. Oft hören Sie diese Lieblingsthemengebiete einzelner schon aus dem Gespräch heraus. Die Art der Fragestellungen und Erläuterungen des Fragenstellers können nützliche Hinweise liefern. Gehen Sie darauf ein und zeigen Sie Interesse, indem sie nachfragen und Ihre möglichst kompetente Meinung zum Besten geben. Es hat schon Vorstellungsgespräche gegeben, bei denen der Interviewer eine Stunde lang begeistert referiert hat und der Bewerber nur interessiert nicken und beipflichten musste, um die Stelle zu bekommen.

Strategie B

Wie kann es Ihnen gelingen, aus positiven Fragen möglichst viel Nutzen zu ziehen und bei unangenehmen Fragen den Schaden zu begrenzen?

Erwünschte Fragen: Ideal sind Fragen, die es Ihnen erlauben, sich selbst im besten Licht zu präsentieren. Die beste Methode dies zu tun und Ihre Stärken und Kompetenzen überzeugend darzustellen, besteht aus zwei Schritten:

- Zuerst machen Sie sich klar, welche Anforderungen an den künftigen Stelleninhaber gestellt werden, denn dies sind die Kompetenzen, nach welchen Sie beurteilt werden.

- Nun überlegen Sie sich aussagekräftige Beispiele aus Ihrem Lebenslauf, mit denen Sie die gewünschten Eigenschaften belegen können.

Bekanntermaßen sehr viel besser als die plumpe Behauptung, Sie seien ja so organisationsstark, ist die überzeugende Schilderung einer

Begebenheit, in der Sie Ihr Organisationstalent bravourös unter Beweis gestellt haben. Wie genau Sie das am besten machen, finden Sie auf Seite 61 ff. Wichtig dabei ist Folgendes: Lassen Sie Ihr Publikum aus den geschilderten Tatsachen seinen Schluss selbst ziehen: Sie sind organisationsstark (oder führungsstark, teamfähig etc. – je nach Beispiel). Jeder glaubt schließlich die Fakten, die er sich selbst erschließt sehr viel mehr als jene, die von anderen behauptet werden.

Unangenehme Frage: Unschön finden Sie sicherlich vor allem Fragen, die auf Ihre Schwachstellen zielen.

Nobody is perfekt – und das brauchen Sie auch nicht zu sein. Wichtig ist, dass Sie souverän damit umgehen.

Die Erklärung von Schwachstellen

Bemühen Sie sich, gute und plausible Begründungen für befürchtete oder tatsächliche Schwachstellen in Ihrem Lebenslauf zu finden und vorzubereiten. Wenn Sie also beispielsweise Ihr Studium abgebrochen haben, sehr lange studiert haben oder nicht besonders gute Noten erzielt haben, brauchen Sie eine überzeugende Erklärung dafür. Vielleicht haben Sie überdurchschnittlich viele und gute praktische Arbeitserfahrungen gesammelt und deshalb etwas länger gebraucht? Vielleicht waren Sie sozial sehr engagiert? Dann vertreten Sie dies voller Überzeugung! Wenn man Sie nach Lektüre Ihres Lebenslaufs nicht als potenziell geeignet sehen würde, hätte man Sie nicht eingeladen.

Bewährt hat sich folgendes Vorgehen:

- Greifen Sie das Problem auf – beispielsweise das lange Studium.
- Nennen Sie Gründe – z. B. Ihre praktischen Erfahrungen.
- Beschreiben Sie die Vorteile, die dies dem Arbeitgeber bringt – die dabei erworbenen Kompetenzen
- Halten Sie das Ergebnis fest – Ihre Eignung!

Der Umgang mit Einwänden

Mindestens ebenso unschön sind pauschale Einwände gegen Ihre Eignung.

Frage

Sind Sie nicht zu...?

Es gibt jedoch eine ganze Reihe an Techniken, um mit Einwänden und unangenehmen Fragen umzugehen. Denn auch auf diese kann man sich gut vorbereiten. Überlegen Sie sich eine Liste mit Fragen, die Ihnen unangenehm oder peinlich wären oder Ihnen schlichtweg Angst machen würden. Und dann überlegen Sie sich gute Antwortstrategien. Dabei helfen Ihnen folgende Grundsätze:

Bleiben Sie stets sachlich und diplomatisch und bewahren Sie vor allem Haltung und Gelassenheit.

Nehmen Sie sich Zeit und durchdenken Sie, was Sie sagen wollen. Lassen Sie sich nicht zum Ausplaudern von Dingen verführen, die Sie eigentlich nicht mitteilen wollten. Dazu gehört auch, dass Sie kurze Gesprächspausen aushalten und sich nicht vorschnell um Kopf und Kragen reden.

Bereiten Sie sich auf die häufigsten Einwände vor: Erfahrungsgemäß sind dies: Zu lange studiert oder im Gegenzug zu unerfahren, zu alt oder zu jung, überqualifiziert oder unterqualifiziert, zu geradliniger Lebenslauf oder zu viele Brüche, männlich oder weiblich usw. Diese Einwände sind nicht zufällig gegensätzlich gewählt, sondern zeigen, dass man aus jeder Eigenschaft ein ‚zu' machen kann. Lassen Sie sich also nicht verunsichern, sondern kontern Sie wohl begründet.

Folgende rhetorische Techniken können Ihnen dabei nützen:

- *Ja, aber.* Dies ist die wohl bekannteste Methode, Einwänden zu begegnen: Zuerst geben Sie Ihrem Gegenüber recht (ja), bringen dann aber Ihr Gegenargument (aber).

BEISPIEL: *Ja, Sie haben natürlich recht: Der Vorteil eines erfahreneren Mitarbeiters liegt auf der Hand. Andererseits besitzt ein jüngerer Mitarbeiter, der mit den neusten Technologien ausgebildet von der Universität kommt, aktuellere Fachkenntnisse und kann dadurch..... Ich denke, die Vorteile eines jüngeren Kandidaten überwiegen hier ganz deutlich.*

■ Die **Umformulierung**: Dabei entschärfen Sie den Einwand durch eine geschickte Umformulierung.

BEISPIEL: Ihr Interviewer wendet ein, dass Sie als Absolvent eines geisteswissenschaftlichen Studienganges für eine Stelle mit betriebswirtschaftlicher Ausrichtung vielleicht nicht geeignet seien.
Ihr Antwort: *Wenn ich Sie richtig verstanden habe, dann kommt es Ihnen vor allem auf Kenntnisse und Erfahrung im Bereich Projektmanagement und Finanzplanung an. Diese kann ich vorweisen durch mein Praktikum eines internationalen Unternehmens, wo ich selbstständig das Projekt XY plante, kalkulierte und durchführte...*

So können Sie mit Ihren Erfahrungen argumentieren und die Kriterien betonen, mit denen Sie glänzen können.

■ **Die Verzögerungstaktik**: Sie greifen den Einwand auf, indem Sie ankündigen, gleich darauf einzugehen, vorab aber noch dies und jenes sagen, erklären oder fragen zu wollen – was Sie dann auch unaufgefordert tun. Wenn Sie dies geschickt anstellen, können Sie das Gespräch auf ein Themengebiet lenken. Dies schenkt Ihnen Zeit zu überlegen und im besten Fall wird der Fragesteller seinen Einwand sogar vergessen.

BEISPIEL: *Das ist ein wichtiger Punkt auf den ich gleich eingehen werde. Vorher möchte ich nur noch einmal darauf hinweisen, dass... Wichtig ist auch zu wissen, dass...* usw.

■ **Die Gegenfrage**: *Worauf genau zielt Ihre Frage? Was genau meinen Sie?*
Mit Fragen dieser Art gewinnen Sie Zeit, um Ihre Antwortstrategie zu durchdenken und um die eigenen Argumente besser vorbereiten zu können.

Auf unangenehme Fragen müssen Sie vorbereitet sein. Sie müssen Ihnen aber nicht schaden. Ein aufmerksamer Interviewer wird verständlicherweise mögliche Kritikpunkte ansprechen, lässt sich aber von guten Erklärungen überzeugen. Auf diese Weise betreiben Sie Schadensbegrenzung bei unangenehmen Fragen und führen gleichzeitig den Interviewer hin zu Ihren Stärken.

VI. Ihre Wirkung

Stellen Sie sich Folgendes vor:

Sie betreten den Raum, in dem das Vorstellungsgespräch stattfinden wird. Alle Blicke sind auf Sie gerichtet – in Faszination! Sie strahlen Kompetenz, Souveränität und Energie aus. Als Sie Ihre Gesprächspartner anlächeln, strahlen deren Augen und nachdem Sie sich mit eleganter Bewegung gesetzt haben, spüren Sie die Anerkennung der Anwesenden… Den Job haben Sie in der Tasche!

Klingt gut? Es gibt Menschen, denen es tatsächlich gelingt, eine solche Präsenz zu erzeugen. Ein aktuelles Beispiel ist US-Präsident Barak Obama. Dieser Mann hat Charisma – aber auch seine Tricks, um dies zu zeigen.

Ihr Ziel ist es sicherlich ebenfalls, Kompetenz und Souveränität auszustrahlen. Genauso wichtig sind aber auch Ihre Aktivität, Ihre Begeisterungsfähigkeit und Ihre positive Ausstrahlung. Der persönliche Eindruck, den Sie hinterlassen, setzt sich zusammen aus dem, was Sie und wie Sie es sagen. Das ‚Wie' unterschätzen vor allem Frauen aber auch viele Männer häufig. Frauen wirken oft unsicher und schwächen ihre Aussagen durch sprachliche ‚Weichmacher wie *eigentlich*, *ich denke* oder *ein bisschen*. Prüfen Sie mithilfe eines Aufnahmegeräts, ob Sie dazu neigen und ändern Sie dies. Achten Sie auch auf selbstabwertende Äußerungen, wie: *Ich habe da leider keinerlei Erfahrungen. Ich werde mich aber bemühen,…*

Besser ist zu sagen:

Ich bin sicher, dass ich mich sehr schnell in die Materie einarbeiten werde.

Männer neigen bei Unsicherheit oft zu einem betont sachlichen und nüchternen Referatsstil und vermeiden alle persönlichen oder (positiv) emotionalen Ausdrucksformen. Sie verzichten beispielsweise auf Beispiele und lassen kein Interesse oder Begeisterung am Thema erkennen.

Ein ideales Mitglied eines Unternehmens sollte aber Selbstbewusstsein, Tatkraft und Optimismus besitzen, um als Führungskraft sein Team motivieren und begeistern zu können und neue Aufgaben tatkräftig anzugehen.

Um Optimismus auszustrahlen, ersetzen Sie negative Formulierungen durch positive, statt:

An der schlechten wirtschaftlichen Situation wird sich in den nächsten Jahren leider nichts ändern.

besser

Auch wenn die Aussichten auf eine positive Entwicklung besser sein könnten, werde ich mich mit Ihrer Unterstützung dafür einsetzen, dass …

Eine Analyse der Wahlreden amerikanischer Präsidentschaftskandidaten (1948–1984) ergab, dass mit einer Ausnahme jeweils der optimistischere Kandidat gewann.

Dazu gehört gute Rhetorik, damit beschäftigen wir uns näher auf Seite 255 ff., und die richtige Ausstrahlung.

Ausstrahlung ist keineswegs einfach so angeboren, sie entsteht durch eine Reihe bewusster oder unbewusster Signale. Dazu gehören Körperhaltung, Gestik und Stimme.

1. So erzeugen Sie Wirkung

Die Basis Ihrer Ausstrahlung ist Ihre innere Haltung.

Übung

Schreiben Sie hier acht Adjektive auf, die beschreiben, wie Sie wirken wollen:

_____

_____

_____

_____

_____

_____

_____

Gelingt es Ihnen immer, von anderen so gesehen zu werden? Wahrscheinlich nicht.

Oft sind Sie vielleicht unsicher, müde, lustlos, albern, schlecht gelaunt etc. Und das sieht man Ihnen an!

Wenn Sie aber zum Beispiel dynamisch, kompetent, selbstsicher, attraktiv (ja, das hat viel mit Ihrem Auftreten zu tun!) und sympathisch wirken möchten, müssen Sie sich in die dazu passende innere Einstellung versetzen.

Dies können Sie tun, indem Sie in die dazu passende Rolle schlüpfen. Jeder von uns agiert täglich in vielen verschiedenen Rollen: Witziger und unkonventioneller Freund seiner Freunde, erwachsenes Kind seiner Eltern, das sich dennoch bekochen lässt, seriöse und kompetente Angestellte, dynamische Trainerin der Sportmannschaft, vielleicht schon Mutter oder Vater des eigenen Kindes (falls Sie demnächst Eltern werden, werden Sie sich wundern, was für Rollen in Ihnen stecken) etc.

Diese Rollen gehören alle zu Ihrer Persönlichkeit, jede hat ihre Berechtigung, aber Sie wenden Sie natürlich gezielt je nach Situation an.

Welche Facetten Ihrer Person passen nun also zu einem Vorstellungsgespräch?

Überlegen Sie sich dies selbst – am besten mit den Eigenschaften, die Sie oben aufgeschrieben haben. Auf jeden Fall sollten einige davon Energie, ein positives Weltbild und Interesse beinhalten. Wenn dazu noch Souveränität und Witz kommen – perfekt!

Wenn Sie diese Eigenschaften in sich haben – und das ist anzunehmen – dann rufen Sie sie auf! Versetzen Sie sich in die Rolle der selbstbewussten Leistungsträgerin hinein und Ihr Körper sendet automatisch die passenden Signale. Sie werden sich unwillkürlich aufrichten und ‚Haltung annehmen‘. Sie blicken Ihr Gegenüber in die Augen und strahlen Kompetenz aus.

Ihre Haltung

Sie können sich Ihren ganzen Körper als ein Instrument vorstellen, das unbewusst sendet. Ihre innere Haltung drückt sich aus in Ihrem äußeren Ausdruck.

Ebenso können Sie durch Ihre Körperhaltung und Ihre Mimik Ihre innere Haltung beeinflussen. Psychologische Experiment zeigen, dass zum Beispiel selbst ein künstlich herbei geführtes Lächeln die Stimmung der Teilnehmer verbessert.

Achten Sie auf einen festen Standpunkt. Stehen oder sitzen Sie mit beiden Beinen fest nebeneinander auf dem Boden. Stellen Sie sich vor, durch Ihre Füße wachsen Wurzeln, die Sie fest mit dem Boden verbinden und Ihnen Halt geben.

Richten Sie sich auf. Nehmen Sie die Schultern zurück und heben Sie den Kopf. Nehmen Sie eine ‚königliche Haltung‘ ein. Sie werden merken, allein die Position Ihres Körpers gibt Ihnen Selbstvertrauen.

Der Trick einer als souverän wirkenden Haltung ist folgender:

Einige Stellen Ihres Körpers stehen unter Spannung, während andere bewusst entspannt werden.

Spannen Sie Ihr Gesäß an und richten Sie das Becken auf. Dadurch wird der obere Teil des Körpers ebenfalls aufgerichtet, kann aber locker bleiben. So können Sie lässig gestikulieren, ohne zu verkrampfen. Dadurch wirken Sie wach, aufmerksam aber entspannt – mit einem Wort souverän und selbstsicher.

Gestik ist wichtig – achten Sie aber darauf, dass Sie synchron gestikulieren. Setzen Sie beide Arme und Hände ein und rudern Sie nicht nur mit einem Arm.

Auch im guten Sitzen halten sich Spannung und Lockerheit die Waage.

Auch hier ist Ihr Gesäß angespannt und der Beckenbereich aufgerichtet.

Von dieser Grundhaltung aus können Sie variieren. Sie können sich je nach Situation vorbeugen oder zurücklehnen, halten aber immer aufrechte Spannung im Becken.

Der Blickkontakt

Eine der wichtigsten und wirkungsvollsten Verhaltensweisen in einem Vorstellungsgespräch ist der Blickkontakt. Jemandem, der Ihnen nicht in die Augen sieht, würden sie doch auch kaum vertrauen, nicht wahr? Dennoch gibt es erschreckend viele Bewerber, die krampfhaft jeden Augenkontakt mit den Interviewern vermeiden und lieber auf den Boden oder hektisch im Raum herum blicken. Dies hat meines Wissens nur äußerst selten zu einer Einstellung geführt.

Sie sollten den Blickkontakt mit Ihrem Gegenüber stets angemessen halten, natürlich ohne Ihr Gegenüber zu hypnotisieren. Wenn Sie, wie es meist der Fall ist, mehreren Personen gegenübersitzen, gehört die Aufmerksamkeit grundsätzlich demjenigen der gerade spricht. Sehen Sie Ihrerseits während Ihrer Antworten abwechselnd jedem Beteiligten ins Gesicht. Zum Einen gebietet dies die Höflichkeit, des Weiteren signalisiert ein souveräner Blickkontakt Selbstbewusstsein und Sicherheit. Außerdem wissen Sie nie, ob die schweigsame Dame in der hinteren Ecke nicht in Wahrheit die höchste Vorgesetzte und damit die Entscheiderin ist.

Tipp

Es gibt einen wunderbaren Trick, Blickkontakt zu simulieren, falls Sie Probleme haben, jemanden länger anzuschauen. Schauen Sie einfach auf die Nasenwurzel Ihres Gegenübers. So könnten Sie theoretisch stundenlang ohne Nervosität schauen und jeder Mensch empfindet das als intensiven Blickkontakt.

Ihre Stimme

Was macht ein Schauspieler, um sein Publikum stimmlich zu erreichen? Er kann ja nicht immer laut sprechen, ein gebrülltes Liebesflüsterwort verfehlt vermutlich nicht nur bei der Angebeteten seine Wirkung.

Er achtet auf professionelle Sprechtechnik. Dies sollten Sie auch tun, da Ihre Stimme einen nicht zu unterschätzenden Einfluss darauf hat, wie Sie wahrgenommen werden.

Jede Stimme besitzt eine ganz persönliche und dennoch wandelbare Ausstrahlung. Zwar sind Stimmen (glücklicherweise) nicht beliebig manipulierbar, aber ungeschulte Sprecher schöpfen ihr individuelles Stimmpotenzial in der Regel nur zu höchstens 40 Prozent aus. Dabei gilt die Stimme schon seit Urzeiten als Ausdruck Ihrer Persönlichkeit. Schade drum oder?

Mit etwas Übung können Sie die Ausstrahlung Ihrer Stimme optimieren. Dies ist eine sehr lohnenswerte Investition in Ihr weiteres Berufs- und Privatleben.

Eine Vorrausetzung für einen guten Stimmausdruck ist eine entspannte, aufgerichtete Körperhaltung, durch die der Atem frei strömen kann, und die sogenannte professionelle Sprechatmung. Dies ist die sogenannte Ringatmung im körperlichen Zentrum. Sie atmen also aus dem (entspannten) Bauch heraus und nicht nur oben aus der Brust.

Die meisten Menschen verfallen, insbesondere wenn sie unter Spannung stehen, in die verkrampfte und kurze Hochatmung. Als Resultat klingt die Stimme hoch, flach und gepresst, weil der Atem verkürzt ist und ein Überdruck entsteht, der einem sprichwörtlich ,die Kehle zuschnürt'.

Dies klingt nicht besonders vertrauenserweckend und überzeugend.

Auch Niedergeschlagenheit oder Müdigkeit machen eine Stimme ausdruckslos, nehmen ihr Höhen und verhindern eine lebendige Modulation. Dies kommt durch mangelnde Körperspannung, die sich sehr hörbar auf die Qualität der Stimme auswirkt.

Um Ihre gefühlte Nervosität und deren Ausdruck in Ihrer Stimme in den Griff zu bekommen, empfiehlt sich folgendes Experiment:

Übung

Versetzen Sie sich in eine Situation, in der Sie aufgeregt sind, sei es eine schwierige Prüfung oder eben Ihr kommendes Vorstellungsgespräch. Bemühen Sie sich richtig, die Nervosität zu spüren, steigern Sie sich hinein. Schalten Sie nun ein Aufnahmegerät ein oder lassen Sie sich optimalerweise filmen. (Die auf Sie gerichtete Kamera macht Sie nervös? – um so besser!)
Halten Sie jetzt eine Stegreifrede. Vermutlich gehen Sie in Hochatmung und Ihre Stimme klingt dementsprechend wenig ausdrucksvoll.

> Jetzt sagen Sie sich selbst: ‚Stopp!' und atmen Sie tief mit dem ganzen Bauch. Sprechen Sie weiter. Ihre Stimme wird sich anders anhören – dies wird Ihnen Ihre Aufnahme anschließend belegen. Aber noch etwas hat sich vermutlich verändert: Sie fühlen sich ruhiger.

Wenden Sie dies so oft wie möglich an, wenn Sie sich wirklich in aufregenden Situationen befinden. Nach kurzer Zeit haben Sie eine erprobte und bald schon automatisierte Methode, in Stresssituationen souverän sprechen und agieren zu können.

Die richtige Stimmlage

Kennen Sie die Synchronstimmen von Jean Connery, Sophia Loren oder Robert de Niro? Wenn diese sich im Vorstellungsgespräch präsentieren würden und dabei einigermaßen in das ausgeschriebene Profil passen würden, stünden ihre Chancen sicher nicht schlecht…

Und warum? Weil sie alle extrem ausdrucksstark, entspannt und souverän klingen. Jeder dieser Sprecher nutzt seine richtige Stimmlage und seinen Stimmumfang perfekt aus. Und das lässt sich lernen.

Jeder Mensch hat seine eigene natürliche Tonlage, die sogenannte Indifferenzlage. Diese liegt bei manchen höher, bei anderen tiefer. Eine Stimme wirkt dann optimal, wenn sie bis zu etwa einer Quinte (fünf Tonstufen) um diese Tonlage herum angesiedelt ist. Dies klingt nicht nur entspannt und natürlich, sondern schont auch die Stimme.

Auch wenn Sie sich nicht als Sängerin bei der Zürcher Oper bewerben, hat es durchaus Vorteile, wenn Sie nicht wie die Schwester von Minnie-Maus klingen.

Zuerst kommt es darauf an, die eigene richtige Indifferenzlage zu finden. Dabei hilft Ihnen folgende Übung:

Übung

> Stellen Sie sich vor: Sie trinken ein gutes Glas Wein (oder was auch immer Sie bevorzugen) und summen dabei genüsslich *hmmmmmm*. Dies ist der untere Bereich Ihrer Stimmlage. Von dort aus beginnt Ihre Stimmmelodie. Idealerweise hebt sich Ihre Stimmlage bei Erregung wie zum Beispiel Begeisterung an, stei-

> gert sich bis zur Pointe der Aussage und sinkt danach wieder auf den ursprünglichen unteren Tonbereich. Dieses Vorgehen ist wichtig, da mit der Variation der Stimmhöhe, Emotionen ausgedrückt und erzeugt werden.

Viele Redner begehen jedoch einen typischen Fehler, der ihrer Rede die Wirkung nimmt. Sie beginnen richtig in der Indifferenzlage, steigern gemäß der Dramaturgie ihrer Aussagen die Tonhöhe, versäumen jedoch danach, die Stimme wieder zu senken. Bei der nächsten dramatischen Wende müssen sie daher ihre Stimme noch weiter heben und wieder bleiben sie auf diesem Niveau. Auf diese Weise schrauben sie ihre Stimme hoch, bis sie schrill und unangenehm klingt und man auch trotz möglicherweise guter Redeinhalte nicht mehr zuhören kann.

Das ist leicht zu verhindern. Achten Sie bei Ihren Redebeiträgen darauf, dass Sie nach jedem Höhepunkt wieder in die tiefe Stimm-Ausgangslage zurückkehren.

Um Ihren Stimmgebrauch hörbar zu optimieren, genügt es oft schon, sich die eigenen Fehlhaltungen wie z. B. eine zu hohe oder zu schlaffe Körperspannung, falsche Atmung oder ungünstige Tonlage bewusst zu machen. Versuchen Sie so oft Sie daran denken, sich aufzurichten, in den Bauch zu atmen und Ihre richtige Tonlage zu finden. Nach einer Weile wird Ihnen dies ganz natürlich vorkommen und auch in einer Stresssituation, wie einem Vorstellungsgespräch, gelingen.

Sympathie erzeugen

Neben Kompetenz, ist Sympathie ein ganz entscheidender Faktor im Entscheidungsprozess um einen neuen Mitarbeiter.

Natürlich muss die neue Kollegin kompetent sein. Das ist die Voraussetzung. Aber möchte ich auch mit ihr zusammenarbeiten? Kann ich mir vorstellen, sie täglich zum Mittagessen oder am Kaffeeautomat zu treffen? Werden die anderen im Team oder die Kunden sie mögen?

Nur wenn Ihre potenziellen künftigen Vorgesetzten und Kollegen diese Fragen für sich mit ja beantworten, werden sie für Sie stimmen.

Würden sie das nicht genauso tun?

Sympathie entsteht vor allem durch folgende drei Komponenten:

- Die äußerliche Attraktivität einer Person
- Die wahrgenommene Ähnlichkeit mit der eigenen Person und vor allem – und das haben Sie komplett in der Hand –
- das Gefühl, vom Anderen gemocht zu werden.

Ihre Attraktivität können Sie durch ein gepflegtes Äußeres unterstreichen, Ähnlichkeit erzeugen Sie durch das Aufgreifen von Gemeinsamkeiten (siehe Seite 28) und das Gefühl, gemocht zu werden, erzeugen Sie durch ein Lächeln.

Dies heißt natürlich nicht, dass Sie eine Stunde lang wie ein Honigkuchenpferd grinsen sollten. Wenn Sie zum Beispiel wichtige Inhalte prägnant vorbringen, dann lächeln Sie nicht, sondern unterstreichen mit Ihrer Mimik die Relevanz des Gesagten.

Aber achten Sie darauf, dass Sie in den entscheidenden Momenten lächeln, und dies sind der Anfang und das Ende des Gesprächs.

Bevor Sie also in den Raum hineingebeten werden, in dem das Gespräch stattfindet, lächeln Sie erst einmal für sich selbst. Sie sind schließlich ausgewählt worden als aussichtsreiche Kandidatin. Dies könnte ein angenehmes Gespräch werden! Zeigen Sie den Anwesenden, dass Sie sich über die Einladung freuen. Auch zum Abschied haben Ihre Gesprächspartner ein herzliches Lächeln verdient. Wie auch immer die Entscheidung ausgeht, man hat Ihnen eine Chance gegeben, für die Sie sich bedanken!

VII. Exkurs: Körpersprache bei Frauen

Die Kollegin hatte die besseren Argumente aber der männliche Kollege konnte sich vor dem Chef durchsetzen – kommt Ihnen diese Situation bekannt vor?

Woran lag es? War die Kollegin prinzipiell schlechter qualifiziert? Hat sie einen schlechteren Ruf? Nein! Das war es nicht. Aber als die Kollegin Ihren guten Beitrag äußerte, sprach sie mit hoher dünner

Stimme. Am Ende jedes Satzes hob sie die Stimme und ihre Haltung drückte ‚*bitte sei mir nicht böse!*' aus. Gespickt mit ein paar Konjunktiven ‚*man könnte …*' einigen ‚*vielleicht*'s und einem schüchternen Lächeln machte sie jede Wirkung ihres eigentlich wirklich guten Vorschlags zunichte.

Anders der Kollege. Breitbeinig saß er da, die Arme lässig auf dem Tisch ausgebreitet, mit ernster Miene sagte er, dem Chef in die Augen sehend, mit Überzeugung: ‚*Wir sollten das anders machen*'. Der Vorgesetzte stimmte ihm zu. Übrigens auch die anwesenden Frauen.

Was machen viele Frauen anders?

Die weibliche Stimmlage

Tiefere Stimmen werden in der Regel sowohl von Männern als auch von Frauen als sicherer, überzeugender und dominanter wahrgenommen. Hohen, schrillen Stimmen unterstellt man eher Unsicherheit, Kindlichkeit, während tiefere Stimmen als vertrauenswürdig und erfahren gelten.

Ganz allgemein hat sich in Deutschland die Präferenz nicht nur bei männlichen als auch bei weiblichen Stimmen auf eine eher tiefe Tonlage ausgebildet. Das war nicht immer so. Wenn Sie Filme aus den 40er und 50er Jahren ansehen und -hören, werden Sie merken, dass die Schauspielerinnen weit höhere Stimmen haben, als dies in heutigen Filmen der Fall ist. In vielen Kulturkreisen, etwa in Asien, gilt es für Frauen auch heute noch als erstrebenswert, eine hohe Stimme zu haben.

Personen mit höheren Stimmen werden bei uns in der Regel als geringer qualifiziert, schüchterner und als weniger dominant eingeschätzt.

Ebenso im Vorteil sind Menschen mit kräftiger Stimme. Sonore tiefe Stimmen werden von vielen Beurteilern als besonders überzeugend wahrgenommen. Dünnere Stimmen assoziiert man eher mit Unsicherheit und Zurückhaltung.

Dies ist verständlich, denn nicht nur die rein physikalischen Eigenschaften, sondern auch das innere Befinden beeinflusst den Klang der Stimme. Unsicherheit und Angst verändern die Stimme, lassen sie höher, dünner und zitternder klingen.

Was tun? Natürlich sollen Sie Ihre Stimme nicht in die Tiefen eines John Wayne zwingen, passen Sie aber auf, dass Ihre Stimme nie schrill oder piepsig klingt.

Achten Sie als Frau also umso mehr darauf, dass Sie auch bei Aufregung immer wieder in Ihre Indifferenzlage finden, denn eine sich immer höher schraubende Stimme klingt bei einer Frau unsouveräner als bei einem Mann.

Die Körpersprache

Frauen machen sich schmal und unauffällig, Männer machen sich breit! Die Körpersprache von Frauen sagt *Ich bin freundlich, harmlos und möchte gefallen*. Die der Männer drückt aus: *Ich bin wichtig*! Finden Sie dies ungerecht? Vielleicht – aber wenn selbst Frauen eher den dominanten Mitarbeiter vor der bescheidenen Mitarbeiterin befördern – und das tun sie – dann sollten Sie als Frau, wie man so schön sagt, mit den Wölfen heulen – und auf die Signale Ihres Körpers achten!

Worin unterscheidet sich die Haltung von Männern und Frauen

Haltung und Wirkung von Männern und Frauen

Männer		Frauen	
Haltung	Wirkung	Haltung	Wirkung
Breitbeiniger Stand	Selbstsicherheit	Schmale Entlastungshaltung: Das Gewicht auf einem Bein, ein Fuß leicht seitlich vorgestellt, Ellbogen eng am Körper.	Schmal, zerbrechlich
Lässige Haltung Große Schritte, breitbeinig	Souverän, cool Wichtig, beschäftigt	Kleine Schritte, Füße auf einer Linie, Arme eng am Körper	Elegant, hübsch aber schwach
Raumgreifende Sitzhaltung	wichtig	Sitz mit übergeschlagenen Beinen	Schmal, elegant aber nicht stabil
Breite Gestik, nimmt mit den Armen Raum ein	entschlossen	Ellenbogen am Körper, Gestik nur aus den Unterarmen	Hübsch aber zurückhaltend

Männer		Frauen	
		Verlegenheitsgesten: Spielen mit Haarsträhnen, Streichen der Locken aus dem Gesicht, Hand vor dem Mund	Schüchtern,
Ernste, ‚wichtige' Miene	dominant	Häufiges Lächeln	Charmant, attraktiv, unsicher
Gerade gestellter Kopf	dominant	Schräggestellter Kopf	

Wirkung von Männern und Frauen

Männer	Frauen
kompetent, tough	sympathisch, nett
hart und aggressiv	zu weich fürs Business
forsch bis dominant	zurückhaltend, brav
arrogant	unterwürfig

Fazit

Die Aussage und Wirkung der Körperhaltung und Gestik von Männern und Frauen unterscheidet sich grundlegend:

■ Männer unterstreichen ihre Kompetenz und ihre Wichtigkeit.

■ Frauen werben um Sympathie und betonen ihre Attraktivität.

Gerade Sympathie ist sehr wichtig, aber Kompetenz und Durchsetzungsfähigkeit dürfen gerade bei angehenden Führungskräften nicht fehlen. Mit Nettigkeit allein punkten Sie nur im Privatleben, nicht aber im Beruf. Daher ist es sicher nicht dumm, sich einige typisch männliche Verhaltensweise abzuschauen.

Sollen Sie als Frau jetzt mit aufgeblähter Brust und breitbeinig hereinstolzieren und Ihren Interviewpartnern mit einem harten Handschlag und einem rauen Begrüßungsruf entgegentreten?

Sicher nicht! Aber Sie sollten genauso wenig mit zögernden, trippelnden Schrittchen in den Interviewraum hereinhuschen, zögernd stehen bleiben und mit gesenktem Blick und hohem dünnen Stimmchen Hallo hauchen! Sie finden das klingt wie eine Karikatur und so etwas würden Sie nie tun? Hoffentlich nicht, aber leider habe ich schon viele Bewerberinnen auf diese Weise gesehen. Und kennen Sie die kalte schlaffe Begrüßungshand?

Auch ich als Frau kann nicht umhin, einer Bewerberin, die ich auf die geschilderte Weise kennen lerne, nicht besonders viel zuzutrauen.

Richten Sie sich auf! Nehmen Sie die Schultern zurück und heben Sie den Kopf. Sie sind schließlich als positiv bewertete Kandidatin eingeladen worden! Geben Sie sich einen Ruck und zeigen Sie Energie. Dabei brauchen Sie Ihre Weiblichkeit nicht verleugnen. Seien Sie charmant – aber auch bestimmt! Sie sind keine Bittstellerin. Treten Sie als gleichberechtigte Verhandlungspartnerin auf und man wird Sie entsprechend behandeln.

VIII. Sei doch einfach wie Du bist?

Besonders wenn Sie sich zum ersten Mal auf ein Vorstellungsgespräch vorbereiten, schwirrt Ihnen nach der Lektüre dieses und anderer Ratgeber vermutlich der Kopf vor lauter Ratschlägen, auf was Sie während des Vorstellungsgesprächs alles achten sollten. Sie treffen auf unzählige Verhaltensregeln, die sich um Ihr Auftreten, Ihre Wortwahl und Ihre Körpersprache drehen. Gleichzeitig hören Sie von wohlmeinenden Menschen immer wieder: Sei wie Du bist! Verhalte Dich natürlich, dann klappt das schon.

Wie passt das zusammen? Wie kann man gleichzeitig natürlich sein und dabei seine Sprache, Gestik und Mimik kontrollieren?

So wie ich das eben dargestellt habe, kann man das nicht.

Deswegen möchte ich die beiden Begriffe Natürlichkeit und Kontrolle etwas anders definieren. Beginnen wir mit der Natürlichkeit. Stellen Sie sich vor, Sie befänden sich in einem Gespräch mit jemandem, der Ihnen Fragen stellt, die Ihnen entschieden unangenehm sind. Außerdem fühlen Sie sich gestresst und verunsichert. Vielleicht haben Sie morgens nur wenig gefrühstückt und sind zudem noch hungrig. Was wäre Ihre natürliche Reaktion in diesem Fall? Würden Sie nicht aufstehen und gehen? Oder Ihrem Gegenüber ordentlich die Meinung sagen und sich dann etwas zu essen holen?

Tritt diese Situation aber in einem Vorstellungsgespräch auf, werden Sie sich vermutlich beherrschen und sich Ihren Unmut nicht anmerken lassen. Und das kann man auch von Ihnen erwarten, denn als erwachsener Mensch haben Sie gelernt, Ihr Verhalten an die Gegebenheiten Ihrer Umwelt anzupassen. Das heißt nicht, dass Sie sich verstellen und schauspielern, sondern einfach, dass Sie Ihre spontanen Impulse kontrollieren und situationsgerecht handeln. Dies wiederum ist eine vollkommen natürliche Vorgehensweise, die alle höheren Spezies dieser Erde anwenden. Während das hungrige Jungtier beim ersten Anblick einer Beute sofort losstürmt, hat das erwachsene gelernt, diesen Impuls zu zügeln und eine günstige Gelegenheit zum Zupacken abzuwarten.

Eine gewisse Kontrolle Ihres Verhaltens ist also völlig normal und angemessen. So lange Ihre natürlichen Gefühle Ihnen bewusst sind und Sie Ihre Reaktionen selbst steuern können, sind Sie immer noch ‚Sie selbst‘.

Jeder Mensch schlüpft in seinem Alltag in verschiedene Rollen. Sie sind mal der witzige Freund Ihrer Freunde, der nette Sohn Ihrer Eltern oder der liebe Onkel Ihrer kleinen Nichte. Im Berufsleben werden Sie jedoch (hoffentlich) zum seriösen und leistungsfähigen Kollegen.

In jeder dieser Rolle agieren Sie etwas anders und doch ist das keine Schauspielerei, sondern zeigt die verschiedenen Aspekte Ihrer Persönlichkeit.

Erst wenn Sie vorgeben, etwas völlig anderes zu sein als sie sind, indem Sie sich zum Beispiel als extravertierten Verkäufertyp darstellen, während Ihnen in Wirklichkeit der Kontakt mit fremden Menschen unangenehm ist oder wenn Sie Wünsche und Motive vortäuschen, die Sie nicht haben, spricht man von Schauspielerei.

In diesem Zusammenhang des situationsgerechten Verhaltens sind auch alle Ratschläge zum optimalen Verhalten im Vorstellungsgespräch zu sehen.

In den meisten Fällen handelt es sich dabei um Techniken, die Sie erlernen können, wie etwa die Präsentations- oder die Moderationstechniken.

Wenn Sie diese üben, werden sie Ihnen schnell in Fleisch und Blut übergehen, so dass Sie während des Vorstellungsgesprächs nicht mehr darauf achten müssen.

Genauso gibt es eine leicht zu merkende Faustregel für Ihr Auftreten währen des gesamten Vorstellungsgesprächs.

In den vorangegangenen Kapiteln haben wir schon einmal über den idealen Mitarbeiter gesprochen – soweit es ihn gibt.

Er ist jemand, auf den man sich verlassen kann, der aktiv, tatkräftig und hoch motiviert ist. Er oder sie sollte auch mit schwierigen Kunden oder Kollegen gut umgehen können, sich wenn nötig auch einmal durchsetzen können und nicht bei jedem Misserfolg verzweifeln. Außerdem ist es sehr angenehm, wenn besagter Traumkandidat zudem nett und fröhlich ist und es einfach Spaß macht, mit ihr oder ihm zusammenzuarbeiten.

All dies können Sie sein – Sie haben es in der Hand! Versetzen Sie sich in eine optimistische und tatkräftige Stimmung, in dem Sie sich bewusst selbst anfeuern und bestärken.

Zeigen Sie Energie und Motivation. Lächeln Sie die Interviewpartner und Ihre Kollegen offen an und fassen Sie den Mut, auf sie zuzugehen. Auch wenn Ihnen dies vielleicht nicht ganz leicht fällt – geben Sie sich einen Ruck! Denn dies können Sie bewusst steuern. Sie werden merken, dass Sie Ihre eigene Stimmung und Ihre Gefühle bis zu einem gewissen Maße selbst beeinflussen können, indem Sie einfach aktiv handeln.

Ein noch so gezwungenes Lächeln beispielsweise hebt Ihre Stimmung. Sagen Sie sich immer wieder vor: ich werde mein Bestes geben – ich habe den Mut, Kontakte zu knüpfen – ich werde Spaß an diesem Gespräch haben!

Dies ist die wichtigste Verhaltensregel, die ich Ihnen mitgeben kann.

Und sagen Sie sich außerdem:

Selbst wenn Sie nicht für eine bestimmte Stelle ausgewählt werden, profitieren Sie von einem Vorstellungsgespräch: Sie gewinnen Erfahrung mit einem Instrument, welches Ihnen im weiteren Verlauf Ihres Berufs wieder begegnen wird. Sie lernen dabei, sich selbst zu präsentieren und bekommen ein fundiertes Fremdbild dem eigenen Selbstbild gegenüber gestellt.

14. Kapitel

Der Umgang mit Stress und Aufregung

Stellen Sie sich vor, Sie müssten eine Stunde in Gesellschaft eines Menschen verbringen, der sich ganz offensichtlich vor Ihnen fürchtet. Er meidet Ihren Blick, gibt Ihnen nur widerwillig seine kalte schlaffe Hand und sieht sich unruhig im Raum herum, so dass Sie sich des Eindruckes nicht erwehren können, er suche eine Fluchtmöglichkeit. Wenn Sie ihn ansprechen, antwortet er Ihnen leise stotternd und so knapp wie möglich. Zwischendurch wirft er Ihnen – wenn er meint, dass Sie gerade nicht hinsehen – entsetzte Blicke zu.

Unangenehm? Das finden Personalverantwortliche auch. Tun Sie ihnen das nicht an!

Natürlich wird Ihnen aber niemand verdenken, wenn Sie vor einem wichtigen Vorstellungsgespräch nervös und aufgeregt sind. Das ist völlig normal und verständlich. Wichtig ist jedoch, wie Sie mit Ihrer Nervosität umgehen, so dass Sie nicht vor Angst gelähmt sind, sondern eher von einer gewissen Aufgeregtheit beflügelt.

Um dies zu erreichen, gibt es eine ganze Reihe Strategien, die Ihnen helfen, möglichst gelassen und optimistisch an die Gespräche heranzugehen.

I. Tipps gegen Nervosität beim Warten auf das Gespräch

Sprechen, sprechen, sprechen

Sie haben heute früh um 5:30 Uhr das Haus verlassen und waren um 6 Uhr auf der Autobahn. Während der fast dreistündigen Fahrt haben Sie Ihr Autoradio fünf mal an- und ausgeschaltet, haben zehn mal die Karte studiert, um sich ja nicht zu verfahren und haben sich ausgemalt, was man Sie im Vorstellungsgespräch alles fragen wird.

Jetzt ist es 8:50 Uhr und Sie sitzen im dritten Stock eines großen Firmengebäudes auf einem eleganten Sessel und warten darauf zu Ihrem Gespräch in das Büro vor Ihnen hineingerufen zu werden. Sie sind nervös, Ihre Hände sind feucht, sie waren schon zweimal im Bad und gesprochen haben sie heute noch mit niemandem.

Gleich aber sind Ihre Eloquenz, Ihr Charme und Ihre Überzeugungskraft gefragt. Sie werden mindestens eine Stunde lang ein intensives Gespräch führen, bei dem jeder Beitrag und jedes Argument wirken soll.

Was können Sie tun, um Ihre Eloquenz hinter Ihrer Panik hervorzulocken?

Indem Sie sich sozusagen ‚einsprechen'. Kurz vor dem Gespräch sollten Sie mit irgendjemandem reden, sei es ein Mitreisender im Zug, der Pförtner am Eingang oder einfach nur Ihr Autoradio. Dann fällt Ihnen das Sprechen im entscheidenden Moment viel leichter, als wenn Sie stundenlang vorher geschwiegen haben.

Wenn Sie mit dem Auto anreisen, singen Sie laut oder machen Sie für sich selbst alberne Witze. Im Zug beginnen Sie mit dem Schaffner ein Gespräch. Auch wenn Sie sich dabei vielleicht komisch vorkommen – es hilft gegen Nervosität!

Ihre Körperhaltung

Lampenfieber in einer Prüfungssituation wie einem Vorstellungsgespräch ist völlig verständlich und wird Ihnen nicht negativ angerechnet. Leider führt aber große Anspannung und Angst bei vielen Bewerbern zu einer verkrampften Körperhaltung mit verschränkten Armen und gesenktem Kopf. Die Stimme wird leise und die Person spricht ohne Blickkontakt zu den Interviewern so schnell, dass man den durchaus zutreffenden Eindruck bekommt, sie wäre in diesem Augenblick lieber woanders. Dies ist nicht die beste Art, einen Arbeitgeber von seiner Motivation und Souveränität zu überzeugen.

Die geschilderte Wirkung können Sie jedoch leicht vermeiden, wenn Sie gezielt gegensteuern. Viel mehr als sich einfach nur zur Ruhe zu mahnen bewirkt es, so zu tun, als sei man ruhig und selbstbewusst. Auch wenn Sie zuerst das Gefühl haben, Sie schauspielern, Ihre äußere Haltung wird sich auf die innere übertragen.

Beginnen Sie das Gespräch mit aufrechter Körperhaltung, fester Stimme, langsamer Rede und ausdrucksvoller Gestik. (Mehr dazu in Kapitel *Ihre Wirkung* auf Seite 275 ff.) Zwingen Sie sich selbst zum Blickkontakt mit den Interviewern. Wenn Sie einmal auf diese Weise angefangen haben, zu sprechen, haben Sie Ihr Ziel fast schon erreicht. Dann werden Sie auch ohne großes Nachdenken kaum noch in die beschriebenen Fehler fallen.

Ihre Vorbereitung

Auch vor dem Gespräch können Sie schon einiges gegen Lampenfieber tun.

Bereiten Sie sich gut vor! Wenn Sie die Anforderungen an den Stelleninhaber kennen, können Sie mit Hilfe dieses Buches viele mögliche Fragen erahnen und Ihre Antworten vorbereiten. Dies gibt Ihnen Sicherheit

Sagen Sie sich immer wieder laut vor:

Ich bin gut vorbereitet, es kann nichts schief gehen!

Entspannung

Selbst auf dem Stuhl im Wartebereich können Sie etwas für Ihre Entspannung tun.

Eine einfache Methode ist folgende:

Übung

Fassen Sie mit den Händen unter die Sitzfläche Ihres Stuhls und ziehen Sie so fest Sie können daran. Lassen Sie danach wieder locker. Durch die bewusste körperliche Anspannung gelingt die anschließende Entspannung leicht.

Während des Gesprächs:

Während des Interviews achten Sie auf folgende Dinge:

- Nehmen Sie eine aufrechte, sichere Körperhaltung ein. Ihre Haltung beeinflusst stets auch Ihre Psyche. (Mehr dazu auf Seite 283.)

- Achten Sie ganz am Anfang bewusst auf Ihre Gestik, um nicht ‚einzufrieren'. Im Laufe des Gesprächs wird dies dann nicht mehr nötig sein.

- Sprechen Sie besonders zu Beginn bewusst langsam und mit fester lauter Stimme. Wer nervös ist, neigt oft dazu, zu schnell und zu leise zu sprechen.

- Machen Sie zwischendurch kleine Pausen. Für die Zuhörer ist dies ein wirkungsvolles rhetorisches Mittel, um zuvor gesagte Dinge zu betonen, und Ihnen gibt die Unterbrechung Gelegenheit, durchzuatmen.

- Suchen Sie immer wieder den Blickkontakt mit Ihren Gesprächspartnern.

- Falls Sie sich versprechen, fangen Sie den Satz bewusst noch einmal von vorne an. *Anders formuliert....*

- Wenn Sie den Faden verlieren, wiederholen Sie einfach noch einmal den letzten Satz oder fassen das zuvor Gesagte kurz zusammen.

Außerdem hilft Ihnen vielleicht die Erkenntnis, dass Ihre Interviewer schon viele nervöse Bewerber gesehen haben und nichts anderes erwarten. Vermutlich fänden sie es seltsam, wenn Sie völlig ruhig wären.

15. Kapitel

Weitere Verfahren in der Personalauswahl

Neben dem Vorstellungsgespräch setzten viele Unternehmen noch weitere eignungsdiagnostische Verfahren ein, um ihre Stellenbewerber auszusuchen. Inzwischen werden die meisten Hochschulabsolventen, die sich für die Bereiche Marketing oder Vertrieb, Personal- oder Öffentlichkeitsarbeit, Aus- und Weiterbildung, Consulting oder Wirtschaftsprüfung oder für Managementaufgaben interessieren, zu einem Assessment Center eingeladen.

Dies gilt mittlerweile für größere Unternehmen fast aller Branchen, angeführt von den Versicherungen über die Industrie, den Handel, die Medien bis zu den Unternehmensberatern. Etwa ebenso häufig werden psychologische Testverfahren eingesetzt, um die Eignung der Bewerber für die in Frage kommenden Stellen festzustellen. Glücklicherweise kann man sich auf beide Verfahrenstypen gut vorbereiten. Daher lohnt es sich, sich im Vorfeld über die verschiedenen Verfahren kundig zu machen um sich, wenn es darauf ankommt, intensiv damit beschäftigen zu können.

I. Das Assessment Center

Was kann man sich unter einem Assessment Center vorstellen?

Vielerorts hört man die Meinung, das Assessment Center sei ‚das härteste Auswahlverfahren, das es gibt‘ und ‚man werde schier unlösbaren Aufgaben ausgesetzt und dabei psychologisch auseinander genommen und könne kaum die Toilette aufsuchen, ohne beobachtet und beurteilt zu werden'.

Also werden Bücher gewälzt und Freunde gefragt, bis viele Bewerber schließlich eine etwas konfuse Vorstellung von psychologisch geschulten Beobachtern haben, die durch undurchschaubare Übungen irgendwie die Persönlichkeit durchleuchten und – stets auf der Suche nach Abgründen des Charakters – auf wundersame Weise die Eignung für die ersehnte Stelle analysieren.

Die Realität ist im Regelfall weder so bedrohlich noch so geheimnisvoll.

Assessment Center (englisch: ,to assess' = bewerten) ist laut Definition ,der Name einer multiplen Verfahrenstechnik, zu der mehrere eignungsdiagnostische oder leistungsrelevante Aufgaben zusammengestellt werden.' Allgemein gesagt ist ein Assessment Center ein ein- bis dreitägiges Auswahlverfahren, bei dem mehrere Kandidaten gemeinsam über einen längeren Zeitraum von einer Gruppe Beobachter in verschiedenartigen Situationen beurteilt werden. Diese Beurteilung erfolgt anhand genau definierter Kriterien im Hinblick auf die Eignung für bestimmte berufliche Positionen.

Dabei lassen sich folgende Grundprinzipien auflisten:

- Es werden mehrere unterschiedliche *Übungen* und *Tests* durchgeführt, um verschiedene Aspekte der Berufseignung zu erfassen.

- Gewöhnlich nehmen *mehrere Personen* gleichzeitig daran teil, die in einzelnen Aufgaben agieren und auch miteinander konkurrieren müssen.

- Die gestellten Testaufgaben sollten *auf die entsprechende Zielposition zugeschnitten* sein, so dass das Assessment Center den Charakter einer Arbeitsprobe bekommt.

- Die Leistungen der Bewerber werden von *mehreren Beobachtern* anhand *genau definierter Kriterien* erfasst, um eine möglichst hohe Objektivität zu erreichen.

Nicht immer tritt ein Assessment Center übrigens unter diesem Namen auf. Auch hinter Begriffen wie Auswahlseminar, Beratungstag oder Feedback-Center verbirgt sich meist ein Assessment Center-

Verfahren. Weitere beliebte Bezeichnungen sind zum Beispiel: Bewerber-Veranstaltung, Bewerbertag, Development Center oder Dialog-Workshop.

Wie auch immer es genannt wird – eines ist klar: Ein Assessment Center verlangt den Bewerbern einiges ab. Ziel des Unternehmens ist es, herauszufinden, wie gut der Bewerber zu seiner künftigen Aufgabe und in die Unternehmenskultur passt. Aus diesem Grund werden in einem Assessment Center unternehmenstypische Aufgaben- und Belastungssituationen simuliert. Beurteilt werden insbesondere die als Schlüsselqualifikationen bezeichneten überfachlichen Kompetenzen der Bewerber.

Die Kandidaten müssen allein oder im Team verschiedenartige Aufgaben lösen, stehen in einigen Übungen unter Zeitdruck und werden dabei auch noch beobachtet.

In der typischen Übung *Gruppendiskussion* beispielsweise lautet die Vorgabe meist, ein bestimmtes Thema zu diskutieren. Dabei kommt es vor allem auf die Art und Weise an, wie diskutiert wird: Wer setzt sich wie und mit welchen Argumenten durch; wer schlüpft in eine Führerrolle oder ist besonders konstruktiv im Hinblick auf eine gemeinsame Lösung?

Fast immer steht auch eine *Präsentation* auf dem Programm, eventuell mit visuellen Hilfsmitteln. Die Aufgabe besteht oft darin, den eigenen Lebensweg oder Ergebnisse einer Gruppenarbeit darzustellen und zu bewerten. Hier wird insbesondere auf Ausdruck und Systematik Wert gelegt.

Im *Rollenspiel* sollen sich die Kandidaten in Verhandlungssituationen, Verkaufs- oder Mitarbeitergesprächen bewähren. Beobachtet werden in der Regel Qualifikationen wie logische Argumentation, Kooperation und Führungsverhalten.

Oft erlebt man auch sogenannte *Postkorbübungen*, in welchen unter Zeitdruck Managemententscheidungen zu treffen sind, und Entscheidungsfähigkeit, Stressresistenz und analytische Fähigkeiten beobachtet werden sollen. *Einzelgespräche*, *Fallstudien* und *psychologische Testverfahren* runden das Bild im Allgemeinen ab.

So soll herausgefunden werden, wie der Kandidat im direkten Vergleich mit seinen Mitbewerbern abschneidet. Entsprechen Teamfähigkeit, Belastbarkeit und Auffassungsgabe den Erwartungen des Unternehmens? Verliert er auch unter Druck nicht den Kopf? Um das zu testen, sitzen bis zu sechs Beobachter mit den Kandidaten in einem Raum und machen sich Notizen zu deren Verhalten bei den Übungen.

Ausgangspunkt eines jeden Assessment Centers ist die Position, die neu besetzt werden soll, sei es die Traineestelle für Berufsanfänger oder später die Führungsposition. Davon ausgehend wird in einer Anforderungsanalyse ermittelt, was ein Bewerber an Erfahrungen und Kompetenzen mitbringen soll. Die Übungen und Auswertungsschlüssel des Assessment Centers werden nun auf die Merkmalsdimensionen zugeschnitten, die das einstellende Unternehmen haben will. Wenn z. B. Teamfähigkeit im Vordergrund steht, entsteht ein Assessment Center, in dem in vielen Situationen wie zum Beispiel Gruppendiskussionen oder Rollenspielen auf das Verhalten im Team geschaut wird. Wird dagegen ein besonders durchsetzungsfähiger Kandidat gesucht, welcher selbst gegen Widerstand schnelle Entscheidungen fällen kann, sollte auch das Assessment Center so aufgebaut sein, dass gut zwischen einem Wunschkandidaten und einem nachgiebigeren, dafür aber vielleicht teamfähigeren Mitbewerber unterschieden werden kann.

Es gibt zwar einige Verhaltensgrundsätze, aber keinen immer gültigen Regelkatalog, welches Verhalten für eine positive Einschätzung durch die Beobachter ideal ist, denn verschiedenartige Positionen erfordern verschiedenartige Wunschkandidaten. Es bringt also beispielsweise nicht viel, als zurückhaltender Mensch, den Draufgänger zu mimen, wenn vielleicht ein besonnener Analytiker gesucht wird. Davon abgesehen wäre ein solcher Versuch angesichts mehrerer psychologisch geschulter Beobachter nur sehr schwer dauerhaft durchzuhalten. Außerdem wäre es nicht klug, denn wer möchte schließlich einen Job, der nicht zu ihm passt?

II. Psychologische Testverfahren

1. Intelligenztests

Im Allgemeinen handelt es sich bei den typischen Tests, mit denen Sie oft im Bewerbungsprozess konfrontiert werden, um mehr oder weniger auf die speziellen Anforderungen der Stelle zugeschnittene Intelligenztests, auch wenn Sie diesen Terminus niemals von einem Personaler hören werden. Allein schon der Ausdruck Intelligenztest im Zusammenhang mit der Personalauswahl gilt bei vielen als verpönt und beängstigend, ja sogar unmoralisch. Häufig liest man vor allem in Bewerbungsratgebern, wie unseriös und wenig aussagekräftig solche Tests angeblich seien. Intelligenztests genießen jedoch zu Unrecht einen schlechten Ruf. Die psychologische Forschung hat durch umfangreiche Studien eindeutig erwiesen, dass insbesondere die allgemeine Intelligenz eine vergleichsweise gute Vorhersagekraft für den späteren Berufserfolg hat.

Im Grunde genommen ist dies nicht weiter erstaunlich, denn Intelligenz ist eine Voraussetzung dafür, sich ausreichendes berufliches Wissen aneignen zu können. Gerade in unserer Zeit, in der viele Menschen im Laufe ihres Erwerbslebens mehrere Berufe erlernen müssen, oder aber auch innerhalb eines Berufes einen rasanten technologischen Wandel zu bewältigen haben, ist Intelligenz eine der bedeutsamsten Persönlichkeitseigenschaften.

Was ist mit Intelligenz genau gemeint? Lapidar könnte man sagen, Intelligenz ist das, was die Intelligenztests messen – das ist zwar ‚eine typisch psychologische Beschreibung', hilft jedoch nicht weiter. Die knappe Definition: Intelligenz bestimme ‚... die Qualität und Geschwindigkeit der Lösung neuartiger Aufgaben' eignet sich dagegen gut, die Bedeutung der Intelligenz für die Berufswelt zu erklären. Denn schließlich interessiert Ihren künftigen Arbeitgeber, ob Sie mit den neuartigen Anforderungen in Ihrem neuen Tätigkeitsfeld zurecht kommen werden oder nicht.

Sie können sich jedoch gut darauf vorbereiten. Studien haben ergeben, dass auch Intelligenztests trainierbar sind. Wenn Sie sich mit den typischen Aufgabenstellungen vertraut machen und Lösungsstrategien entwickeln, gewinnen Sie Sicherheit und auch Schnelligkeit bei der Lösung der vorgegebenen Aufgaben. Wichtig ist beispielsweise das Wissen über folgende Grundsätze:

Jeder Test wird Ihnen erklärt und mit Beispielen geübt. Nutzen Sie diese Übungen und fragen Sie sofort, wenn Sie etwas nicht verstehen.

Die meisten Tests sind so aufgebaut, dass am Anfang leichte Aufgaben stehen – danach kommen schwierigere. Die Aufgaben am Ende dieser Tests sind so schwer, dass sie nur von sehr wenigen Menschen gelöst werden können. Halten Sie sich also einigermaßen an die vorgegebene Reihenfolge, Sie tun sich keinen Gefallen, wenn Sie Aufgaben zu schnell überspringen und mit dahinter liegenden weitermachen.

Bei vielen Tests ist die Bearbeitungszeit sehr kurz. Sie werden nicht zu allen Aufgaben kommen können, das wird von Ihnen auch nicht erwartet. Geraten Sie also nicht in Panik, wenn Sie nur die Hälfte oder weniger bewältigen. Schließlich müssen diese Tests auch Genies noch Herausforderungen bieten.

Die Variationsbreite der Intelligenztestaufgaben ist groß, dennoch finden sich immer wieder typische Aufgabenformate, die von den Konstrukteuren von Intelligenztests gerne verwendet werden, weil sie sich als besonders aussagekräftig erwiesen haben.

In neueren Intelligenztests wird meist der Faktor ‚allgemeine Intelligenz' mit den darunter angeordneten Facetten sprachgebundenes Denken, zahlengebundenes Denken und figural-bildhaftes Denken ermittelt. Geachtet wird auf Bearbeitungsgeschwindigkeit, Merkfähigkeit, Einfallsreichtum und Verarbeitungskapazität (Sinnvolle Verarbeitung komplexer Informationen).

Sprachgebundenes Denken

Getestet wird sprachgebundenes Denken beispielsweise mit Aufgaben zur Bildung von Analogien.

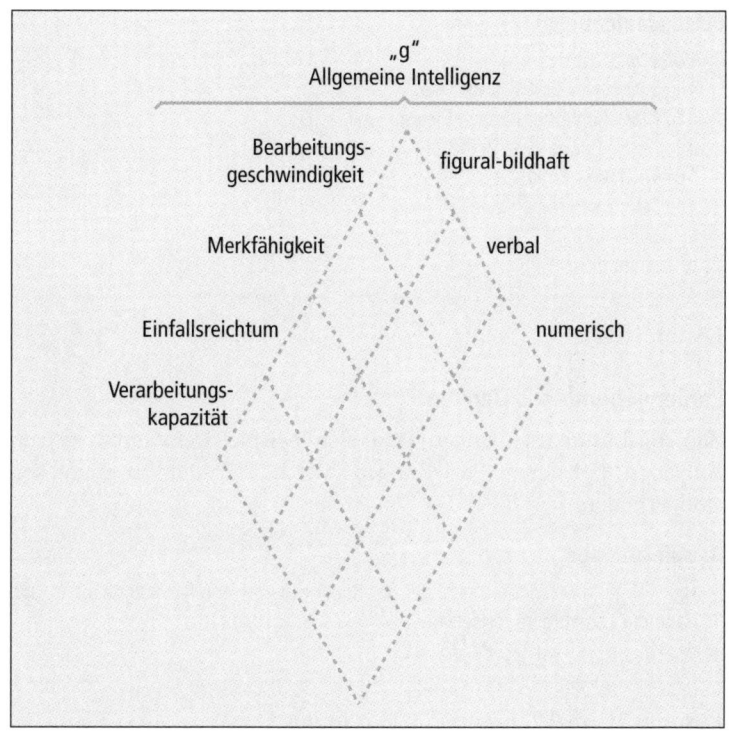

Abb. 18: Berliner Intelligenzstrukturmodell

Beispielaufgabe

Folgende Aufgabe besteht aus drei Wörtern, zu denen man ein viertes hinzufügen soll. Das vierte Wort muss so zum dritten Wort passen, wie das zweite zum ersten. Für das vierte Wort gibt es vier Lösungsvorschläge. Einer davon ist richtig; den soll man herausfinden.

groß: klein = breit:?

a) dick b) schmal c) riesig d) Körpergröße

Lösung: b)

Möglicherweise verlangt die Aufgabenstellung aber auch, dass Sie absurde Schlussfolgerungen auf ihre logische Zulässigkeit überprüfen sollen.

Beispielaufgabe

Behauptung:
Alle Schnecken sind Marathonläufer.
Alle Marathonläufer können fliegen, weil sie Fische sind.
Alle Fische haben zwei Beine.
Schlussfolgerung:
Alle Schnecken haben zwei Beine.
a) stimmt
b) stimmt nicht

Lösung: b)

Zahlengebundenes Denken

Zahlengebundenes Denken lässt sich beispielsweise anhand von Aufgaben, bei denen Beziehungen zwischen Zahlen zu entdecken sind, erheben.

Beispielaufgabe

Hier soll man erkennen, nach welcher Regel eine Zahlenreihe aufgebaut ist und dann die Zahlenreihe fortsetzen.
6   12   10   20   19   38   36   72   ?

Lösung: 71 (mal 2, minus 2, mal 2, minus 1)

Oder Sie werden konfrontiert mit Aufgaben, bei denen man mechanisch-technische Probleme löst oder Aufgaben, bei denen gerechnet werden muss.

Figural-bildhaftes Denken

Figural-bildhaftes Denken lässt sich beispielsweise gut darstellen durch Aufgaben, bei denen Beziehungen zwischen Symbolen zu entdecken sind.

Beispielaufgabe

Wählen Sie unten das Element aus, das die obere Reihe logisch ergänzt.

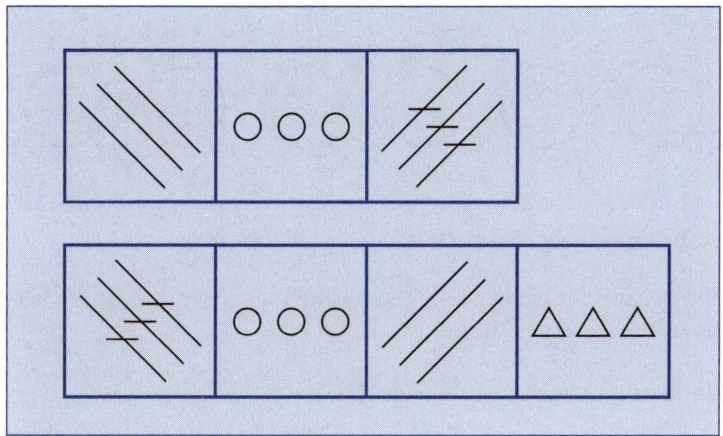

Abb. 19: Aufgabe Figural Bildhaftes Denken

Lösung Richtig ist Lösung a)

Oder Sie stehen vor Aufgaben, zu deren Lösung man sich Gegenstände anhand von Zeichnungen räumlich vorstellen muss.

Kreativität

Auch Ihr Einfallsreichtum und Ihre Kreativität kann Gegenstand eines Tests sein.

Dabei lauten Aufgabenstellungen beispielsweise so:

Beispielaufgabe

Ergänzen Sie die vorgegebene Figur so, dass daraus reale Gegenstände entstehen

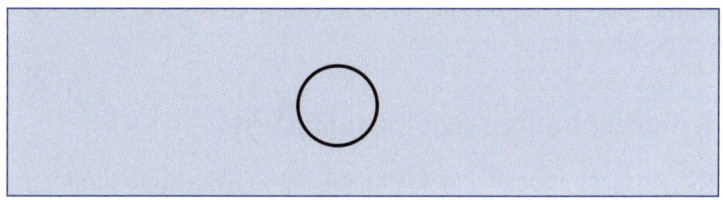

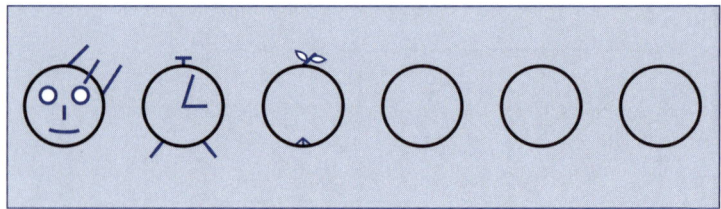

Abb. 20: Aufgabe Kreativität (Mögliche Lösungen)

Ein Beispiel für einen häufig gebrauchten Intelligenztest ist der Berliner Intelligenzstrukturtest.

Berliner Intelligenzstruktur-Test (BIS)

Der BIS-Test erfasst auf Basis des auf Abb. 18 abgebildeten Berliner Intelligenzstrukturmodells mit 45 sehr verschiedenen Aufgabentypen eine Vielfalt von Intelligenzleistungen. Getestet werden als operative Fähigkeiten: Verarbeitungskapazität (K), Einfallsreichtum (E), Bearbeitungsgeschwindigkeit (B) und Merkfähigkeit (M). Inhaltlich ist dies unterteilt in: Sprachgebundenes Denken (V), Zahlengebundenes Denken (N), Anschauungsgebundenes, Figural-bildhaftes Denken (F) und als deren Integral die Allgemeine Intelligenz (AI). Im Gegensatz zu älteren Intelligenztests wird bei diesem Test der Faktor Kreativität mit der Kategorie Einfallsreichtum als Bestandteil der allgemeinen Intelligenz miterhoben.

In speziellen ‚Testknacker-Büchern‘, aber auch im Internet, finden Sie vielfältige Musteraufgaben, mit denen Sie trainieren können, sodass auch diese Tests ihren Schrecken verlieren.

Neben klassischen Intelligenztests werden manchmal auch Konzentrationstests, allgemeine Wissenstests und – weniger häufig – Persönlichkeitstests eingesetzt.

2. Konzentrations- und Leistungstests

Mit Konzentrations- und Leistungstests soll das Konzentrations- und Leistungsvermögen von Bewerbern unter die Lupe genommen werden. Die Ergebnisse geben Auskunft über Ihre Ausdauer und Belastbarkeit, Ordnungssinn und Sorgfalt. Es gilt beispielsweise Merkaufgaben zu bewältigen, bei denen Sie innerhalb weniger Minuten Begriffe auswendig lernen oder unter Zeitdruck kopfrechnen müssen. Oder aber Sie müssen innerhalb einer bestimmten Zeitspanne Abweichungen oder bestimmte Merkmale aus einer monotonen Datenreihe herausfinden und markieren.

Beispielaufgabe

Rechnen Sie erst die obere Zeile aus und behalten Sie die Zahl im Kopf. Rechnen Sie dann die untere Zeile aus. Dann ziehen Sie die kleinere von der größeren Zahl ab.

4+3–5
7–4+2 =

Lösung 3 – natürlich. Die Schwierigkeit besteht jedoch darin, sehr viele Rechenaktionen dieser Art in kurzer Zeit durchzuführen.

Beispiele für Konzentrationstests

Konzentrations-Leistungs-Test – Revidierte Fassung: Der KLT-R besteht aus 9 Blöcken mit jeweils 20 Rechenaufgaben (siehe obiges Beispiel) und erfasst sowohl die Quantität als auch die Qualität der Dauerbeanspruchungen und des Leistungsverlaufs einer Testperson. Unter Zeitdruck muss der Proband ein- und zweistellige Zahlen addieren und subtrahieren und Teilergebnisse im Kopf zwischenspeichern. Das Testergebnis setzt die Anzahl der richtig gelösten Aufgaben in Relation zum Durchschnittswert der gleichaltrigen Bevölkerung.

Test D2: Der Test d2 misst Tempo und Sorgfalt des Arbeitsverhaltens bei der Unterscheidung ähnlicher visueller Reize (Detail-Diskrimination) und ermöglicht damit die Beurteilung individueller Aufmerksamkeits- und Konzentrationsleistungen.

Die Aufgabe des Teilnehmers besteht darin, unter Zeitdruck eine monotone Aufgabenreihe zu bearbeiten. Es gilt die Grundzeichen d und p sowie deren Markierungen (ein bis vier senkrechte Striche) zu unterscheiden. Dabei sind alle d mit zwei Strichen durchzustreichen. Sie sind eingestreut unter d mit mehr oder weniger als zwei

Strichen sowie unter p mit ein bis vier Strichen, die alle unmarkiert zu belassen sind. Die hohe Qualität der Testgütekriterien (Objektivität, Zuverlässigkeit und Gültigkeit), die einfache Anwendung, der geringe Aufwand an Zeit und Material sind Ursache dafür, dass der Test d2 zu den am häufigsten verwendeten psychodiagnostischen Verfahren in Deutschland gehört und auch im Ausland weite Verbreitung gefunden hat.

3. Persönlichkeitstests

Manche Unternehmen setzen auch Persönlichkeitstests ein, die ähnliche Kriterien messen sollen wie die anderen genannten Verfahren. Es geht auch hier um Fragen wie: Passt der Bewerber bzw. die Bewerberin zu uns? Ist er oder sie die engagierte, durchsetzungsfähige und verlässliche Person, die wir suchen? Ist er oder sie ein Teamplayer oder eher ein Einzelkämpfer? Mit Hilfe von Persönlichkeitstests wollen die Interviewer ihren Eindruck, den sie während der Übungen gewonnen haben vertiefen und verifizieren.

Man hofft beispielsweise zu erfahren, wie emotional stabil, extravertiert und verträglich ein Bewerber ist, den man im Vertrieb einsetzen möchte.

Neben der Intelligenz hat sich insbesondere die Persönlichkeitseigenschaft der Gewissenhaftigkeit mit den Unterfacetten Kompetenz, Ordnungsliebe, Pflichtbewusstsein, Leistungsstreben, Selbstdisziplin und Besonnenheit als bedeutsam für den späteren Berufserfolg herauskristallisiert. Wie gewissenhaft ein Mensch ist, lässt sich allerdings noch weniger eindeutig und zuverlässig feststellen wie seine Intelligenz. Zudem stoßen berufsbezogene Persönlichkeitstests nur auf eine geringe Akzeptanz bei den Bewerbern.

Dass Sie mit einem Persönlichkeitstest konfrontiert werden, merken Sie an Fragen wie dieser:

BEISPIEL: *Wenn ich von Kollegen kritisiert werde, ist mir das sehr unangenehm.*

Stimmt – stimmt nicht

Oder

Ziele, die ich mir gesetzt habe, erreiche ich fast immer.

a) zutreffend
b) teils-teils
c) unzutreffend

Ein Teil des Unbehagens vieler Menschen gegenüber Persönlichkeitstests stammt vermutlich daher, dass sie nur ein verschwommenes Bild über die zugrunde liegenden Persönlichkeitstheorien besitzen. Das führt zu der Frage:

Was misst ein Persönlichkeitstest?

Die Unterschiede in Persönlichkeit oder Charakter der Menschen mit ihrer ungeheuren Bedeutung für alle Bereiche des menschlichen und damit auch des beruflichen Lebens hat die Forschung seit jeher interessiert. In jüngerer Zeit entwickelten Psychologen ein aus fünf Faktoren bestehendes Persönlichkeitsmodell, das sich nach heutigem Stand der Wissenschaft am besten dazu eignet, individuelle Unterschiede der Persönlichkeiten verschiedener Menschen erfassen zu können.

Aus einer großen Fülle von Persönlichkeitsbeschreibungen ließen sich fünf Gruppen sinnverwandter Begriffe aufzeigen, die diese Unterschiede beschreiben. Diese bilden die fünf Dimensionen, auf denen die Persönlichkeit abgebildet wird.

- Die Dimension **Neurotizismus** (versus Emotionale Stabilität) beschreibt, wie emotional stabil oder eher emotional labil eine Person einzuschätzen ist. Personen mit hohen Werten sind sehr sensibel, ängstlich und leicht aus dem seelischen Gleichgewicht zu bringen. Personen mit geringen Werten dagegen sind gelassen, haben ein dickes Fell und lassen sich in keiner Situation aus der Ruhe bringen.

- **Extravertierte** Menschen sind gesellig, heiter, selbstsicher und optimistisch und lieben es mitten im Geschehen zu sein, während jemand mit einem niedrigen E-Wert sich gern abseits von Lärm und Tumult aufhält und als introvertiert bezeichnet wird.

- **Offen für Erfahrung** ist jemand, der einen unerschöpflichen Appetit auf neue Ideen und Aktivitäten hat und schnell gelangweilt ist. Auf der anderen Seite stehen konventionelle und konservative Personen, die sich eher praxisnah orientieren.

- Der Bereich **Verträglichkeit** beschreibt altruistische, harmoniebedürftige und mitfühlende Menschen, die sich den Wünschen und Bedürfnissen anderer anpassen. Weniger verträgliche Menschen kümmern sich mehr um eigene Prioritäten.

- **Gewissenhaftigkeit** ist die Dimension, die zielstrebige, disziplinierte, zuverlässige, genaue, ehrgeizige, ausdauernde Personen von eher sprunghaften, gleichgültigen und nachlässigen Menschen unterscheidet.

Diese Dimensionen werden in klassischen Persönlichkeitstests erhoben, um daraus eine Charakterbeschreibung eines Menschen zu gewinnen.

Die fünf Dimensionen in Persönlichkeitstests	
Neurotizismus (vs. Emotionale Stabilität)	
N1: Ängstlichkeit N2: Reizbarkeit N3: Depression N4: Soziale Befangenheit N5: Impulsivität N6: Verletzlichkeit	Mich plagen oft düstere Gedanken a) zutreffend b) teils-teils c) unzutreffend
Extraversion	
E1: Herzlichkeit E2: Geselligkeit E3: Durchsetzungsfähigkeit E4: Aktivität E5: Erlebnishunger E6: Frohsinn	Gleiches Gehalt vorausgesetzt wäre ich lieber a) Chemiker im Labor b) unentschieden c) Manager im Hotel
Verträglichkeit	
A1: Vertrauen A2: Freimütigkeit A3: Altruismus A4: Entgegenkommen A5: Bescheidenheit A6: Gutherzigkeit	Wenn sich jemand für ein Fehlverhalten entschuldigt, verzeihe ich ihm schnell a) zutreffend b) teils-teils c) unzutreffend

Die fünf Dimensionen in Persönlichkeitstests	
Gewissenhaftigkeit	
C1: Kompetenz	Ziele, die ich mir gesetzt habe, erreiche ich
C2: Ordnungsliebe	fast immer
C3: Pflichtbewusstsein	a) zutreffend
C4: Leistungsstreben	b) teils-teils
C5: Selbstdisziplin	c) unzutreffend
C6: Besonnenheit	
Offenheit für Erfahrungen	
O1: Offenheit für Phantasie	Fremde Kulturen interessieren mich sehr
O2: Offenheit für Ästhetik	a) zutreffend
O3: Offenheit für Gefühle	b) teils-teils
O4: Offenheit für Handlungen	c) unzutreffend
O5: Offenheit für Ideen	
O6: Offenheit des Normen- und Werte-	
systems	

Ein typisches Beispiel für einen Persönlichkeitstest, der auf dem Fünf-Faktoren-Modell basiert, ist der

NEO-Persönlichkeitsinventar (NEO-PI-R)

Dieser häufig eingesetzte Fragebogen zur Messung des Fünf-Faktoren-Modells der Persönlichkeit erfasst mit 240 Items die Hauptbereiche interindividueller Persönlichkeitsunterschiede. Durch die Erfassung von insgesamt 30 Facetten dieser Dimensionen ermöglicht er eine umfassende und zugleich detaillierte Persönlichkeitsbeschreibung.

Daneben gibt es Persönlichkeitstests, die eher berufsbezogen konstruiert sind und einen bestimmten, für die Berufstätigkeit besonders relevanten, Ausschnitt der Persönlichkeit messen sollen.

Ein Beispiel für einen berufsbezogenen Persönlichkeitstest ist das

Bochumer Inventar zur berufsbezogenen Persönlichkeitsbeschreibung (BIP)

Das BIP konzentriert sich auf die Erfassung von im Berufsleben relevanten Persönlichkeitsfacetten. Erfasst werden berufsbezogene Eignungsvoraussetzungen wie Arbeitsverhalten (Gewissenhaftigkeit,

Flexibilität, Handlungsorientierung), berufliche Orientierung (Leistungsmotivation, Gestaltungsmotivation, Führungsmotivation), soziale Kompetenzen (Sensitivität, Kontaktfähigkeit, Soziabilität, Teamorientierung, Durchsetzungsstärke) sowie die psychische Konstitution (Emotionale Stabilität, Belastbarkeit, Selbstbewusstsein).

Persönlichkeitsfragebögen dieser Art geben recht gut Auskunft über die Persönlichkeitseigenschaften der Getesteten, dennoch können Sie künftigen Berufserfolg weniger gut vorhersagen als die vorab beschriebenen Leistungstests. Zudem sind sie für den geschulten Kandidaten in gewissem Maße durchschaubar.

Überlegen Sie sich bei der Beantwortung der Fragen, wie wohl der Idealkandidat antworten würde. Vermutlich freut das Unternehmen, an dem Sie interessiert sind, sich über folgenden Bewerber: Er oder sie ist an guten Leistungen interessiert, selbstbewusst, gesellig, offen für Neues und optimistisch. Fehlschläge entmutigen ihn nicht, statt im einsamen Kämmerchen findet man ihn eher auf einer Party und schwierige Aufgaben spornen ihn zu Höchstleistungen an. Mit diesen Überlegungen werden Sie bei vielen Fragen merken, welche Art Antwort erwünscht ist. Entgegen Ihrer Überzeugungen sollten Sie jedoch nicht antworten, schließlich hilft es ihnen am Wenigsten, wenn Sie auf einer Position landen, die nicht zu Ihnen passt. Wird ein sehr extravertierter und durchsetzungsfähiger Verkäufer gesucht, Sie dagegen sind eher zurückhaltend und schüchtern, würden Sie mit dieser Stelle sicher nicht glücklich werden.

Zusammenfassend über alle Arten der psychologischen Testverfahren lässt sich sagen:

Wichtig ist, haben Sie keine Angst vor Einstellungstests, an ihnen ist nichts Geheimnisvolles. Nutzen Sie alle Möglichkeiten, sich mit typischen Aufgabenformaten vertraut zu machen und gehen Sie optimistisch an die Sache heran.

16. Kapitel

Und zum Schluss…

… das Nachfassen

Jetzt haben Sie den großen Tag also hinter sich und haben vielleicht auch ein ganz gutes Gefühl – Sie haben sich gut geschlagen. Die Chemie hat gestimmt, das Gespräch war angenehm und informativ und Sie finden Ihre potenziellen neuen Vorgesetzten und Kollegen sympathisch.

Warum sagen Sie dies Ihren Gesprächspartnern nicht?

Ein Vorstellungsgespräch ist neben allen Personalauswahl und Stellenauswahlaspekten eben auch einfach eine persönliche Begegnung und jeder freut sich darüber, zu hören, dass es dem Gesprächspartner gefallen hat. Es lohnt sich durchaus, wenn Sie ein paar Tage nach dem Gesprächstermin einen kurzen Nachfassbrief oder eine E-Mail an Ihren potenziellen Arbeitgeber schicken. Quittieren Sie das Gespräch positiv und betonen Sie, was für eine interessante Erfahrung das Gespräch für Sie war. So bleiben Sie selbst bei einer Absage positiv in Erinnerung und vielleicht ergibt sich ja doch noch eine Chance für Sie im Unternehmen. Es kommt durchaus vor, dass Sie vielleicht für die ausgeschriebene Stelle nicht ausgewählt wurden, aber eine andere Position für Sie denkbar wäre.

Und selbst wenn nicht, ist jedes einzelne Gespräch eine wunderbare Übung für die zukünftigen Vorstellungsgespräche, die vermutlich in Ihrem Leben noch kommen werden. Und eines davon mag schließlich zu Ihrem Traumjob führen!

Anmerkungen

1 Secord & Backmann 1984
2 Farr York, 1975
3 Asch, 1946
4 zB. Binning et al 1988
5 Schuler, 2002 in ‚Das Einstellungsinterview‘, p. 97
6 Schmidt und Hunter, 1998, p 265
7 Hell, 2006: Assessment Center. Beck-Verlag: München.
8 Schulz von Thun, F.: Miteinander reden 1. Hamburg: Rowohlt 1999, Seite 26
9 Schulz von Thun, F.: Miteinander reden 1. Hamburg: Rowohlt 1999, Seite 26
10 Vgl. die Transaktionale Analyse des Psychiaters Eric Berne. Als allgemeinverständliches Buch dazu sei das Buch ‚Ich bin o.k., Du bist o.k.‘ von T.A. Harris empfohlen.
11 Daniela Wawra, Männer und Frauen im Job-Interview: Eine evolutionspsychologische Studie zu ihrem Sprachgebrauch im Englischen, Münster 2004: LIT-Verlag.
12 Tannen, Deborah 1991: Du kannst mich einfach nicht verstehen. Warum Männer und Frauen aneinander vorbeireden. Hamburg

Literaturverzeichnis

Asch, S.E. (1946). Forming impressions of personality. *Journal of Abnormal and Social Psychology, 41*, 258-290.

Dipboye, R.L. (1992). *Selection interviews: Process perspectives.* Cincinnati: South-Western.

Duden. (2008). *Erfolgreiche Bewerbungen in der Wissenschaft.* Mannheim: Dudenverlag.

Farr, J.L., & York, C.M. (1975). Amount of information and primacy-recency effects in recruitment decisions. *Personnel Psychology, 28*, 233–238.

Fisseni, H.-J. (2002). *Grundgedanken der Psychologie – Wege zum menschlichen Selbstverständnis.* Lengerich: Pabst.

Hell, S. (2006). *Assessment Center.* München: Beck.

Roloff, S. (2002). Hochschuldidaktisches Seminar: *Mündliche Prüfungen.* Verfügbar unter: http://www.lehrbeauftragte.net/index. php?lg=de&main=Pruefgestaltung&site=05:02:00&id=291. (Stand: 30.08.2006).

Schmidt, F.L. & Hunter, J.E. (1998). The Validity and Utility of Selection Methods in Personnel Psychology: Practical and Theoretical Implications of 85 Years of Research Findings. *Psychological Bulletin, 124(2)*, 262–274.

Schuler, H. (2002). *Das Einstellungsinterview.* Göttingen: Hogrefe.

Schuler, H. (Hrsg.) (2006). *Lehrbuch der Personalpsychologie.* Göttingen: Hogrefe.

Schulz von Thun, F.(1999). *Miteinander reden 1.* Hamburg: Rowohlt.

Secord, P.F. & Bachman, C.W. (1964). *Social psychology.* New York: Mc Graw-Hill.

Staufenbiel JobTrends-Studie (2008). Köln: Staufenbiel Media GmbH. Verfügbar unter: http://www.staufenbiel.de/fileadmin/fm-dam/PDF/Publikationen/jobTrends_2008_web.pdf.

Tannen, Deborah (1991). *Du kannst mich einfach nicht verstehen. Warum Männer und Frauen aneinander vorbeireden.* Hamburg: Goldmann.

Tillner, C. & Franck, N. (1990). *Selbstsicher reden. Ein Leitfaden für Frauen.* Hamburg: Goldmann.

Wawra. D. (2004). *Männer und Frauen im Job-Interview: Eine evolutionspsychologische Studie zu ihrem Sprachgebrauch im Englischen.* Münster: LIT-Verlag.

Sachverzeichnis

Beruf und Soziales
Bescheid wissen ist wichtig

Der Start in den Beruf

Hugo-Becker
Der Test zur Berufswahl
Meine Motive, Vorlieben und
Stärken.
1. Aufl. 2005. 250 S.
€ 9,50. dtv 50884
Der Test zeigt, wo Stärken,
Schwächen und Vorlieben
liegen und hilft so Fehler bei
der Berufswahl zu vermeiden.

Reinker
Das Job-Lexikon
Erste Hilfe für den Berufsstart.
Wirtschaftsberater
1. Aufl. 2004. 768 S.
€ 19,50. dtv 50878
Eine Fülle von Informationen,
praktischen Tipps und Denk-
anstößen, garniert mit witzigen
Beispielen aus dem Berufsalltag.

Nasemann
Richtig bewerben
Stellensuche, Bewerbungsunter-
lagen, Vorstellungsgespräch,
Einstellungstests, Assessment
Center. Ein Ratgeber.
Rechtsberater
6. Aufl. 2007. 164 S.
€ 8,–. dtv 50608

Frey
Die erfolgreiche Bewerbung
Wie Sie ganz individuell zu
Ihrem Traumziel kommen.
Wirtschaftsberater
1. Aufl. 2010. 165 S.
€ 9,90. dtv 50927
Dieser Ratgeber begleitet Sie
durch alle Phasen der Bewer-
bung, von der Analyse Ihrer
beruflichen Situation bis zum
Vorstellungsverfahren.

Klütsch
**Bewerben für
Hochschulabsolventen**
Die individuelle Bewerbung als
Ihr Schlüssel zum Erfolg.
Wirtschaftsberater **Neu**
1. Aufl. 2011. Rd. 110 S.
Ca. € 12,90. dtv 50926
In Vorbereitung für Dezember 2010

Hell
Das Vorstellungsgespräch
Die besten Strategien, die schlag-
kräftigsten Argumente: So überzeu-
gen Sie Ihren neuen Arbeitgeber.
Wirtschaftsberater **Neu**
1. Aufl. 2010. 332 S.
Ca. € 12,90. dtv 50920
Neu im November 2010
Checklisten, Übungen, Tests
und Praxisbeispiele.

Hell
Assessment Center
Souverän agieren –
gekonnt überzeugen.
Beck im dtv `Toptitel`
1. Aufl. 2006. 181 S.
€ 9,50. dtv 50892

Der Band beantwortet alle Fragen rund um ein Assessment Center: Erwartungen, Abläufe, mögliche und »inoffizielle« Übungen, Beurteilung. Mit praktischen Tipps und Übungsbeispielen.

Beruf und Karriere

Knieß
Kreativitätstechniken
Methoden und Übungen.
Beck im dtv
1. Aufl. 2006. 268 S.
€ 9,50. dtv 50906

Kreativität ist der Schlüssel zum Erfolg. Neben einem Überblick über Methoden und Einsatz gibt es in einem umfangreichen Praxisteil Beispiele und Übungsaufgaben.

Kunz
Neue Perspektiven im Job
Eigenanalyse und persönliche Weiterentwicklung.
Wirtschaftsberater
1. Aufl. 2010. 213 S.
€ 12,90. dtv 50928

Nutzen Sie dieses Buch, um sich mit Ihren beruflichen Zielen, Ihrer derzeitigen Rolle im Job und möglichen Ansatzpunkten für Ihre künftige Weiterentwicklung vertieft auseinanderzusetzen.

Weisbach/Sonne-Neubacher
Professionelle Gesprächsführung
Ein praxisnahes Lese- und Übungsbuch.
Wirtschaftsberater `Toptitel`
7. Aufl. 2008. 451 S.
€ 12,90. dtv 5845

Wie das Gespräch als Mittel der Führung zweckmäßig, zielorientiert und rationell genutzt werden kann.

Weisbach
Wie Sie andere für sich gewinnen
Die Kunst der Gesprächsführung.
Wirtschaftsberater
1. Aufl. 2007. 164 S.
€ 9,50. dtv 50916

Wie man die Beziehung zum Gesprächspartner so gestaltet, dass beide gewinnen.

Stender-Monhemius
Schlüsselqualifikationen
Zielplanung, Zeitmanagement, Kommunikation, Kreativität.
Beck im dtv
1. Aufl. 2006. 163 S.
€ 9,50. dtv 50910